JN040914

2024年版 第一種電気工事士
技能試験
候補問題の
攻略手順

電気書院 著

電気書院

2024年版　第一種電気工事士技能試験
候補問題の攻略手順　目次

第1章 技能試験について

第2章 低圧回路の基礎知識

第3章 高圧回路の基礎知識

第4章 技能試験の基本作業

第5章 2024年度候補問題の想定・解説

第一種電気工事士試験技能試験
受験の手引き ― 2024年度 ―（令和6年度）

第一種電気工事士試験は，電気工事士法に基づく国家試験です．試験に関する事務は，経済産業大臣指定の一般財団法人電気技術者試験センター（指定試験機関）が行います．

2024年度（令和6年度）の試験に関する日程は下記のとおりです．

受験手数料

インターネット申込み
10,900円

原則，インターネット申込みとなります． インターネットをご利用になれない等，やむを得ない場合で書面申込みを希望される方は，一般財団法人電気技術者試験センター本部事務局（TEL：03-3552-7691）までご連絡ください．

郵送による**書面申込みの受験手数料は11,300円です．** また，書面申込みは，申込期間最終日の消印有効となります．

受験申込受付期間

上期試験：2024年2月9日（金）〜2月29日（木）
下期試験：2024年7月29日（月）〜8月15日（木）

申込期間は，CBT方式・筆記方式・学科免除者ともに同じです．
インターネット申込みは，初日10時から最終日の17時までになります．

試験実施日

◆上期試験◆ ※上期学科試験はCBT方式のみ実施されます．

【学科試験】（CBT方式）2024年4月1日（月）〜5月9日（木）
【技能試験】　　　　　　2024年7月6日（土）

· ·

◆下期試験◆

【学科試験】（CBT方式）2024年9月2日（月）〜9月19日（木）
　　　　　　（筆記方式）2024年10月6日（日）
【技能試験】　　　　　　2024年11月24日（日）

試験の詳細につきましては一般財団法人電気技術者試験センターのホームページ（https://www.shiken.or.jp）をご確認ください．

準備する筆記用具・作業用工具

筆記用具

- **HB の鉛筆又は HB の芯を用いたシャープペンシル**
- **プラスチック消しゴム**

※技能試験については，受験者カード（マークシート）への記入は HB の鉛筆又はシャープペンシルを使用しますが，それ以外は，色鉛筆，色ボールペン等の使用ができます．マークシートへの記入には，ボールペン等は使用できません．

- -

作業用工具【指定工具】

ペンチ，ドライバ（プラス・マイナス），ナイフ，スケール，ウォータポンププライヤ，リングスリーブ用圧着工具（JIS C 9711：1982・1990・1997 適合品）

※技能試験では，電動工具以外のすべての工具を使用することができます．（ワイヤストリッパ，ラジオペンチなども使用できます．）

なお，「指定工具」は最低限必要と考えられますので，必ず持参してください．

注：リングスリーブの圧着は，リングスリーブに JIS C 9711 に適合する圧着マークが刻印されることが求められます．リングスリーブ用圧着工具は，JIS の「屋内配線用電線接続工具・手動片手式工具・リングスリーブ用」（JIS C 9711：1982・1990・1997）の規格のもの（握り部分の色が黄色のもの）を使用すれば，この圧着マークが刻印されます．○，小，中，大の刻印が明確に出るものを用意してください．上記以外のリングスリーブ用圧着工具で圧着し，リングスリーブに圧着マークが刻印されない場合は欠陥の対象となります（1982 年より以前の JIS 規格のリングスリーブ用圧着工具を含む．）．

注：試験中の工具の貸借はできません．

注：持参する工具の数量に制限はありませんが，作業用机が狭いので，その上に置く工具は他の受験者に迷惑のかからないように配慮してください．

注：カッターナイフで怪我をされる方がおります．使用は自粛してください．

注：回路計（テスター）等の計測機器，電動工具（電動ドライバ等），改造した工具，自作した工具は使用できません．

注：電線を一時的に束ねるクリップ等は使用可能ですが，試験終了までに必ず取り外してください．

注：手袋，工具を入れるための腰ベルトも使用できます．

注：技能試験では，支給材料以外の材料は使用できません．

令和6年度第一種電気工事士技能試験候補問題の公表について

1. 技能試験候補問題について

　　ここに公表した候補問題（No.1 ～ No.10)は，最大電力 500kW 未満の自家用電気工作物及び一般用電気工作物等の電気工事に係る基本的な作業であって，試験を机上で行うことと使用する材料・工具等を考慮して作成してあります。

2. 出題方法

　　令和6年度の技能試験問題は，次の No.1 ～ No.10 の配線図の中から出題します。

　　ただし，配線図，施工条件等の詳細については，試験問題に明記します。

　　なお，**試験時間は，すべての問題について６０分の予定です。**

　　その他，配線図等の詳細についての**ご質問には一切応じられません。**

（注）　1. 図記号は，原則としてJIS C 0617-1～13及びJIS C 0303:2000に準拠して示してある。
　　　　　また，作業に直接関係のない部分等は，省略又は簡略化してある。

　　　　2. 配線図は，電線の本数にかかわらず単線図で示してある。

　　　　3. Ⓡ はランプレセプタクル，MS は電磁開閉器をそれぞれ示す。

　　　　4. 配線図に明示していないが，出題される工事種別には，ケーブル工事，金属管工事，合成樹脂管工事がある。

　　　　5. 電源・機器・器具の配置については変更する場合がある。

　　　　6. 機器・器具においては，端子台で代用するものもある。

　　　　7. ⊖E に係る接地工事及び Ⓐ, Ⓥ に至る工事については出題時に明記する。

No.1
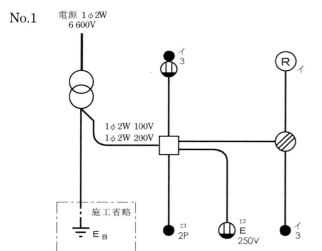

No.2
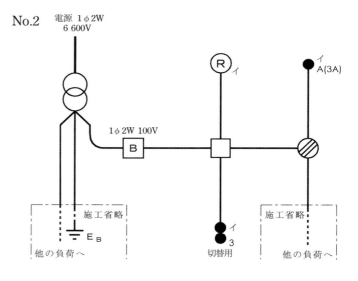

No.3
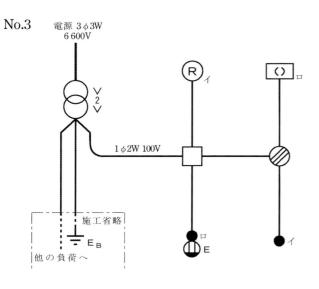

No.4
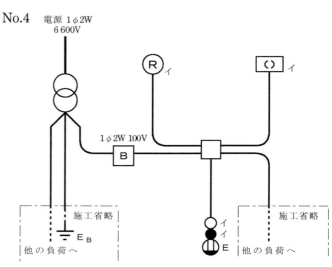

No.5

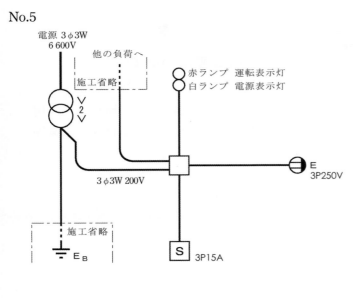

電源 3φ3W
6 600V

他の負荷へ

施工省略

○ 赤ランプ 運転表示灯
○ 白ランプ 電源表示灯

V 2 V

3φ3W 200V

E
3P250V

施工省略
E_B

S 3P15A

No.6

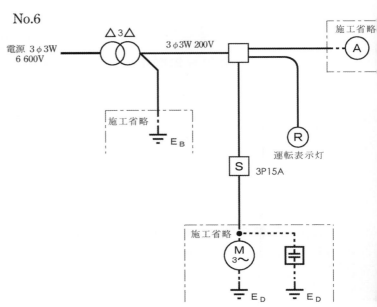

電源 3φ3W
6 600V

△ 3 △

3φ3W 200V

施工省略
A

施工省略
E_B

S 3P15A

R
運転表示灯

施工省略
M 3～

E_D   E_D

No.7

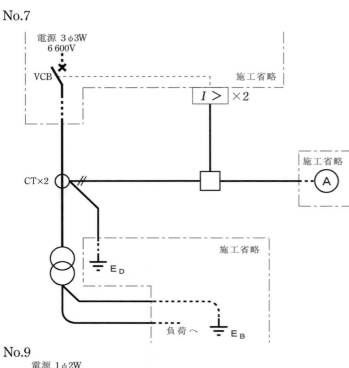

電源 3φ3W
6 600V

VCB

施工省略
I > ×2

CT×2

施工省略
A

E_D

施工省略

負荷へ   E_B

No.8

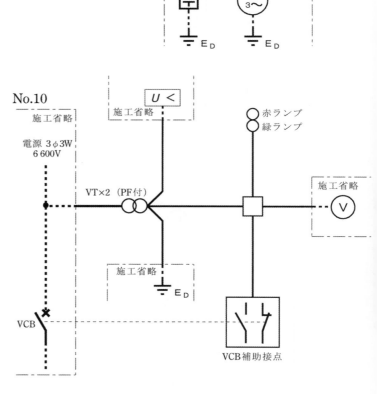

電源 3φ3W
6 600V

3φ3W 200V

R
運転表示灯

施工省略
E_B

施工省略
A

B

MS

施工省略

E_D   M 3～

E_D   E_D

No.9

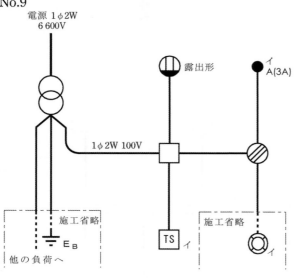

電源 1φ2W
6 600V

露出形

イ
A(3A)

1φ2W 100V

施工省略
E_B

他の負荷へ

TS イ

施工省略

イ

No.10

電源 3φ3W
6 600V

施工省略
U <

赤ランプ
緑ランプ

VT×2 （PF付）

施工省略
V

施工省略
E_D

VCB

VCB補助接点

第1章
技能試験について

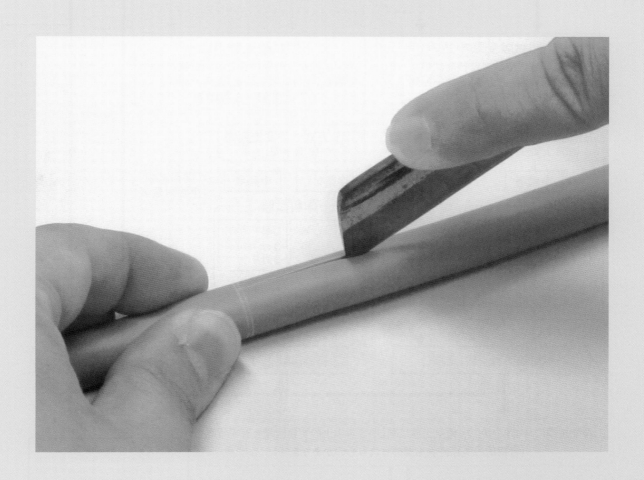

第一種電気工事士の技能試験とはどのような試験なのか，合否の判定基準はどうなっているのか，などの受験概要を把握しておきましょう．

技能試験を受験するには

第一種電気工事士の試験は，第二種電気工事士の試験と同様に筆記試験と技能試験の2度に分けて試験が実施されます．技能試験は「筆記試験合格者」と「筆記試験免除対象者」のみ受けることができます．

「筆記試験免除者」とは，前年度の筆記試験合格者（前年度の技能試験に不合格だった者）や電気主任技術者の免許取得者などが該当します．

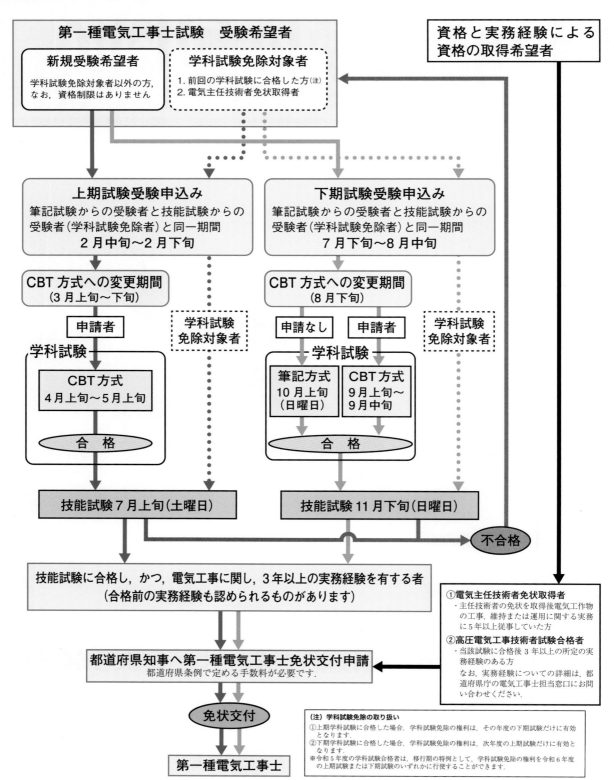

2 技能試験の合否判定について

技能試験は受験者が持参した作業用工具を使い，支給される材料器具で，与えられた問題（1題）を一定時間内に完成させる方法で行われます．合否は完成作品から判定されます．

試験問題には配線図（電線の種類と寸法，器具の配置がJISの図記号で描かれているもの）と施工条件が示されています．この施工条件等を正しく満たした作品であり，かつ，欠陥がない作品が合格となります．

合否の判定に関する欠陥は「電気工事士技能試験（第一種・第二種）欠陥の判断基準」として，一般財団法人電気技術者試験センターのホームページで公開されており，この判断基準に該当する欠陥が1つでもあると原則として不合格という判定基準のため，欠陥を出さずに丁寧に作品を作ることを心掛けましょう．

「電気工事士技能試験（第一種・第二種）欠陥の判断基準」（抜粋）

1. **未完成のもの**
2. **配置，寸法，接続方法等の相違**
   - 配線，器具の配置が配線図と相違したもの
   - 寸法が，配線図に示された寸法の50%以下のもの
   - 電線の種類が配線図と相違したもの
   - 接続方法が施工条件に相違したもの
3. **誤接続，誤結線のもの**
4. **電線の色別，配線器具の極性が施工条件に相違したもの**
5. **電線の損傷**
   - ケーブル外装を損傷したもの
   - 絶縁被覆の損傷で，電線を折り曲げたときに心線が露出するもの．ただし，リングスリーブの下端から10mm以内の絶縁被覆の傷は欠陥としない
   - 心線を折り曲げたときに心線が折れる程度の傷があるもの
   - より線を減線したもの
6. **リングスリーブ（E形）による圧着接続部分**
   - リングスリーブ用圧着工具の使用方法等が適切でないもの
   - 心線の端末処理が適切でないもの
7. **差込形コネクタによる差込接続部分**
   - コネクタの先端部分を真横から目視して心線が見えないもの
   - コネクタの下端部分を真横から目視して心線が見えるもの
8. **器具への結線部分**
   (1) ねじ締め端子の器具への結線部分（端子台，配線用遮断器，ランプレセプタクル，露出形コンセント等）
   - 心線をねじで締め付けていないもの
   - より線の素線の一部が端子に挿入されていないもの
   - 結線部分の絶縁被覆をむき過ぎたもの
   - 絶縁被覆を締め付けたもの
   - ランプレセプタクル又は露出形コンセントへの結線で，ケーブルを台座のケーブル引込口を通さずに結線したもの
   - ランプレセプタクル又は露出形コンセントへの結線で，ケーブル外装が台座の中に入っていないもの
   - ランプレセプタクル又は露出形コンセント等の巻き付けによる結線部分の処理が適切でないもの
   (2) ねじなし端子の器具への結線部分［埋込連用タンブラスイッチ（片切，両切，3路，4路），埋込連用コンセント，パイロットランプ，引掛シーリングローゼット等］
   - 電線を引っ張って外れるもの
   - 心線が差込口から2mm以上露出したもの．ただし，引掛シーリングローゼットにあっては，1mm以上露出したもの
   - 引掛シーリングローゼットへの結線で，絶縁被覆が台座の下端から5mm以上露出したもの
9. **金属管工事部分**
   - 構成部品（「金属管」，「ねじなしボックスコネクタ」，「ボックス」，「ロックナット」，「絶縁ブッシング」，「ねじなし絶縁ブッシング」）が正しい位置に使用されていないもの
   - 構成部品間の接続が適切でないもの
   - 「ねじなし絶縁ブッシング」又は「ねじなしボックスコネクタ」の止めねじをねじ切っていないもの
   - ボンド工事を行っていない又は施工条件に相違してボンド線以外の電線で結線したもの
   - ボンド線のボックスへの取り付けが適切でないもの
   - ボンド線のねじなしボックスコネクタの接地用端子への取り付けが適切でないもの
10. **合成樹脂製可とう電線管工事部分**
    - 構成部品（「合成樹脂製可とう電線管」，「コネクタ」，「ボックス」，「ロックナット」）が正しい位置に使用されていないもの
    - 構成部品間の接続が適切でないもの
11. **取付枠部分**
    - 取付枠を指定した箇所以外で使用したもの
    - 取付枠を裏返しにして，配線器具を取り付けたもの
    - 取付けがゆるく，配線器具を引っ張って外れるもの
    - 取付枠に配線器具の位置を誤って取り付けたもの
12. **その他**
    - 支給品以外の材料を使用したもの
    - 不要な工事，余分な工事又は用途外の工事を行ったもの
    - 支給品（押しボタンスイッチ等）の既設配線を変更又は取り除いたもの
    - ゴムブッシングの使用が適切でないもの
    - 器具を破損させたもの．ただし，ランプレセプタクル，引掛シーリングローゼット又は露出形コンセントの台座の欠けについては欠陥としない

    欠陥の判断基準の詳細は，一般財団法人電気技術者試験センターのホームページ（https://www.shiken.or.jp）でご確認下さい．

③ 試験問題の読み取り方

　試験問題には，作品の配線図，端子台説明図や内部結線図，施工条件が示され，これらの内容を読み取って作品を完成させます．欠陥のない作品を完成させるためには，試験問題で示された内容を正確に読み取ることが不可欠です．ここでは，過去に出題された試験問題を例題に，試験問題の読み取り方を解説します．

【過去に出題された試験問題の配線図，端子台説明図，展開接続図】

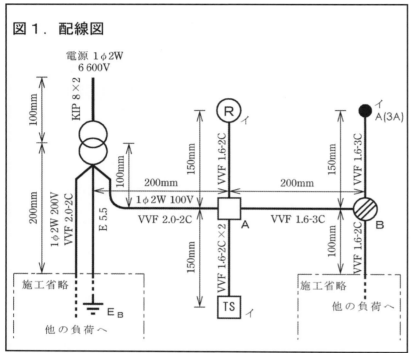

図1．配線図

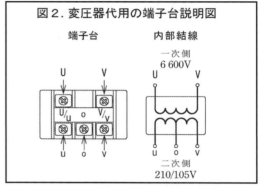

図2．変圧器代用の端子台説明図

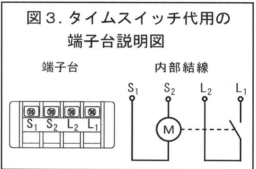

図3．タイムスイッチ代用の
端子台説明図

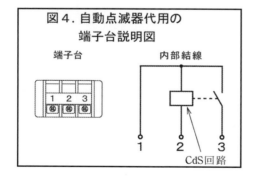

図4．自動点滅器代用の
端子台説明図

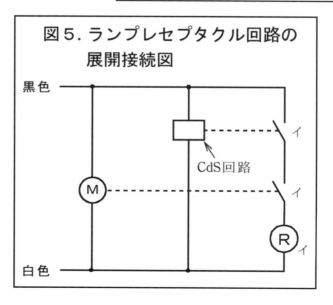

図5．ランプレセプタクル回路の
展開接続図

　試験問題では，器具の配置場所が JIS の図記号によって示され，それぞれの箇所で使うケーブル・電線の種類，施工寸法が示されています．また，器具の代用として用いる端子台の端子配列と内部結線を示した端子台説明図や器具の相互関連を示した展開接続図などが併せて示されます．

1．配線図から読み取る内容

① 器具を配置する位置

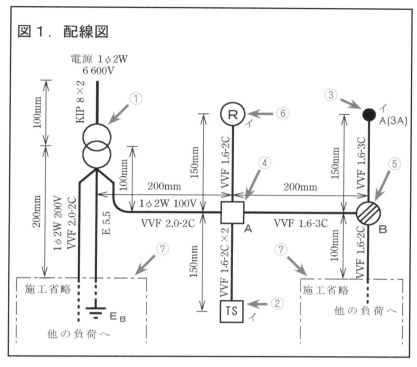

図１．配線図

　どの器具がどこに配置されるかということを配線図からしっかり読み取ります．器具の配置は配線図通りにしなくてはいけません（施工条件にも指示がある．）．

　配線図に一点鎖線で囲まれ「施工省略」となっている箇所は「施工省略」と示されている通り，施工が省略されるため，この箇所で使用する器具の配布はありません．「施工省略」箇所では，一点鎖線で囲まれている部分の直前までは電線を配線することを覚えておきましょう．

① 変圧器代用端子台
② タイムスイッチ代用端子台
③ 自動点滅器代用端子台
④ 電線接続部Ａ（アウトレットボックス）
⑤ 電線接続部Ｂ（VVF用ジョイントボックス）
⑥ ランプレセプタクル
⑦ 施工を省略する部分

② ケーブル・電線の種類

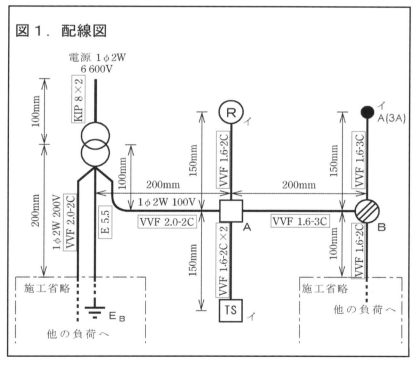

図１．配線図

　配線図には，各箇所で使用するケーブル・電線の種類について「VVF1.6-2C」などと書かれています．この表記では，アルファベットの部分がケーブルの種類を表しています．詳細をいえば「VV」が絶縁被覆とケーブルシースの材質，「F」がケーブルの形状を表します．そのあとの「1.6」は心線の太さ，さらにそのあとの「2C」が心線の数を表しています．変圧器代用端子台の一次側に結線する高圧絶縁電線（KIP）は，「KIP8×2」などと書かれていますが，「KIP8×○」の○部分に書かれた数字が導体数を表しています．

　また最近の試験では，接地線に使用する電線は，「E」の表記で表されています．

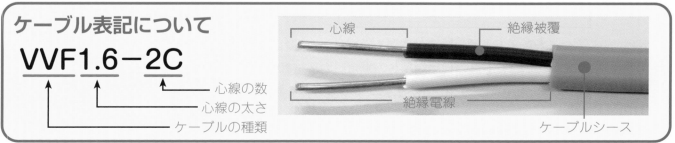

ケーブル表記について

VVF1.6−2C
　　　心線の数
　　心線の太さ
　ケーブルの種類

心線　絶縁被覆
絶縁電線　ケーブルシース

③ 各箇所ごとの施工寸法

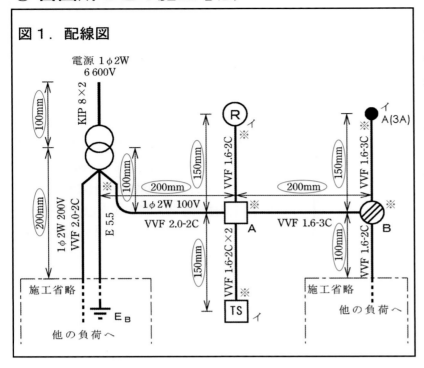

図1．配線図

配線図に mm 表記で書かれているものが，各箇所ごとの施工寸法です．この寸法をよく見ると，その範囲は器具図記号の中央からジョイントボックス図記号の中央までとなっています．したがって，結線の済んだ作品における器具等の中央からジョイントボックス中央までの仕上がり長さを施工寸法とします．

施工寸法には※印の部分での作業に必要な長さは含まれていない．

2. 端子台説明図から読み取る内容

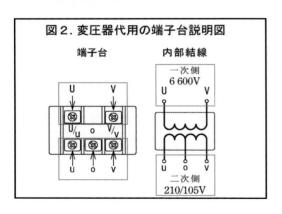

図2．変圧器代用の端子台説明図

端子台説明図には，内部結線と支給された端子台の説明図が示されます．変圧器代用端子台の場合，内部結線図に一次側・二次側の電圧と各端子の記号が示されます．端子台説明図にも各端子の記号が示されるので，この2つの図の端子記号を照らし合わせて，どの端子を一次側・二次側とするのかを読み取ります．

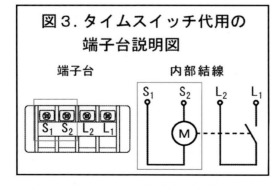

図3．タイムスイッチ代用の端子台説明図

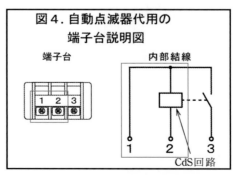

図4．自動点滅器代用の端子台説明図

タイムスイッチや自動点滅器のように，それぞれの器具を動かすモータなどが内蔵されている器具の代用端子台の場合，内部結線にモータなどの図記号も示されるので，どの端子がモータなどにつながるのかを読み取ります．

3. 展開接続図から読み取る内容

① 非接地側電線とつながる箇所

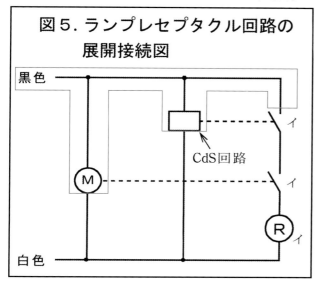

図5.ランプレセプタクル回路の展開接続図

　展開接続図の上の横線は，変圧器二次側からの非接地側電線（黒色）を示しています．これに直接つながる部分は，必ずその横線と同色にしなければいけないため，どの端子台の端子や器具が非接地側電線とつながるのかを読み取ります．

② 接地側電線とつながる箇所

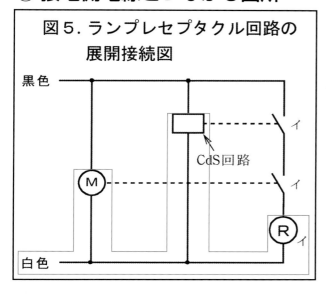

図5.ランプレセプタクル回路の展開接続図

　展開接続図の下の横線は，変圧器二次側からの接地側電線（白色）を示しています．これに直接つながる部分は，必ずその横線と同色にしなければいけないため，どの端子台の端子や器具が接地側電線とつながるのかを読み取ります．

③ 各器具の相互関係

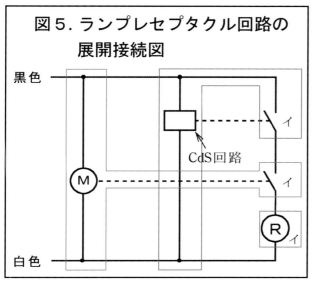

図5.ランプレセプタクル回路の展開接続図

　展開接続図は，電気回路の動作，各器具・機器の相互関係を示した回路図です．どの端子台の端子や器具がつながるのかを読み取ります．

　また，各器具との相互関係も読み取り，どの器具とどの器具がつながるのかも読み取ります．

　試験問題の「施工条件」には作業に関する指示が書かれています．施工条件を守らないと欠陥になりますから，しっかりと施工条件を読んで内容を理解します．特に**太字**で書かれている項目は重要です．

【過去に出題された試験問題の施工条件】

<　施工条件　>

1．配線及び器具の配置は，**図1**に従って行うこと．

2．変圧器代用の端子台は，**図2**に従って使用すること．

3．タイムスイッチ代用の端子台は，**図3**に従って使用すること．
　　なお，**端子 S_2 を接地側**とする．

4．自動点滅器代用の端子台は，**図4**に従って使用すること．

5．ランプレセプタクル回路の接続は，**図5**に従って行うこと．

6．タイムスイッチの電源用電線には，**2心ケーブル1本**を使用すること．

7．電線の色別（ケーブルの場合は絶縁被覆の色）は，次によること．
　　①接地線は，**緑色**を使用する．
　　②接地側電線は，すべて**白色**を使用する．
　　③変圧器二次側から自動点滅器，タイムスイッチ及び他の負荷に至る非接地側電線は，
　　　黒色を使用する．
　　④ランプレセプタクルの受金ねじ部の端子には，**白色**の電線を結線する．

8．ジョイントボックス**A**及び VVF 用ジョイントボックス**B**部分を経由する電線は，その部分ですべて接続箇所を設け，その接続方法は，次によること．
　　①**A**部分は，リングスリーブによる接続とする．
　　②**B**部分は，差込形コネクタによる接続とする．

9．ジョイントボックスは，**打抜き済みの穴だけ**をすべて使用すること．

●施工条件で指示される主な内容

1. 配線及び器具の配置の指定，端子台を端子台説明図に従って使用する指定

　配線図通りに器具を配置し，ケーブル・電線を指定された箇所に使用するように指示が出されます．また，代用端子台を代用端子台の説明図に従って使用することが指定されます．接地側電線を結線する端子が指定される場合は「端子○を接地側とする．」と○に端子記号が示されます．

2. 展開接続図に従って回路の配線をする指定

　展開接続図が示される問題では，その展開接続図に従って各器具の電線を接続し，展開接続図どおりの回路の配線とするように指示が出されます．

3. 端子台の1端子に結線できる電線本数の指定　※例題にはこの指示はありません．

　端子台の1端子に結線できる電線本数について，「1端子に結線できる電線本数は2本以下とする．」と指定される場合があります．指定がない場合も1端子に結線する電線は2本までです．

4. 各結線図, 制御回路図に従って端子台を配置して結線する指定

変圧器代用端子台を複数台使用する問題では「変圧器結線図」, 回路に VT（計器用変圧器）や CT（変流器）を含む問題では「VT 結線図」や「CT 結線図」, 回路に電磁開閉器を含む問題では「制御回路図」が示されます. 施工条件では, これらの結線図どおりに端子台を配置し, 結線図どおりに各端子に結線することが指示されます.

5. 接地線を結線する端子の指定

変圧器結線図, VT 結線図, CT 結線図には接地線の表示が省略されているので, これらの結線図が示されている場合, 施工条件で接地線を結線する端子が指定されます. 見落とさないように注意しましょう.

6. 端子台に結線する渡り線の太さと色別の指定

変圧器や VT など, 端子台を複数使用し, 端子台間に渡り線を結線する問題では, 端子台間に結線する渡り線に使用する電線の太さや色別が指定されるので, 見落とさないように注意してください.

7. 各相に結線する色別の指定

三相電源（3φ3W）の問題では, 変圧器二次側や開閉器の各相に結線する電線の色別について,「u 相に○色, v 相に○色, w 相に○色」などと指定されるので, この色別に従って作業します. また, 回路に「電源表示灯」や「運転表示灯」を含む場合, これらの表示灯を接続する相について,「○相と○相間に接続する」と指定されるので, この指定に従って各表示灯の電線を接続します.

8. 3 路スイッチの結線方法

3 路スイッチを電灯回路の点滅器として使用する問題では, 3 路スイッチの「0」の端子に電源側又は負荷側の電線を結線し,「1」と「3」の端子には 3 路スイッチ相互間の電線を結線するように指定されます. これは「0」の端子に電源または負荷からの電線を結線し,「1」,「3」の端子には 3 路スイッチ相互につながる電線を結線するという指示内容になります. また, 4 路スイッチを含む回路の場合は, 4 路スイッチとの間の電線を結線するように指定されます.

9.「接地側電線」の電線色別（絶縁被覆の色）の指定

「接地側電線」とは B 種接地工事が施されている電線で, 人が誤って触れても感電しません. この「接地側電線」には, 絶縁被覆が「白」の電線を使用するように指定されます. また, ランプレセプタクルの受金ねじ部の端子, コンセントや引掛シーリングの接地側極端子, 配線用遮断器の記号 N の端子などに絶縁被覆が「白」の電線を結線することも指定されます. また, 施工条件に「すべて」とあるので, 接地側電線につながる渡り線も「白」の電線を使用します.

10.「非接地側電線」の電線色別（絶縁被覆の色）の指定

「非接地側電線」とは接地工事が施されていない電線のことで, 人が誤って触れたら感電します. 施工条件では,「変圧器二次側から○○及び他の負荷に至る非接地側電線は, 黒色を使用する.」などと指定され, この○○には点滅器（スイッチ）, コンセントなどが入り, これらと電源を結ぶ電線は, 絶縁被覆が「黒」のものを使用するという指示内容になります. また, 非接地側電線につながる渡り線も「黒」の電線を使用します.

11. 「接地線」の電線色別（絶縁被覆の色）の指定

変圧器の二次側や，接地極が付いている器具の⏚（JIS記号）の表記がある端子には「接地線」を結線しなければいけません．この「接地線」には，絶縁被覆が「緑」の電線を使用するように指定されます．

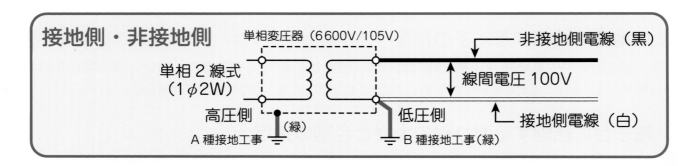

12. 電線の接続方法の指定

ジョイントボックスを経由する部分には接続箇所を設けるように指定され，接続方法はリングスリーブによる圧着接続，差込形コネクタによる接続のどちらかが指定されます．ジョイントボックスが2つある場合，配線図のジョイントボックスにA，Bと示され，ボックスごとの接続方法が指定されます．

アウトレットボックスを使用する場合は，打ち抜き済みの穴のみの使用が指定されるので，新たに穴を打ち抜いてはいけません．また，19mmと25mmの穴が両方打ち抜かれている場合，どの箇所にどちらの穴を使用するのか指定されるときもあるので，見落とさないようにしましょう．

13. 埋込連用取付枠の使用箇所の指定　※例題にはこの指示はありません．

埋込連用器具（タンブラスイッチ，コンセントなど）には埋込連用取付枠を取り付けますが，埋込連用器具の施工箇所数よりも埋込連用取付枠が少なく支給される場合，どの部分に取り付けるか指定されます．

第2章
低圧回路の基礎知識

第一種電気工事士の技能試験は，高圧受電部の施工と低圧回路の施工が含まれ，低圧回路の施工は第二種電気工事士の試験範囲です．はじめて技能試験を受験する人は低圧回路から理解しましょう．

低圧部分の複線図化の原則

施工条件では必ず「器具の配置」,「接地側電線」,「非接地側電線」に関する指示が出されます. これらの指示に従って「複線図」を描きます.

複線図を描くための原則

1 器具の配置は必ず配線図通りにする

2 接地側電線は**白色**を使用し，照明器具とコンセントに結線する

3 非接地側電線は**黒色**を使用し，点滅器（スイッチ）とコンセントに結線する

これらの原則は「複線図」を描くときに必ず守らなければいけません. 特に「接地側電線」と「非接地側電線」の電線の色別と結線する器具を間違えないように注意しましょう.

実際の施工では「接地側電線」には B 種接地工事が施されているので，人が誤って触れても感電しませんが，「非接地側電線」には接地工事が施されておらず，人が誤って触れると感電します.

「非接地側電線」を間違えて照明器具に結線すると，点滅器（スイッチ）が「切」の状態でも，照明器具の充電部に触れると感電する危険な状態になるので，「非接地側電線」は必ず点滅器（スイッチ）を経由して結線する「非接地側点滅」としなければいけません.

接地側と非接地側を間違えないように !!

安 全

接地側電線
N ─────── 照明器具
電源 電流 →──×──
L ─────●──
非接地側電線

点滅器（スイッチ）が切れていると非接地側電線を流れる電流が照明器具には流れない

危険

接地側電線
N ───○─○─── 照明器具 感電
電源 電流
L ─────────
非接地側電線

非接地側電線から照明器具と人体を通して電流が流れて感電する

複線図での点滅器（スイッチ）の端子について

　複線図を描くときに，ランプレセプタクルや引掛シーリング，埋込連用コンセントなどの器具は，配線図の図記号をそのまま使用して描きますが，点滅器（スイッチ）は，どの端子に何色の電線を結線するか判別できるように，配線図の図記号とは違う形に描き直します.

① 片切スイッチ

実際の器具への結線は，極性がないので，どちらの端子に結線してもよいが，複線図では固定極に黒色を描くようにする.
（可動極に黒色を描いても間違いではない.）

② ３路スイッチ

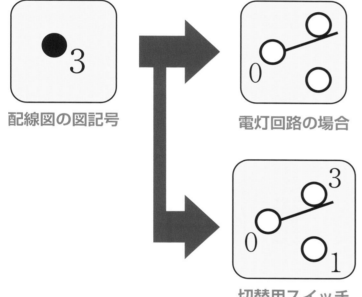

実際の器具には，端子に0，1，3と数字が示されている. 3路スイッチを電灯回路の点滅器として用いる場合，0端子には黒色を結線するが，1，3端子相互間はどのように結線してもよいので，複線図では1，3の数字は書き込まない.

3路スイッチを「切替用スイッチ」として用いる場合は，1，3端子がそれぞれ切り替えたい器具と結ばれるため，0，1，3のすべて端子番号を書き込む. また，「切替用スイッチ」として用いる場合は，0端子に結線する電線の色別は問われない.

③ ４路スイッチ

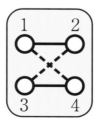

4路スイッチは，3路スイッチのみに結線されるスイッチで，実際の器具の端子には1，2，3，4と数字が示されている. 3路スイッチの「1」，「3」端子と4路スイッチの「1」，「3」端子または「2」，「4」端子間はどのように結線してもよいので，複線図では数字は書き込まない.

第2章

2 低圧部分の複線図を描く手順

　配線図の変圧器二次側に「1φ2W 100V」や「3φ3W 200V」と表記されている部分は低圧回路となります．下の単線図は，低圧回路で最も基本的な回路である照明器具1灯，点滅器（スイッチ）1箇所の回路です．この単線図から複線図を描いてみましょう．

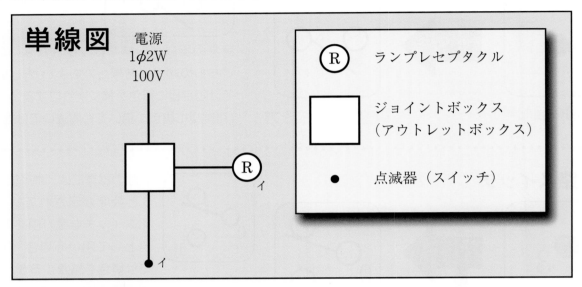

単線図

電源
1φ2W
100V

Ⓡ	ランプレセプタクル
⬜	ジョイントボックス（アウトレットボックス）
●	点滅器（スイッチ）

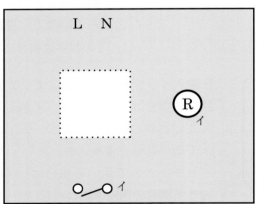

単線図通りに図記号を配置する．電源の非接地側にはL，接地側にはNと書く．

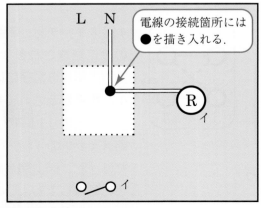

接地側電線とランプレセプタクルを結線し，電線相互を接続する箇所には接続点の●を描く．接地側電線の色別は「白」．

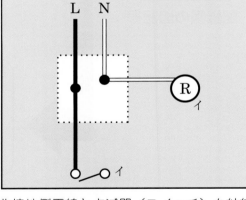

非接地側電線と点滅器（スイッチ）を結線する．非接地側電線の色別は「黒」．

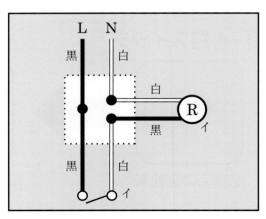

ランプレセプタクルと対応する点滅器（スイッチ）を結線する．最後に電線の色を書き込んで完了．

単線図

電源
1φ2W
100V

図記号

R　ランプレセプタクル

◐　コンセント

⊘　VVF用ジョイントボックス

●　点滅器（スイッチ）

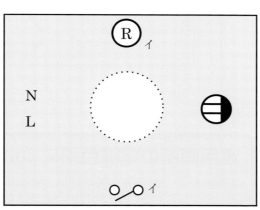

単線図通りに図記号を配置する．電源の非接地側にはL，接地側にはNと書く．

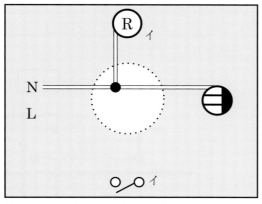

接地側電線とランプレセプタクル，コンセントを結線する．接地側電線の色別は「白」．

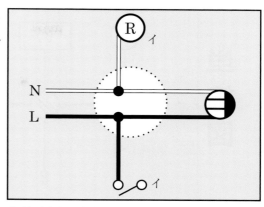

非接地側電線と点滅器イ，コンセントを結線する．非接地側電線の色別は「黒」．

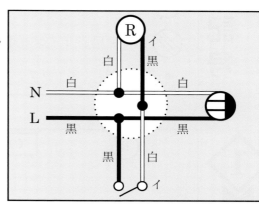

ランプレセプタクルと対応する点滅器イを結線し，最後に電線の色を書き込む．

コンセントの結線

点滅器の入・切に関係なく，コンセントは常に電源につながらないといけません．
つまり，コンセントの両端子には，常に電源のN，Lが現れているようにします．

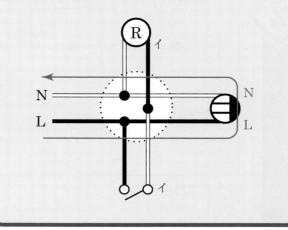

単線図

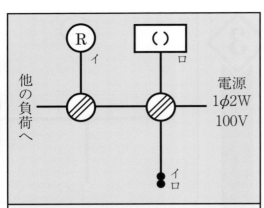

電源
1φ2W
100V

他の負荷へ

図記号

( )	引掛シーリング（ボディ（角形）のみ）
Ⓡ	ランプレセプタクル
⊘	VVF用ジョイントボックス
●	点滅器（スイッチ）

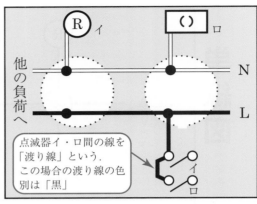

点滅器イ・ロ間の線を「渡り線」という。この場合の渡り線の色別は「黒」

非接地側電線と点滅器イ，点滅器ロを結線する。非接地側電線の色別は「黒」。また，「他の負荷へ」にも非接地側電線を延ばす。

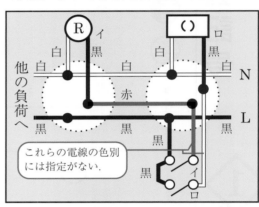

これらの電線の色別には指定がない。

ランプレセプタクルと対応する点滅器イ，引掛シーリングと対応する点滅器ロを結線し，最後に電線の色を書き込む。

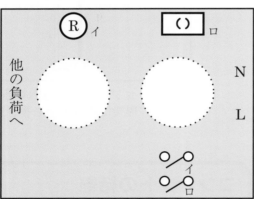

単線図通りに図記号を配置する。電源の非接地側にはL，接地側にはNと書き，「他の負荷へ」も書き込む。

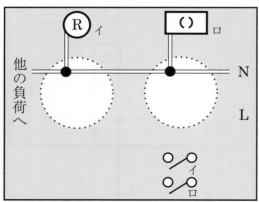

接地側電線と引掛シーリング，ランプレセプタクルを結線する。接地側電線の色別は「白」。また，「他の負荷へ」には接地側電線をそのまま延ばす。

連用箇所の電線色別について

点滅器が2つある連用箇所には，3心ケーブルを用います。3心ケーブルの絶縁被覆の色は黒，白，赤で，非接地側電線には必ず黒色を使用して点滅器と結線し，残りの白色と赤色が点滅器と対応する照明器具と結ばれます。この白色と赤色には色別指定がないので，どちらの点滅器に使用しても構いません。（下図は4の別パターン）

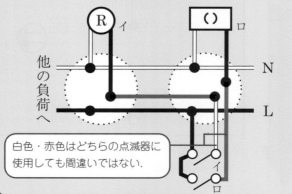

白色・赤色はどちらの点滅器に使用しても間違いではない。

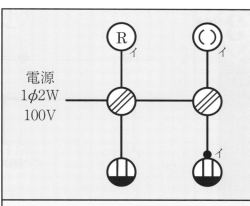

単線図

電源
1φ2W
100V

図記号

◯⌒ 引掛シーリング
（ボディ（丸形）のみ）

Ⓡ ランプレセプタクル

⊘ VVF用ジョイントボックス

● 点滅器（スイッチ）

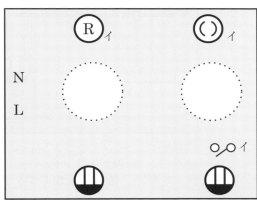

単線図通りに図記号を配置する．電源の非接地側にはL，接地側にはNと書く．

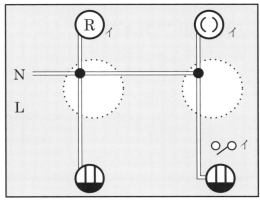

接地側電線とランプレセプタクル，引掛シーリング，コンセントを結線する．接地側電線の色別は「白」．

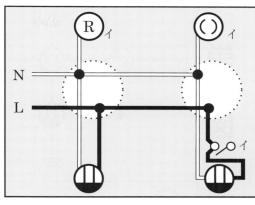

非接地側電線とコンセント，点滅器イを結線し．点滅器イとコンセントを渡り線で結線する．非接地側電線の色別は「黒」．

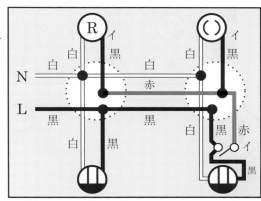

ランプレセプタクル，引掛シーリングと対応する点滅器イを結線し，最後に電線の色を書き込む．

渡り線について

点滅器とコンセントを連用する場合，2つの器具相互を結ぶ「渡り線」が必要です．非接地側電線とつながる「渡り線」には必ず黒色，接地側電線とつながる「渡り線」には施工条件の「接地側電線はすべて白色を使用」に従い，必ず白色を使用します．また，この箇所はコンセントに非接地側電線を結び，「渡り線」で点滅器に送る描き方でも構いません．

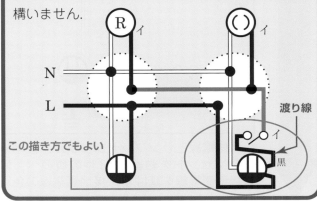

第2章

低圧回路のパターン4：接地極付コンセント・点滅器各1箇所，照明器具1灯

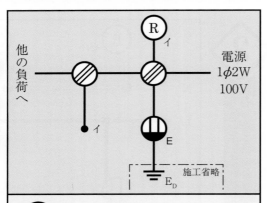

単線図

図記号

ⓇR	ランプレセプタクル
接地極付コンセント E	接地極付コンセント
VVF用ジョイントボックス	VVF用ジョイントボックス
●	点滅器（スイッチ）

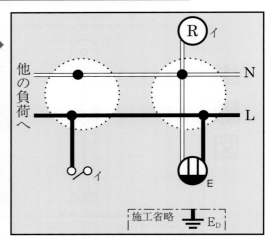

非接地側電線とコンセント，点滅器イを結線し．「他の負荷へ」にも非接地側電線を延ばす．非接地側電線の色別は「黒」．

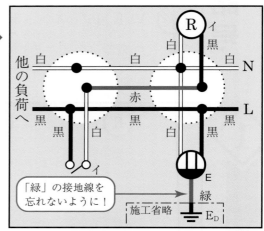

「緑」の接地線を忘れないように！

点滅器イと対応するランプレセプタクルを結線し，接地極付コンセントに接地線（緑色）を結ぶ．最後に電線の色を書き込む．

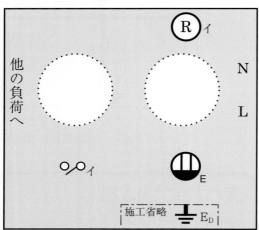

単線図通りに図記号を配置する．電源の非接地側にはL，接地側にはNと書く．

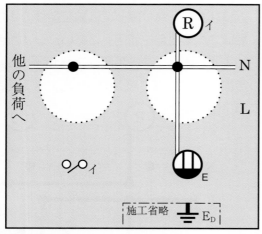

接地側電線とランプレセプタクル，接地極付コンセントを結線し，「他の負荷へ」にも接地側電線を延ばす．接地側電線の色別は「白」．

接地線について

第一種電気工事士技能試験の公表された候補問題では，接地極付コンセントの接地工事については明記されておらず，試験時に明記されて出題されます．ここでは，D種接地極（施工省略）に結線する方法を取り上げていますが，候補問題により他の方法がとられる場合もあります．

単線図

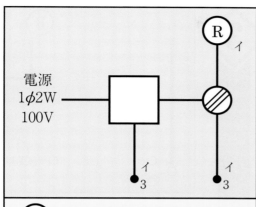

図記号

Ⓡ ランプレセプタクル

◉ VVF用ジョイントボックス

□ ジョイントボックス（アウトレットボックス）

•₃ ３路スイッチ

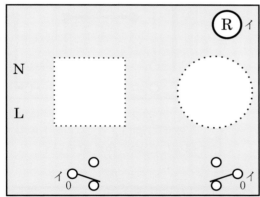

単線図通りに図記号を配置する．電源の非接地側にはL，接地側にはNと書く．

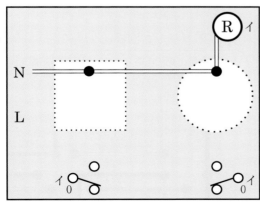

接地側電線とランプレセプタクルを結線する．接地側電線の色別は「白」．

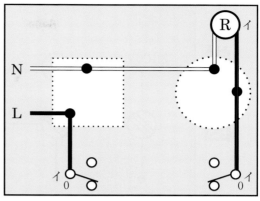

非接地側電線と電源側の３路スイッチの０端子，照明器具側の３路スイッチの０端子とランプレセプタクルを結線する．両方とも電線の色別は「黒」．

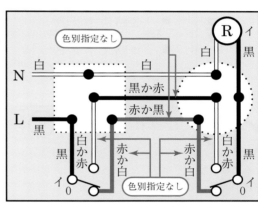

３路スイッチ相互間を結線する．３路スイッチ相互間は，どの端子を結んでもよい．最後に電線の色を書き込む．

３路スイッチの結線

３路スイッチには３心ケーブルを使用し，黒色は必ず０端子に結線しますが，残りの白・赤色には電線色別の指定はありません．また，３路スイッチ相互間の結線では，０端子以外をどのように結線しても間違いではありません．

上の４とは３路スイッチ相互間の結線を別パターンにしたもの

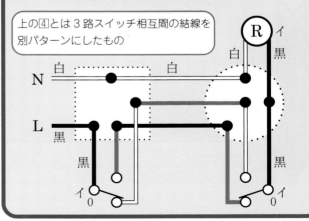

単線図

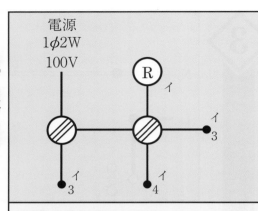

電源
1φ2W
100V

図記号

Ⓡ ランプレセプタクル

VVF 用ジョイントボックス

●₃ ３路スイッチ

●₄ ４路スイッチ

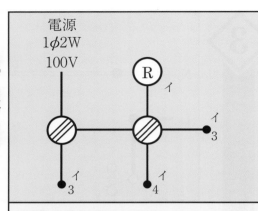

単線図通りに図記号を配置する．電源の非接地側にはL，接地側にはNと書く．

接地側電線とランプレセプタクルを結線する．接地側電線の色別は「白」．

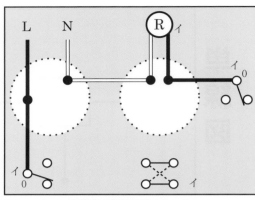

非接地側電線と電源側の３路スイッチの０端子，照明器具側の３路スイッチの０端子とランプレセプタクルを結線する．両方とも電線の色別は「黒」．

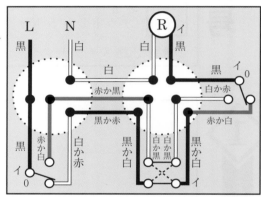

３路・４路スイッチ相互間を結線する．３路・４路相互間はどの端子同士を結んでもよい．最後に電線の色を書き込む．

４路スイッチの結線

４路スイッチには２心ケーブルを２本使用します．３路・４路スイッチ相互間を結ぶ電線には色別指定はなく，３路スイッチの０端子以外，どの端子同士を結線しても間違いではありません．

上の④とは３路・４路スイッチ相互間の結線を変えたもの

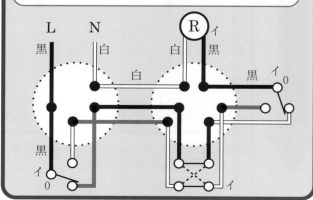

縦書き：単線図　図記号

常時点灯の場合（電源確認）

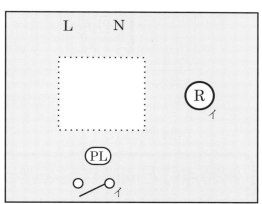

電源 1φ2W
100V

Ⓡ　ランプレセプタクル

☐　ジョイントボックス
（アウトレットボックス）

●　点滅器（スイッチ）

○　確認表示灯（別置）
（パイロットランプ）

1

単線図通りに図記号を配置する．電源の非接地側にはL，接地側にはNと書く．

2

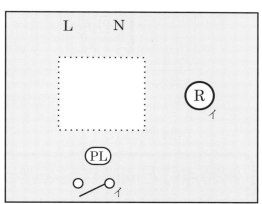

接地側電線とランプレセプタクル，パイロットランプを結線する．接地側電線の色別は「白」．

3

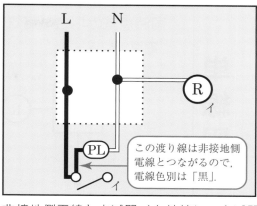

この渡り線は非接地側電線とつながるので，電線色別は「黒」．

非接地側電線と点滅器イを結線し，点滅器イの電源側とパイロットランプを渡り線で結線する．非接地側電線の色別は「黒」．

4

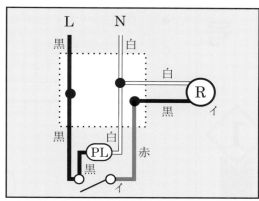

点滅器イと対応するランプレセプタクルを結線する．最後に電線の色を書き込む．

常時点灯の結線について

常時点灯の結線では，非接地側電線とパイロットランプを直接結線し，点滅器に渡り線をおろしても間違いではありません．（コンセントと同じ結線と考えても構いません．）

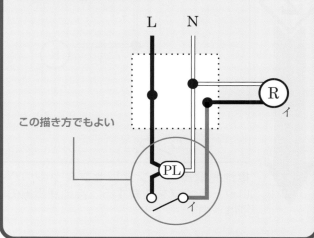

この描き方でもよい

第2章

単線図

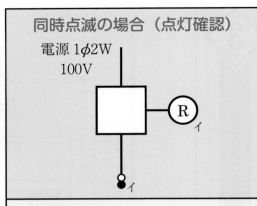

同時点滅の場合（点灯確認）

電源 1φ2W
100V

図記号

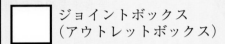

Ⓡ ランプレセプタクル

□ ジョイントボックス
（アウトレットボックス）

● 点滅器（スイッチ）

○ 確認表示灯（別置）
（パイロットランプ）

①

単線図通りに図記号を配置する．電源の非接地側にはL，接地側にはNと書く．

②

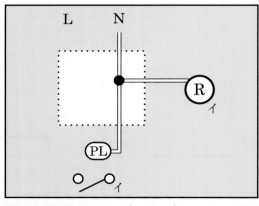

接地側電線とランプレセプタクル，パイロットランプを結線する．接地側電線の色別は「白」．

③

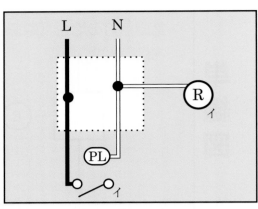

非接地側電線と点滅器イを結線する．非接地側電線の色別は「黒」．

④

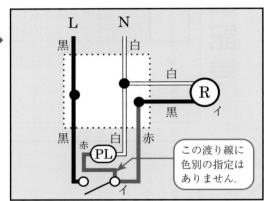

この渡り線に色別の指定はありません．

点滅器イと対応するランプレセプタクルを結線し，点滅器イの照明器具側とパイロットランプを渡り線で結線する．最後に電線の色を書き込む．

常時点灯と同時点滅を迷ったら

常時点灯と同時点滅の回路の違いは，パイロットランプからの渡り線を点滅器の電源側・照明器具側のどちらに結線するかの違いだけなので，結線で迷ったら，常時点灯は点滅器に関係なく常に電源とつながり，同時点滅は点滅器がONのときに電源とつながることを思い出しましょう．

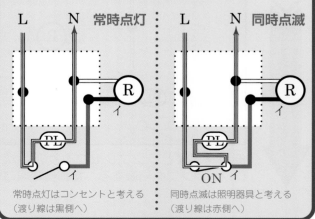

常時点灯はコンセントと考える
（渡り線は黒側へ）

同時点滅は照明器具と考える
（渡り線は赤側へ）

第2章

単線図

異時(交互)点滅の場合（位置確認）

電源 1φ2W
100V

図記号

 ランプレセプタクル

ジョイントボックス
（アウトレットボックス）

● 点滅器 （スイッチ）

○ 確認表示灯（別置）
（パイロットランプ）

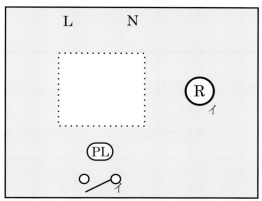

単線図通りに図記号を配置する．電源の非接地側にはL，接地側にはNと書く．

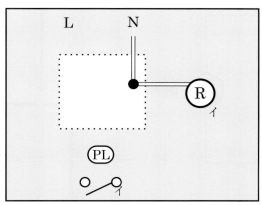

接地側電線とランプレセプタクルを結線する．接地側電線の色別は「白」．

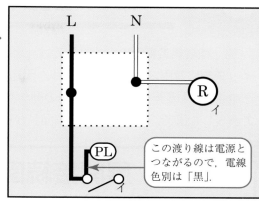

非接地側電線と点滅器イを結線し．点滅器イの電源側とパイロットランプを渡り線で結線する．非接地側電線の色別は「黒」．

この渡り線は電源とつながるので，電線色別は「黒」．

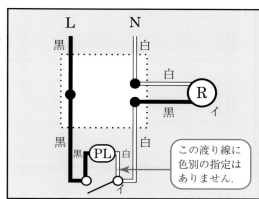

この渡り線に色別の指定はありません．

点滅器イと対応するランプレセプタクルを結線し．点滅器イの照明器具側とパイロットランプを渡り線で結線する．最後に電線の色を書き込む．

点灯方法別の電線色別について

常時点灯：点滅器の電源側（非接地側電線を結んだ側）に結線した渡り線は，電源につながるので，必ず「黒」でなければならず，接地側電線とつながる電線も必ず「白」でなければならない．

同時点滅：点滅器の照明器具側（照明器具を結んだ側）に結線した渡り線は何色でもよいが，接地側電線とつながる電線は必ず「白」でなければならない．

異時点滅：同時点滅の回路では，パイロットランプと点滅器を2本の渡り線で結ぶ．電源側の渡り線は電源につながるので，必ず「黒」でなければならないが，照明器具側の渡り線は何色でもよい．

第一種電気工事士の技能試験では，自動点滅器とタイムスイッチを組み合わせたシーケンス回路や3路スイッチを切替用スイッチとして用いる問題などが出題されます．これらの問題には必ず「展開接続図」が示されます．「展開接続図」は機器の動作を主として，機能を中心とした電気的接続を展開して図記号を用いて表現した図で，この「展開接続図」から各機器の関係を読み取って複線図を描く必要があります．

展開接続図からの複線図化の原則

1 展開接続図に**黒色**と書かれている横線が非接地側電線となる．

2 展開接続図に**白色**と書かれている横線が接地側電線となる．

3 横線に直接つながる部分は，必ず横線と同色にしなければならない．

展開接続図では，上下の横線が電源からの非接地側電線と接地側電線を示しています．上下のどちらが非接地側・接地側電線であるかは，展開接続図に示されている「黒色」，「白色」の表記で判断します．また，これらの横線に直接つながっている部分は，必ずつながっている横線と同色にしなければいけません．

展開接続図から複線図化の例

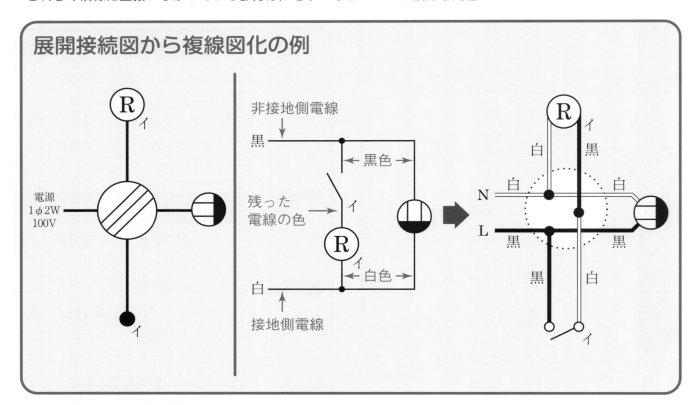

4 自動点滅器とタイムスイッチ

第一種電気工事士の技能試験では，自動点滅器とタイムスイッチを組み合わせたシーケンス回路が出題されるので，自動点滅器とタイムスイッチの構造を把握しておきましょう．

自動点滅器の動作と内部構造

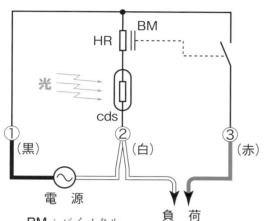

BM：バイメタル
HR：バイメタル加熱抵抗
cds：硫化カドミウム光導電セル

自動点滅器は周囲の明るさを検知し，暗くなれば照明器具を自動的に点灯し，明るくなると自動的に消灯する点滅器です．自動点滅器には光導電素子とバイメタルスイッチ式と電子式があり，光導電素子とバイメタルスイッチ式の自動点滅器は，光センサに硫化カドミウム光導電セル（cds セル）を用い，cds セルに光を受けるとバイメタル加熱抵抗への電流が増え，抵抗の発熱によりバイメタルが湾曲して，接点が「開」になります．そのため，昼間に電源を入れた直後1～2分は，加熱抵抗によりバイメタルが湾曲して接点が「開」になるまでの間，明るいのに点灯します．cds 回路は周囲の明るさを検出するために，常時電源とつながっていなければいけません．

周囲が明るいときの動作（消灯中の動作）

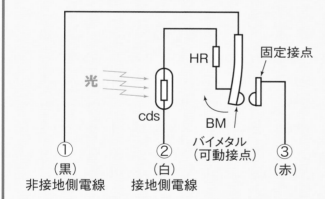

①（黒）非接地側電線　②（白）接地側電線　③（赤）

cds 回路が周囲の明るさを検出すると cds セルの抵抗が減少し，バイメタルを加熱して湾曲させ，接点が「開」になり消灯する．

周囲が暗いときの動作（点灯中の動作）

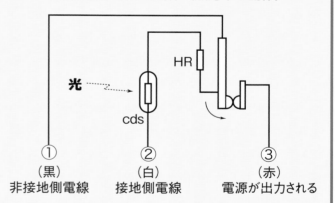

①（黒）非接地側電線　②（白）接地側電線　③（赤）電源が出力される

周囲が暗くなると cds セルの抵抗が増加し，バイメタル加熱抵抗への電流が減少する．するとバイメタルの湾曲が戻り，接点が「閉」になり点灯する．

内部結線

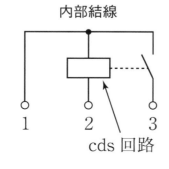

cds 回路

技能試験では，自動点滅器は端子台で代用され，左図の端子台説明図と内部結線図が示されます．

cds 回路は「1」端子と「2」端子につながっているので，「1」端子には非接地側電線（黒色），「2」端子には接地側電線（白色）を結線します．

タイムスイッチ（TS）の動作と内部構造

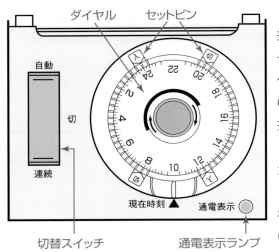

ダイヤル　セットピン

自動

切

連続

現在時刻 ▲　通電表示

切替スイッチ

通電表示ランプ
（負荷が「入」のとき点灯）

タイムスイッチ（TS）には，交流モータ式と電子式がありますが，技能試験では過去に交流モータ式が出題されています．交流モータ式のタイムスイッチは，交流モータでダイヤル（24時間目盛り付き円板）を回転させます．そのダイヤルの時刻に「入」及び「切」のセットピン（設定子）をセットすると，設定した時刻に内部の接点が「閉」及び「開」して負荷を「入」，「切」できます．

交流モータはダイヤルを回転させているため，常時電源とつながっていなければなりません．

タイムスイッチの回路は，交流モータと負荷制御回路が同一になっている「同一回路」，交流モータと負荷制御回路が別になっている「別回路」の2つがあります．

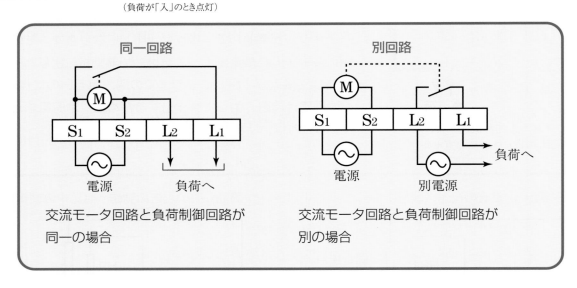

同一回路

別回路

S_1 　S_2 　L_2 　L_1

電源　　　負荷へ

交流モータ回路と負荷制御回路が
同一の場合

S_1 　S_2 　L_2 　L_1

電源　　　別電源　　　負荷へ

交流モータ回路と負荷制御回路が
別の場合

内部結線

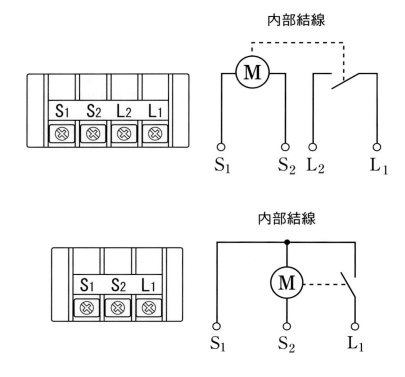

S_1 　　S_2 　L_2 　　L_1

M

S_1 　　S_2 　　L_1

内部結線

S_1 　S_2 　L_1

M

S_1 　　S_2 　　L_1

技能試験では，タイムスイッチ（TS）は端子台で代用され，左図の端子台説明図と内部結線図が示されます．過去の出題では，別回路のものを4P端子台で代用する問題と同一回路のものを3P端子台で代用する問題の2パターンが出題されています．

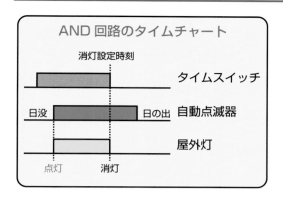

AND 回路のタイムチャート

AND 回路とは自動点滅器とタイムスイッチ（TS）を直列につなぎ，両方の接点が「閉」になると照明器具が点灯する回路です．

左図のタイムチャートを見ると分かるように，日没時間より前にタイムスイッチを「入」にセットしておき，日没時に自動点滅器が「入」になることで照明器具が点灯します．また，日の出時前にタイムスイッチを「切」にセットしておき，自動点滅器が日の出を検知する前に照明器具を消灯させることができるので，看板灯（営業中の表示）や駐車場などの屋外灯回路として用います．

第2章

●展開接続図の読み取り

ここでは，端子台説明図・内部結線図・展開接続図を読み取って，例題の部分配線図の AND 回路の複線図を描く手順を解説します．

部分配線図

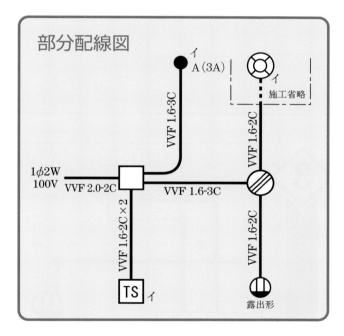

端子台説明図

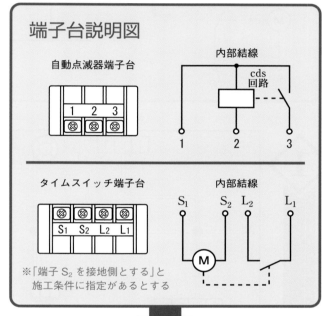

※「端子 S_2 を接地側とする」と施工条件に指定があるとする

展開接続図

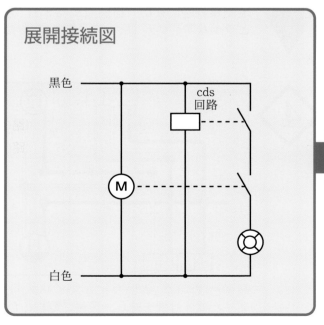

自動点滅器は「1」端子に内部接点がつながっており，「1」端子に非接地側電線，「2」端子に接地側電線を結線する．展開接続図の非接地側電線の配置に合わせると右図の端子配置になる．

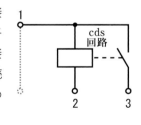

タイムスイッチ（TS）は「S_1」，「S_2」が電源につながる端子になる．施工条件に「S_2」端子を接地側とすると指定された場合は，展開接続図の接地側電線の配置に合わせると，「S_1」，「S_2」は右図のような配置になる．「L_1」，「L_2」には指定がないため，配置を入れ替えても間違いではない．

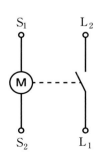

●複線図の描き方

　前ページの展開接続図に端子配置を合わせた内部結線図を展開接続図に重ね合わせて，自動点滅器とタイムスイッチ（TS）の各端子に結線する電線色別と各器具の関係を読み取って複線図を描いていきます．

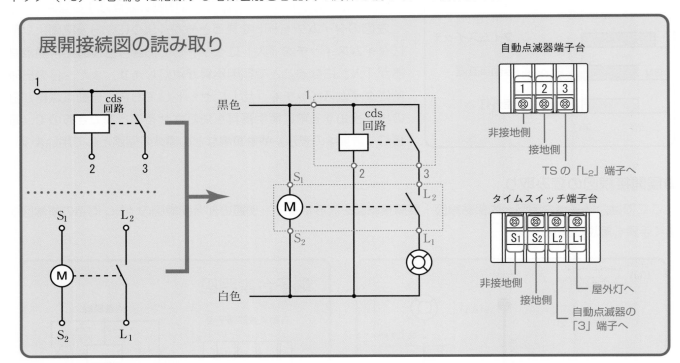

展開接続図の読み取り

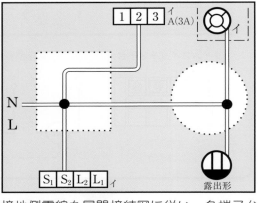

接地側電線を展開接続図に従い，各端子台の端子，屋外灯に結線する．露出形コンセントにも結線する．電線の色別は「白」．

非接地側電線を展開接続図に従い，各端子台の端子に結線する．また，露出形コンセントにも結線する．電線の色別は「黒」．

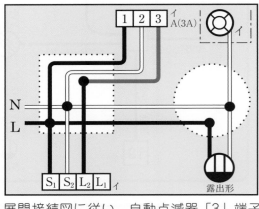

展開接続図に従い，自動点滅器「3」端子とタイムスイッチ「L₂」端子間を結ぶ．

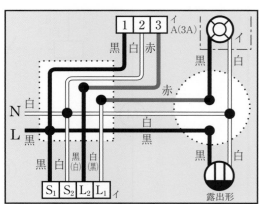

端子台説明図に従いタイムスイッチ「L₁」端子と屋外灯間を結ぶ．最後に電線の色を書き込む．

自動点滅器とタイムスイッチ（TS）のOR回路

OR回路とは自動点滅器とタイムスイッチ（TS）を並列につなぎ，自動点滅器・タイムスイッチ（TS）のどちらかの接点が「閉」になると照明器具が点灯する回路です．

●展開接続図の読み取り

ここでは，端子台説明図・内部結線図・展開接続図を読み取って，例題の部分配線図のOR回路の複線図を描く手順を解説します．

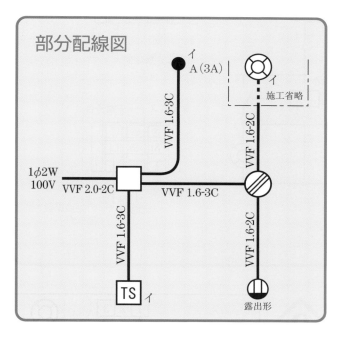

部分配線図

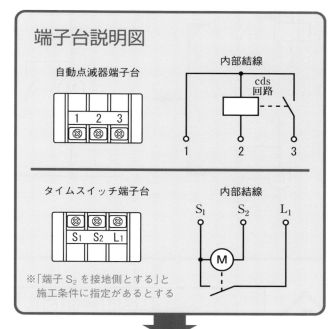

端子台説明図

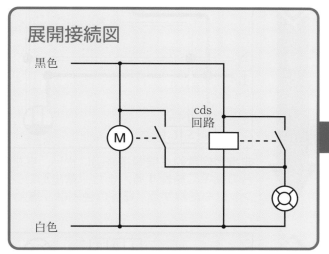

展開接続図

自動点滅器は「1」端子に非接地側電線，「2」端子に接地側電線を結線するので，展開接続図の非接地側電線の配置に合わせると右図のような端子配置になる．

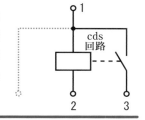

タイムスイッチの内部結線図を展開接続図に合わせるために，まずモーターの位置をずらして考えると右図のようになる．

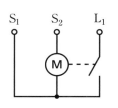

さらに「S₁」，「S₂」端子をそれぞれ展開接続図の非接地側・接地側に合わせるために内部結線図の上下を逆にし，「S₁」端子を展開接続図の非接地側電線の配置に合わせると右図のようになる．

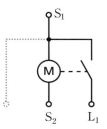

※過去の出題では，タイムスイッチ3P端子台と片切スイッチを組み合わせてAND回路とOR回路が構成された．実機のタイムスイッチの極数は4極だが，「S₂」，「L₂」端子は内部で渡り線でつながっているため，「L₂」端子を省略して3P端子台で代用された．本書でも3P端子台でOR回路を解説する．

●複線図の描き方

　前ページの展開接続図に端子配置を合わせた内部結線図を展開接続図に重ね合わせて，自動点滅器とタイムスイッチ（TS）の各端子に結線する電線色別と各器具の関係を読み取って複線図を描いていきます．

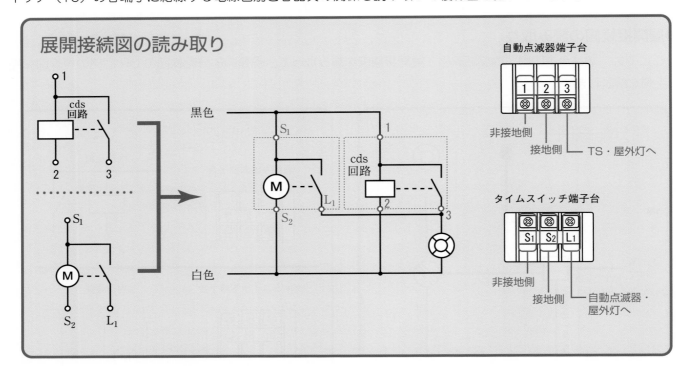

展開接続図の読み取り

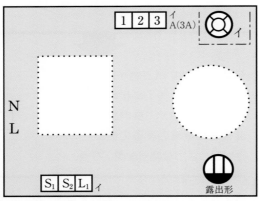

単線図通りに図記号を配置する．電源の非接地側にはL，接地側にはNと書く．

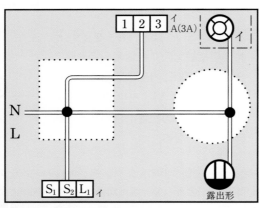

接地側電線を展開接続図に従い，各端子台の端子，屋外灯に結線する．露出形コンセントにも結線する．電線の色別は「白」.

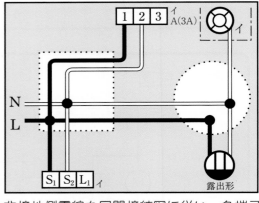

非接地側電線を展開接続図に従い，各端子台の端子に結線する．また，露出形コンセントにも結線する．電線の色別は「黒」.

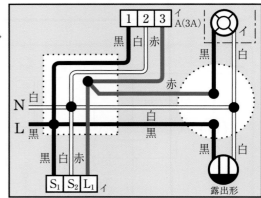

端子台説明図に従いタイムスイッチ「L1」端子，自動点滅器「3」端子と屋外灯間を結ぶ．最後に電線の色を書き込む．

5 切替用スイッチについて

　3路スイッチの切換え接点を利用し，3路スイッチを「切替用スイッチ」として用いる回路があります．ここでは3路スイッチの構造と「切替用スイッチ」を含む回路の動作について解説します．

3路スイッチの構造

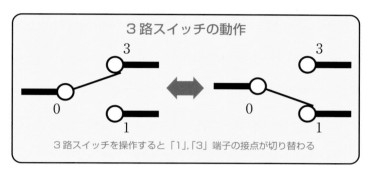

　3路スイッチを操作すると，左図のように接点が「3」端子から「1」端子へ，または「1」端子から「3」端子へと切り替わります．この接点は必ず「1」，「3」端子のどちらかに接している構造になっています．この構造を利用して「1」，「3」端子に別々の器具を結び，3路スイッチを操作することで，それらの器具の動作を切り替える回路が「切替用スイッチ」を含む回路となります．

●展開接続図の読み取り

　ここでは，端子台説明図・内部結線図・展開接続図を読み取って，例題の部分配線図の切替用スイッチを含む回路の複線図を描く手順を解説します．

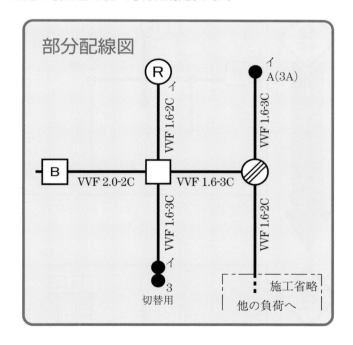

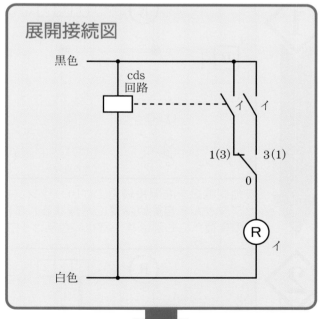

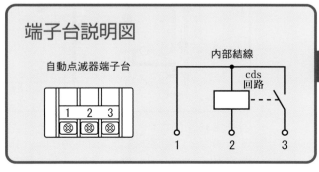

　自動点滅器は「1」端子に非接地側電線，「2」端子に接地側電線を結線するので，展開接続図の非接地側電線の配置に合わせると右図のような端子配置になる．

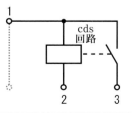

　この回路は，ランプレセプタクルを自動点滅器と片切スイッチのどちらかで点滅させるため，その選択を3路スイッチでする．

●複線図の描き方

　前ページの展開接続図に端子配置を合わせた内部結線図を展開接続図に重ね合わせて，自動点滅器，片切スイッチ，3路スイッチ，ランプレセプタクルの関係と結線する電線の色別を読み取って複線図を描いていきます.

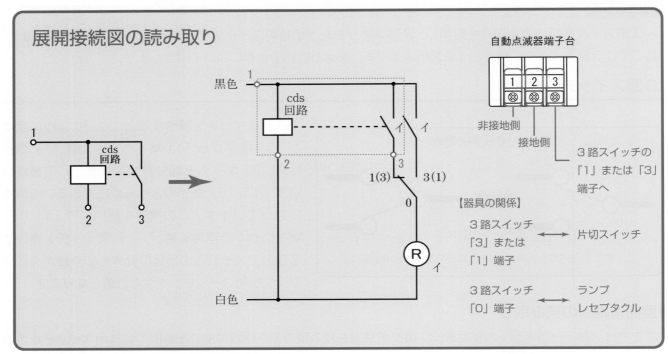

展開接続図の読み取り

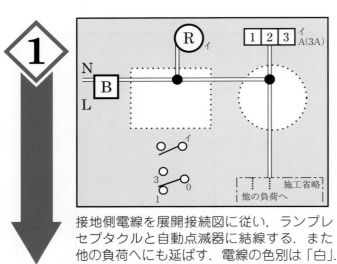

接地側電線を展開接続図に従い，ランプレセプタクルと自動点滅器に結線する. また他の負荷へにも延ばす. 電線の色別は「白」.

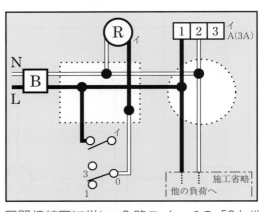

展開接続図に従い，3路スイッチの「0」端子とランプレセプタクルを結ぶ.

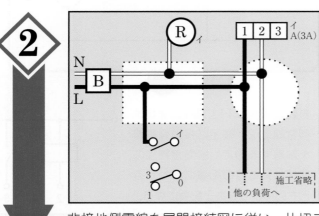

非接地側電線を展開接続図に従い，片切スイッチと自動点滅器に結線する. また，他の負荷へにも延ばす. 電線の色別は「黒」.

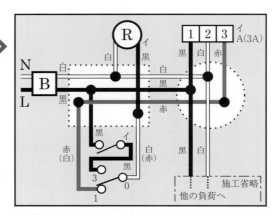

展開接続図に従い，片切スイッチと3路スイッチ「3」端子，3路スイッチ「1」端子と自動点滅器「3」端子間を結ぶ. 最後に電線の色を書き込む.

6 配線器具と図記号

　複線図を描くことに慣れてきたら，図記号と実物の配線器具の写真とを照らし合わせて，どの図記号がどの器具を表しているのか覚えましょう．器具によっては「極性」が決まっているものもありますから，これも覚えておきましょう．

図記号	名称と実物写真	備　考
Ⓡ	ランプレセプタクル	受金ねじ部 受金ねじ部の端子 接地側電線（白色）は，必ず受金ねじ部の端子に結線する．
▭( )	引掛シーリング （ボディ（角形）のみ） 表　　　裏	接地側電線（白色）は，必ず接地側極端子に結線する．接地側極端子にはメーカにより N，W，接地側などの表記がある． 接地側極端子
●	埋込連用タンブラスイッチ （片切スイッチ） 表　　　裏	極性がないので，黒色・白色をどちらの端子に結線してもよい． 同じ側の上下の端子は内部でつながっている． 内部回路図 裏面にはどの端子が固定極，可動極かを示す図がある． 可動極　固定極

図記号	名称と実物写真	備 考
●2P	**埋込連用タンブラスイッチ** **（両切スイッチ）** 表　　　裏	 内部回路図　　裏面シール 両切スイッチ表面は片切スイッチと同じなので，裏面に貼られたシールから，両切スイッチと判断する．
●3	**埋込連用タンブラスイッチ** **（3路スイッチ）** 表　　　裏	「0」の接続端子 接続端子（裏面）には「0」，「1」，「3」の表示があり，これで4路スイッチと区別する．「0」の接続端子には，非接地側電線又は負荷側の黒色を結線する． 内部回路図　「0」端子の上下の端子は内部でつながっている．
●4	**埋込連用タンブラスイッチ** **（4路スイッチ）** 表　　　裏	 裏面シール　　　側面シール E4路 NDG1114 4路スイッチ表面は3路スイッチと同じなので，裏面や側面に貼られたシールから，4路スイッチと判断する．
○	**埋込連用パイロットランプ** 表　　　裏	極性がないので，黒色・白色をどちらの端子に結線してもよい． 施工条件では，確認表示灯（パイロットランプ）と示されている． 内部回路図　同じ側の上下の端子は内部でつながっている．

図記号	名称と実物写真	備　考
●A	**自動点滅器** **（代用端子台）**	自動点滅器は端子台で代用される. 内部結線 cds回路 1　　　2　　　3 cds回路に電源を供給する電源回路が「1」端子（非接地側：黒）と「2」端子（接地側：白）になる. 「1」端子に内部で接点がつながっているため, 非接地側になる.
TS	**タイムスイッチ** **（代用端子台）** **3P 端子台の場合** S₁　S₂　L₁	自動点滅器は端子台（3P または 4P）で代用される. 内部結線 S₁　　S₂　　L₁ Ⓜ 「S₁」端子に内部で接点がつながっているため非接地側となる. 内部結線図のモータと負荷制御回路の接点の位置は, 示される図によって異なることもある.
	4P 端子台の場合 S₁　S₂　L₂　L₁	内部結線 S₁　　S₂　　L₂　　L₁ Ⓜ 過去の出題では, 「S₂」端子が接地側に指定された. 内部結線図のモータと負荷制御回路の接点の位置は, 示される図によって異なることもある.
◐ 露出形	**露出形コンセント**	W 接地側極端子 接地側電線（白色）は, 必ず接地側極端子に結線する. 接地側極端子にはメーカーにより, N, W, 接地側などの表記がある.

図記号	名称と実物写真	備　考
	埋込連用コンセント 表　　　　　裏	接地側極端子 接地側電線（白色）は，必ず接地側極端子に結線する．接地側極端子にはメーカーにより，N，W，接地側などの表記がある．
E	**埋込連用接地極付コンセント** 表　　　　　裏	接地線端子　　接地側極端子 接地線（緑色）は，必ず接地の表記がある接地線端子に結線する．接地側電線（白色）は，必ずN，W，接地側などの表記がある接地側極端子に結線する．
E 250V	**200V 接地極付コンセント** 表　　　　裏 	接地線 端子　　　　　電源端子 接地線（緑色）は，必ず接地の表記がある左側の端子に結線する．電源端子には極性がないので，どちらの端子に何色の電線を結線してもよい．
B	**配線用遮断器（2極1素子） 100V用** 	接地側電線 （白色）を結 線する端子 接地側電線（白色）は，必ずN表示のある端子に結線する．N表示はメーカにより大きさや表示のある場所が異なる．

第3章 高圧回路の基礎知識

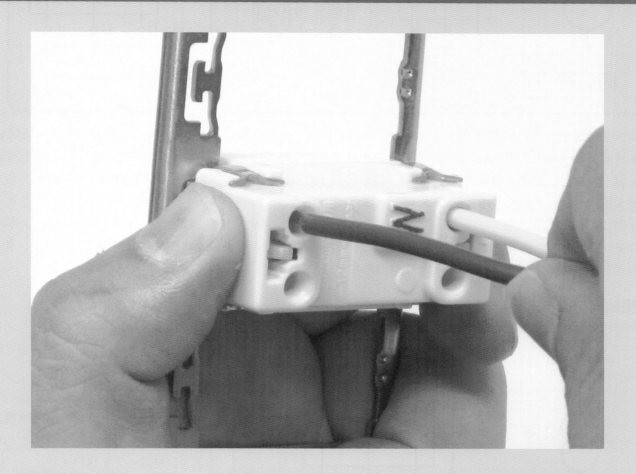

高圧回路について理解していなければ技能試験の作品を完成させることはできません．この章では，高圧回路や制御回路など，第一種電気工事士技能試験に必要不可欠なポイントを解説します．

単相変圧器について

技能試験の配線図の変圧器部分では，単線図用変圧器の図記号が用いられ，電源部に示される数字と端子台説明図によって単相変圧器と三相変圧器とを区別しています．

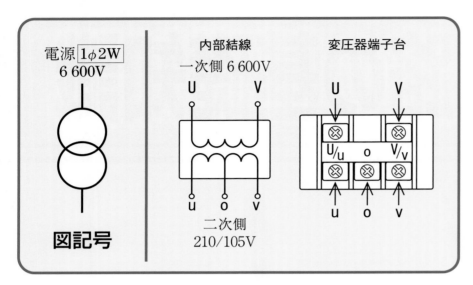

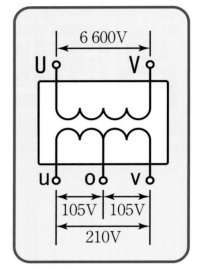

配線図の電源部に「1φ2W」（1φは単相，2Wは2線式）と示されているものが単相変圧器です．技能試験では変圧器は端子台で代用され，試験問題に上図のような内部結線図と端子台説明図が示されます．この内部結線図には一次側と二次側の電圧が示されます．二次側に「210/105V」とあるのは，二次側が100V回路と200V回路を取り出せる「単相3線式」（1φ3W）であることを表しています．二次側の電圧はu－o端子間とv－o端子間がそれぞれ100V，u－v端子間が200Vとなります．各端子についてはu，v端子が電圧側となるので100V回路では，非接地側電線（黒色）を結線し，o端子は中性線となる接地側電線（白色）を結線します．また，接地側電線には接地を施すので，o端子には接地線も結線します．

●複線図の描き方の基本

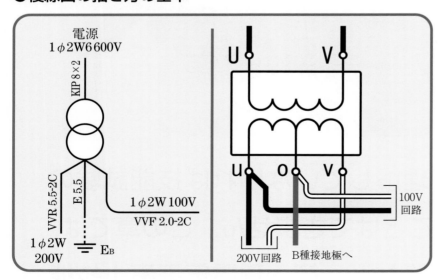

※ 200V回路にはIV（黒）が支給された場合，200V回路はu，v端子とも黒色になる．

【一次側】

一次側の端子は2つなので，各端子に1本ずつ結線します．

【二次側200V回路】

u，v端子に結線します．色別は施工条件に指定がなければ白・黒をどちらの端子に結線しても構いません．

【二次側100V回路：非接地側（黒色）】

u，v端子のどちらかに結線します．施工条件に指定がなければ，u，v端子のどちらでも構いません．

【二次側100V回路：接地側（白色）】

o端子に結線します．o端子には接地線（緑色）も結線します．

2 三相変圧器について

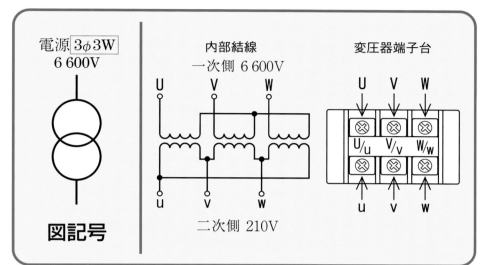

電源 3φ3W 6 600V

図記号

内部結線
一次側 6 600V

二次側 210V

変圧器端子台

配線図の電源部に「3φ3W」（3φは三相，3Wは3線式）と示されているものが三相変圧器です．技能試験では変圧器は端子台で代用され，試験問題に左図のような内部結線図と端子台説明図が示されます．三相変圧器の内部結線がY・△結線，△・△結線のどちらであるかは内部結線図に示されますが，どちらの内部結線でも端子台への結線方法は変わりません．

●複線図の描き方の基本

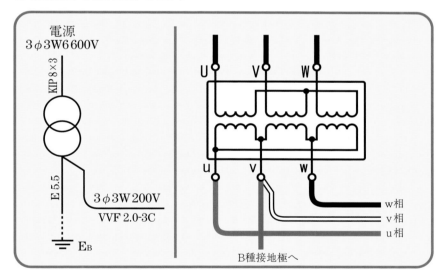

電源
3φ3W6 600V

KIP 8×3

E 5.5

3φ3W 200V
VVF 2.0-3C

E_B

B種接地極へ

w相
v相
u相

【一次側】
一次側の端子は3つなので，各端子に1本ずつ結線します．
【二次側】
施工条件の色別の指定に従って u，v，w 端子に結線します．また，接地線（緑色）は v 端子に結線します．

●三相電源の各相の記号

三相電源（配線図の電源部分に3φ3Wとあるもの）の問題では，R相やu相など，相順についてアルファベットの記号で示されます．施工条件では，「R相に赤色」，「u相に赤色」などと電源側と負荷側の相を合わせ，同色の電線を使用するように指定されるので，どの記号がどの記号と対応するのか確認しておきましょう．

	電源記号	変圧器端子		開閉器		電磁開閉器		動力用コンセント
		一次側	二次側	電源側	負荷側	電源側	負荷側	
第1相	R	U	u	U (R)*	X (U)*	R	U	X
第2相	S	V	v	V (S)*	Y (V)*	S	V	Y
第3相	T	W	w	W (T)*	Z (W)*	T	W	Z

＊近年の試験では，開閉器端子台が6Pの場合，各記号は電源側：R，S，T，負荷側X，Y，Zで出題されている．また，開閉器代用端子台が3Pの場合は，電源側：R，S，T，負荷側：U，V，Wで出題されている．

第3章

3 単相変圧器複数台の結線

　三相電源（配線図の電源部分に 3φ3W とあるもの）の問題によっては，単相変圧器 2 台を V－V 結線するものや単相変圧器 3 台を △－△ 結線するものなどがあります．

変圧器結線図について

　変圧器代用端子台を複数使用する問題では，端子台説明図とともに変圧器結線図が示されるので，この結線図どおりに端子台を配置して結線作業を進めます．

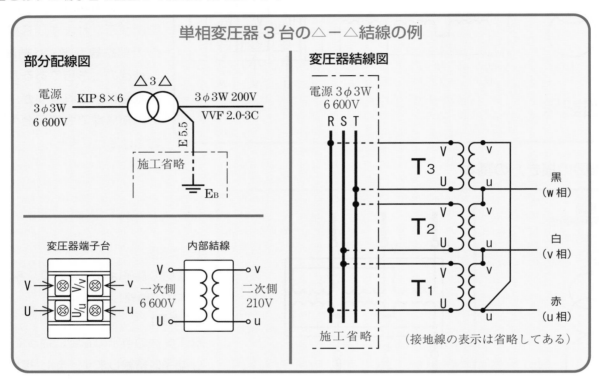

単相変圧器 3 台の △－△ 結線の例

●変圧器結線図の読み取り方

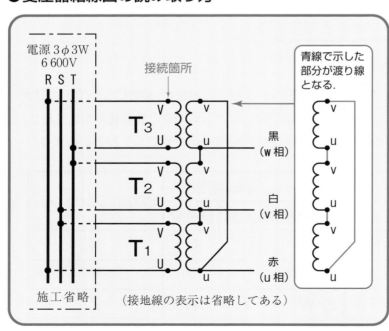

　変圧器結線図では，各端子台の端子が ● で表されているので，線が結ばれている端子に指定の色別で結線します．端子相互が結ばれている箇所は渡り線を結線します．変圧器結線図では，接地線を結線する端子と渡り線に使用する電線の太さ及び色別は省略されるので，これらの指定については必ず施工条件を確認して作業します．（VT 結線図も変圧器結線図と同様）

【図記号（JIS C 0617）】

接続点 接続箇所	●	（03－02－01）
端 子	○	（03－02－02）

単相変圧器2台によるV-V結線

ここでは，下図の部分配線図，端子台説明図，変圧器結線図を例題にV-V結線について解説します．

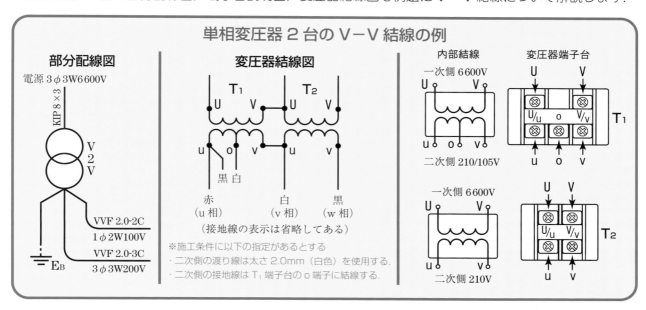

単相変圧器2台のV-V結線の例

部分配線図 — 電源3φ3W6600V — 変圧器結線図 — 内部結線 — 変圧器端子台

※施工条件に以下の指定があるとする
・二次側の渡り線は太さ2.0mm（白色）を使用する．
・二次側の接地線はT₁端子台のo端子に結線する．

●変圧器の一次側

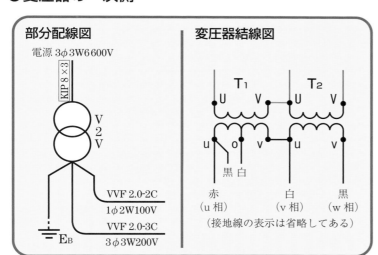

配線図の変圧器一次側には「KIP8×3」とあり，これは8mm²の高圧絶縁電線（KIP）の導体数が3本ということを示しています．そのため，変圧器結線図の一次側を見ると，一次側の各端子に結線されている本数が3本になっています．（左図の赤線）また，左図の水色の部分は渡り線となり，この部分は必ずKIPの渡り線を結線します．

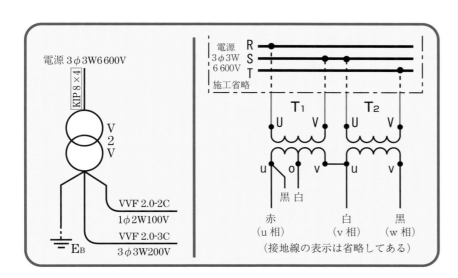

例題の変圧器結線図は，変圧器の一次側が変圧器側の渡り線によるV結線となっていますが，電源側の母線によるV結線の変圧器結線図での出題も考えられます．この場合は，配線図に「KIP8×4」とKIPの導体数が4本と示されます．変圧器結線図では，変圧器一次側の端子に結線されている本数が4本となり，一次側の渡り線は結線しません．

第3章

●変圧器の二次側（三相200V回路）

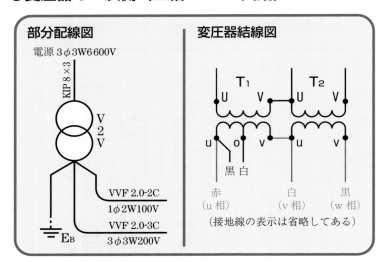

部分配線図 / 変圧器結線図

電源3φ3W6600V
KIP 8×3
V 2 V
VVF 2.0-2C　1φ2W100V
VVF 2.0-3C　3φ3W200V
E_B

T_1　T_2
U V　U V
u o v　u v
黒 白
赤（u相）　白（v相）　黒（w相）
（接地線の表示は省略してある）

変圧器結線図の二次側を見ると，電線色別とu相，v相，w相が示されている部分があります．この部分が三相200V回路となります．（左図の赤線）また，左図の水色の部分は渡り線となり，この部分に使用する渡り線の電線の太さと色別は，必ず施工条件に従って作業します．

●変圧器の二次側（単相100V回路）

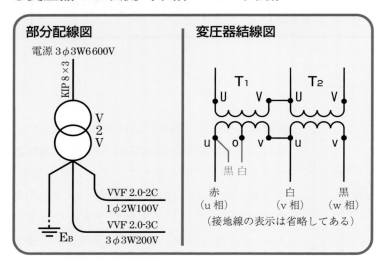

部分配線図 / 変圧器結線図

電源3φ3W6600V
KIP 8×3
V 2 V
VVF 2.0-2C　1φ2W100V
VVF 2.0-3C　3φ3W200V
E_B

T_1　T_2
U V　U V
u o v　u v
黒 白
赤（u相）　白（v相）　黒（w相）
（接地線の表示は省略してある）

変圧器結線図の二次側を見ると，電線色別の「黒」，「白」のみが示されている部分があります．この部分が単相100V回路となります．（左図の赤線）また，単相100V回路の白色を結線するo端子には接地線（緑色）も結線します．

ここまでの説明を踏まえて例題の複線図を描くと，下図のようになります．

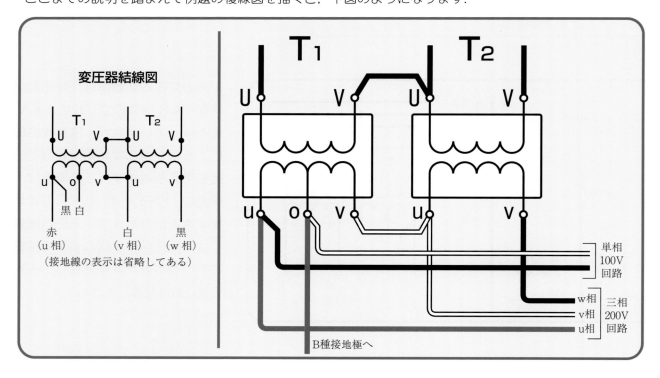

変圧器結線図

T_1　T_2
U V　U V
u o v　u v
黒 白
赤（u相）　白（v相）　黒（w相）
（接地線の表示は省略してある）

T_1　T_2
U V　U V
U O V　U V
単相100V回路
w相 / v相 / u相　三相200V回路
B種接地極へ

ここでは，下図の部分配線図，端子台説明図，変圧器結線図を例題に△−△結線について解説します．

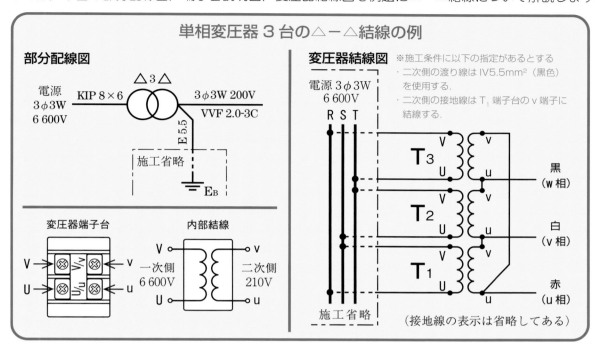

単相変圧器 3 台の△−△結線の例

部分配線図

電源 3φ3W 6 600V　KIP 8×6　△3△　3φ3W 200V VVF 2.0-3C

E 5.5

施工省略　E_B

変圧器端子台

内部結線

V　V_v　v
U　U_u　u

一次側 6 600V　二次側 210V

変圧器結線図

電源 3φ3W 6 600V　R S T

※施工条件に以下の指定があるとする
・二次側の渡り線は IV5.5mm² （黒色）を使用する．
・二次側の接地線は T₁ 端子台の v 端子に結線する．

T₃　v / u　v / u　黒（w 相）
T₂　v / u　v / u　白（v 相）
T₁　v / u　v / u　赤（u 相）

施工省略　（接地線の表示は省略してある）

●変圧器の一次側

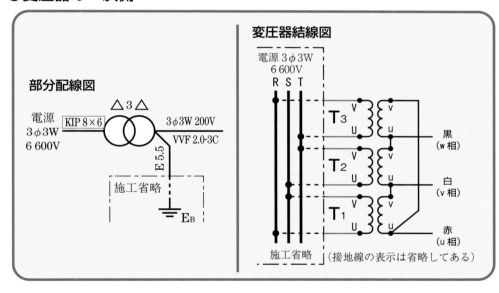

部分配線図

電源 3φ3W 6 600V　KIP 8×6　△3△　3φ3W 200V VVF 2.0-3C

E 5.5

施工省略　E_B

変圧器結線図

電源 3φ3W 6 600V　R S T

T₃　v / u　v / u　黒（w 相）
T₂　v / u　v / u　白（v 相）
T₁　v / u　v / u　赤（u 相）

施工省略　（接地線の表示は省略してある）

配線図の変圧器一次側には「KIP8 × 6」とあり，これは 8mm² の高圧絶縁電線（KIP）の導体数が 6 本ということを示しています．そのため，変圧器結線図の一次側を見ると，一次側の各端子に結線されている本数が 6 本になっています．（左図の赤線）

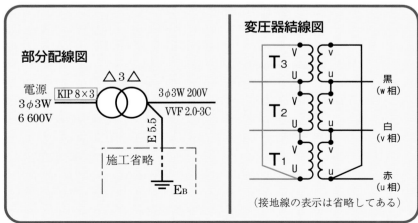

部分配線図

電源 3φ3W 6 600V　KIP 8×3　△3△　3φ3W 200V VVF 2.0-3C

E 5.5

施工省略　E_B

変圧器結線図

T₃　v / u　v / u　黒（w 相）
T₂　v / u　v / u　白（v 相）
T₁　v / u　v / u　赤（u 相）

（接地線の表示は省略してある）

例題の変圧器結線図は，変圧器の一次側が電源側の母線による△結線となっていますが，変圧器側の渡り線による△結線の変圧器結線図での出題も考えられます．この場合は，配線図に「KIP8 × 3」と KIP の導体数が 3 本と示されます．変圧器結線図では，変圧器一次側の端子に結線されている本数が 3 本となり，それぞれの端子台に渡り線を結線します．

第3章

●変圧器の二次側（三相200V回路）

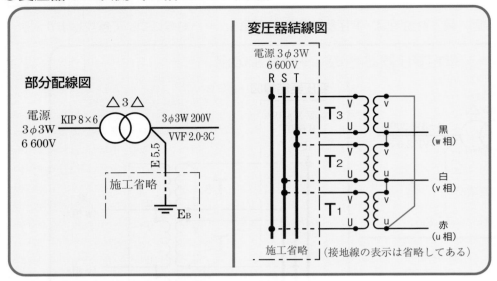

変圧器結線図の二次側を見ると，変圧器の各端子間に結線されている部分があり，この部分が渡り線となります．（左図の赤線）
この部分に使用する渡り線の電線の太さと色別は，必ず施工条件に従って作業します．

●変圧器の二次側（三相200V回路）

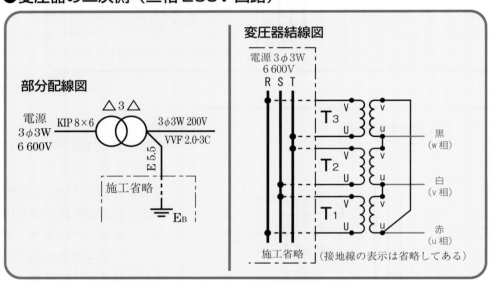

変圧器結線図の二次側を見ると，電線色別とu相，v相，w相が示されている部分があります．この部分が三相200V回路となります．

ここまでの説明を踏まえて例題の複線図を描くと，下図のようになります．

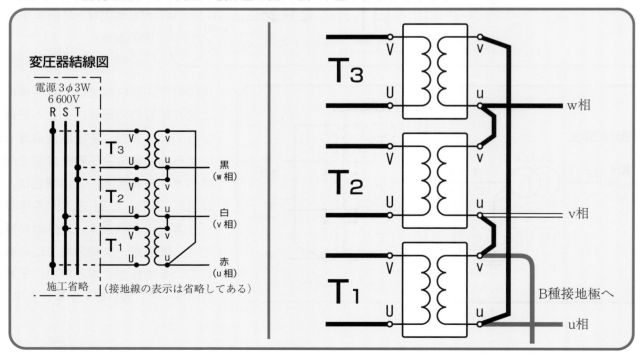

4 VT（計器用変圧器）について

　計器用変圧器（VT）は２台をV結線して使用し，高圧回路の電圧（三相6600V）を三相110Vに変圧します．また，電圧計切換スイッチ（VS）により，各相間を切換えてR-S間，S-T間，T-R間の電圧を電圧計（変圧比6600V/110V）にて指示します．技能試験でVTは端子台で代用され，VT結線図が示されます．

　ここでは，下図の部分配線図，端子台説明図，VT結線図を例題にVTについて解説します．

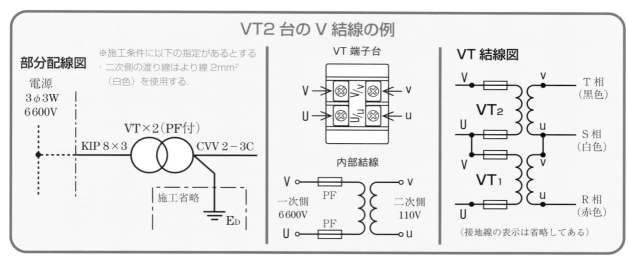

VT2台のV結線の例

● VTの一次側

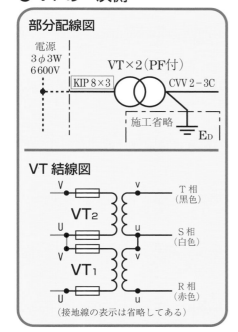

● VTの二次側

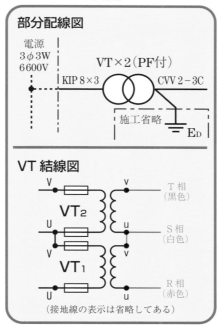

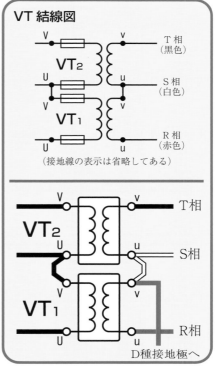

　配線図のVT一次側に「KIP8×3」とあり，KIPの導体数が３本と示しています．そのため，VT結線図の一次側は，各端子に結線されている本数が３本になっています．（上図の赤線）また，上図の水色の部分はKIPの渡り線を結線します．

　VT結線図の二次側を見ると，R相，S相，T相と電線色別が示されている部分が三相110V回路となります．また，渡り線（上図の水色）に使用する電線の種別・太さと色別，接地線を結線する端子は，必ず施工条件に従って作業します．

　「接地線はVT1のv端子に結線する」と施工条件に指定があるとして，例題の複線図を描くと上図のようになります．

5 CT(計器用変流器)について

　高圧用変流器(CT)は,高圧回路の電流を5Aに変流して,電流計切換スイッチ(AS)により各相を切換えて,R相,S相,T相の電流を電流計(変流比例100A/5A)にて指示します.変流器の取付位置は,R相とT相に配置します.技能試験でCTは端子台で代用され,CT結線図が示されます.

　ここでは,下図の部分配線図,端子台説明図,CT結線図を例題にCTについて解説します.

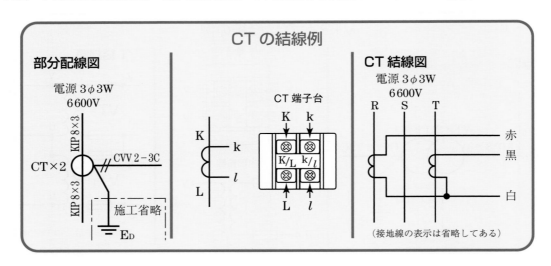

CT代用端子台の端子配置

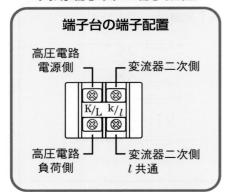

変圧器やVTの代用端子台は,端子台中央の端子記号を正面に向けたとき,上部の端子が一次側(高圧側),下部の端子が二次側(低圧側)と配置されていますが,CTの代用端子台は左側上下の端子が高圧側,右側上下の端子が二次側となっています.

CTの配置

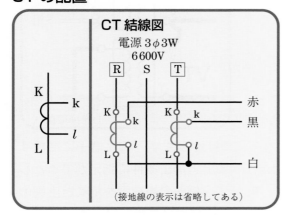

CTは電源部のR相とT相に配置します.CT代用端子台の一次側,二次側の端子記号をCT結線図に重ね合わせ,各端子を配置すると左図のようになり,代用端子台左側の上下の端子にKIPを結線することが分かります.(左図の赤色の部分)
CTの二次側は左図の水色の部分になります.

高圧電路の KIP について

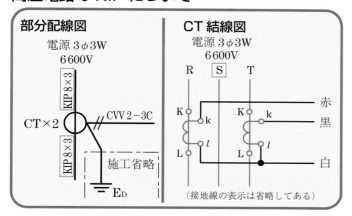

部分配線図 / CT 結線図

電源 3φ3W 6600V

（接地線の表示は省略してある）

配線図には，CT の電源側と負荷側に「KIP8 × 3」と それぞれありますが，S 相には CT を配置しないため， R 相と T 相の CT に結線する KIP と S 相に使用する KIP は長さが異なります（左図の水色の線）．KIP を切 断する際は注意してください．

過電流遮断器（OCR について）

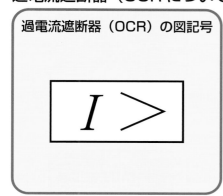

過電流遮断器（OCR）の図記号

$I >$

短絡電流や過電流から設備を保護するものに過電流継電器（OCR）があ ります．OCR は高圧受電設備の重要な保護機器のため，CT を回路に含 む問題には OCR も含まれます．高圧母線に短絡電流や過電流が流れると， CT の変流比に比例した電流が二次側に流れ，過電流継電器（OCR）の 設定値を超えると遮断器の引外しコイル（トリップコイル）を励磁して 遮断器を遮断（開放）させます．

ここまでの説明を踏まえて例題の複線図を描くと，下図のようになります．

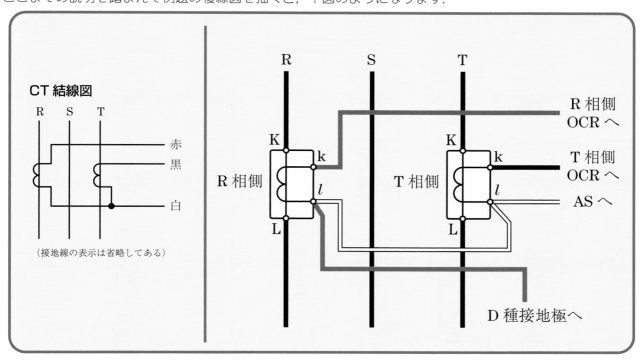

CT 結線図

（接地線の表示は省略してある）

※ 「接地線は CT の二次側 l 端子に結線する．」，「CT の二次側の渡り線は，太さ 2mm² （白色）とする．」 と施工条件で指定されているとする．

6 電圧計と電流計の接続

電圧計の接続について

電圧計を使用して電源電圧や負荷電圧を測定する場合，電圧計は電源や負荷と並列に接続します．三相3線式回路では，電圧を測定する相間ごとに電圧計を接続します．

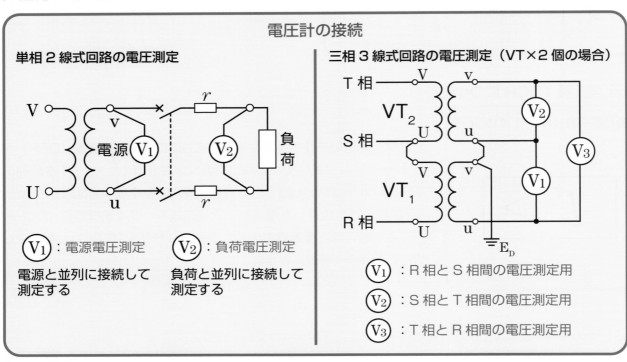

電圧計の接続

単相2線式回路の電圧測定

V_1：電源電圧測定
電源と並列に接続して測定する

V_2：負荷電圧測定
負荷と並列に接続して測定する

三相3線式回路の電圧測定（VT×2個の場合）

V_1：R相とS相間の電圧測定用

V_2：S相とT相間の電圧測定用

V_3：T相とR相間の電圧測定用

電圧計切換スイッチ（VS）による切換

三相3線式回路で，各相間電圧を1つの電圧計で測定する場合は，電圧計切換スイッチ（VS）を用います．この場合，すべての相をVSに結線し，さらにVSと電圧計間を結線して，VSによって電圧を測定する相間を切り換えます．

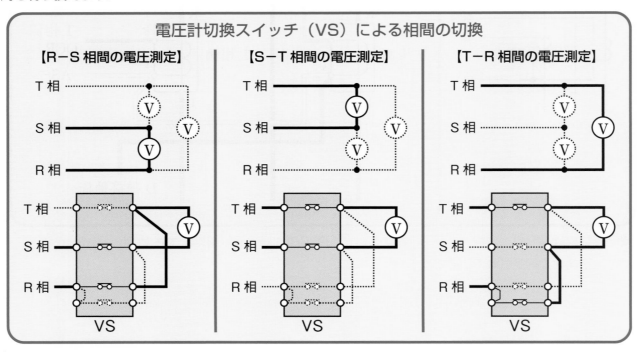

電圧計切換スイッチ（VS）による相間の切換

【R−S相間の電圧測定】

【S−T相間の電圧測定】

【T−R相間の電圧測定】

電流計の接続について

電流計を使用して回路の電流を測定する場合，電流計は電源や負荷と直列に接続します．三相3線式回路では，電流を測定する相に電流計を接続します．

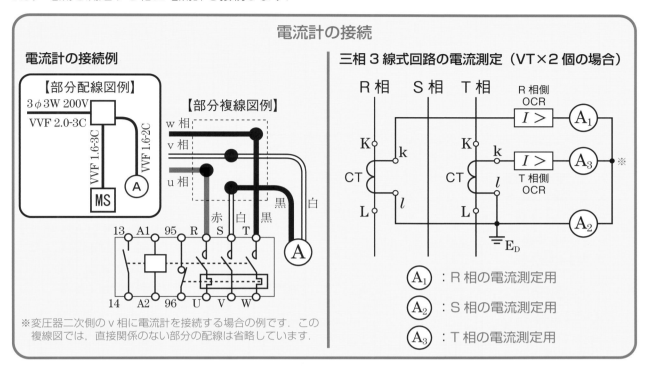

変流器（CT）の二次側に電流計を接続する場合，変流器（CT）の二次側は開放できないため，上記右図の※印の箇所のように，各相の電線を接続して短絡した回路にしなければいけません．

電流計切換スイッチ（AS）による切換

三相3線式回路で，各相電流を1つの電流計で測定する場合は，電流計切換スイッチ（AS）を用います．この場合，すべての相をASに結線し，さらにASと電流計間を結線して，ASによって電流の測定相を切り換えます．

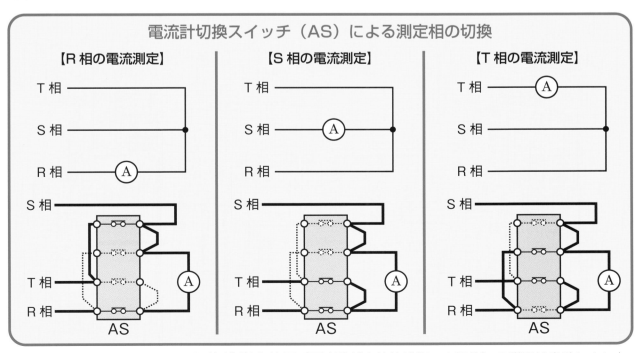

※ここでは，ASの切換が「0」位置（電流計が未接続状態への切換）の説明は省略しました．

電源表示灯と運転表示灯

電源表示灯について

「電源表示灯」は，開閉器の電源側に電源が供給されているかどうかを示す表示灯で，開閉器の電源側に接続されます．「電源表示灯」とするランプレセプタクルなどの器具に結線した白色はv相，黒色はw相またはu相に接続すると施工条件に指定されるので，その指定に従って作業を進めます．

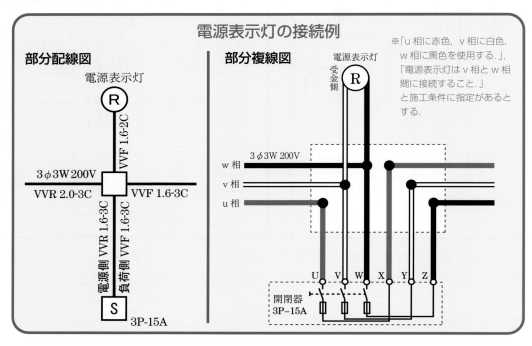

運転表示灯について

「運転表示灯」は，三相負荷の運転状態を示す表示灯で，開閉器の負荷側に接続されます．「運転表示灯」とするランプレセプタクルなどの器具に結線した白色はY相，黒色はZ相またはX相に接続すると施工条件に指定されるので，その指定に従って作業を進めます．

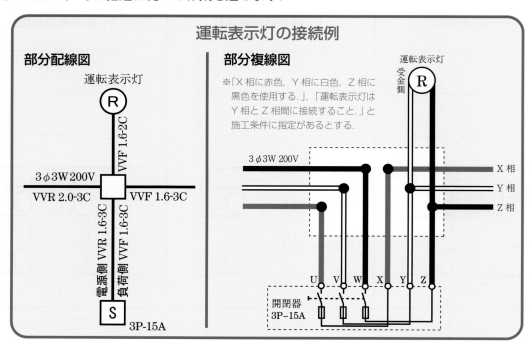

8 電磁開閉器（MS）について

　「電磁開閉器（MS）」は，電磁石の動作によって電路を開閉する「電磁接触器（MC）」と電動機を保護するために過負荷を検出する「熱動継電器（サーマルリレー）」を組み合わせたものです．第一種電気工事士の技能試験では，この「電磁開閉器（MS）」は端子台で代用されます．

電磁接触器（MC）について

実物の写真と器具の構成

構成：主接点（大電流を開閉する．接点容量は各種ある．），補助接点（自己保持用a接点，インタロック用b接点，その他に使用．），電磁コイル，機構部がモールドケースに組み込まれている．

主接点：電源に結線する．

補助接点：メーク接点は主接点と同じ動作をする接点である．容量は交流200V/5A程度で，制御回路（自己保持回路，インタロック回路，状態表示灯，その他）に使用する．

動作と端子について

　電磁コイルを励磁（電流を流す）と，プランジャ（可動鉄心）に連動して可動接点が固定接点に接触して回路を「閉」にする．消磁（電気を流さない）するとスプリングにより可動接点が戻り，回路を「開」にする．

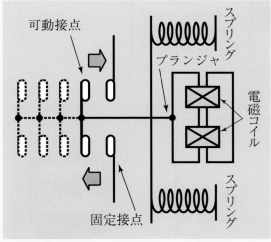

可動接点 / スプリング / プランジャ / 電磁コイル / スプリング / 固定接点

 電磁コイルを励磁すると右方向に吸引される

 電磁コイルを消磁すると左方向にスプリングで押し戻される

電磁接触器のJIS端子記号

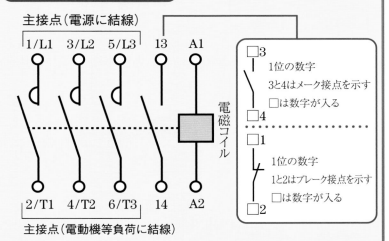

主接点（電源に結線）
1/L1　3/L2　5/L3　13　A1

電磁コイル

□3
1位の数字
3と4はメーク接点を示す
□は数字が入る

□4

□1
1位の数字
1と2はブレーク接点を示す
□は数字が入る

□2

2/T1　4/T2　6/T3　14　A2
主接点（電動機等負荷に結線）

技能試験で用いられる図記号

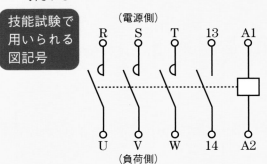

（電源側）
R　S　T　13　A1

U　V　W　14　A2
（負荷側）

・13，14のメーク接点は，押しボタンスイッチのPBON（メーク接点）を操作したときに自己保持回路として用いる．

・A1，A2の電磁コイルは，操作用電圧（この場合200V）が印加されると付勢し，主回路，補助接点を閉じて電動機を運転する．

熱動継電器（サーマルリレー）について

　「熱動継電器（サーマルリレー）」は，電動機を保護するために過負荷を検出するものです．電気設備技術基準・解釈では，屋内に施設する電動機（0.2kW を超える電動機）には，電動機が焼損するおそれがある過電流を生じた場合に自動的にこれを阻止し，またはこれを警報する装置を設けること，と定められています．

熱動継電器（サーマルリレー）の図記号

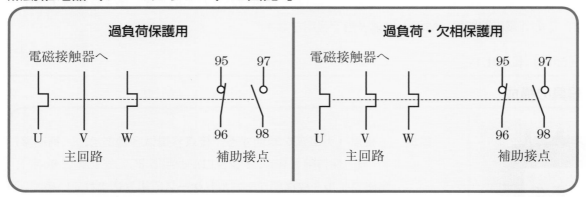

過負荷保護用	過負荷・欠相保護用
電磁接触器へ　　　　　　95　97 U　V　W　　　96　98 主回路　　　　補助接点	電磁接触器へ　　　　　　95　97 U　V　W　　　96　98 主回路　　　　補助接点

接点について

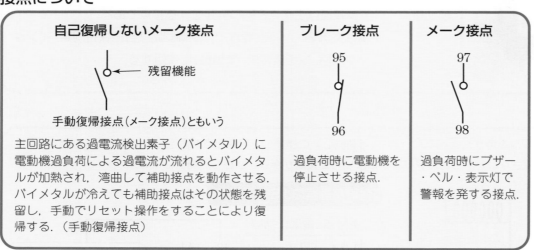

自己復帰しないメーク接点	ブレーク接点	メーク接点
←残留機能 手動復帰接点（メーク接点）ともいう 主回路にある過電流検出素子（バイメタル）に電動機過負荷による過電流が流れるとバイメタルが加熱され，湾曲して補助接点を動作させる．バイメタルが冷えても補助接点はその状態を残留し，手動でリセット操作をすることにより復帰する．（手動復帰接点）	95 96 過負荷時に電動機を停止させる接点．	97 98 過負荷時にブザー・ベル・表示灯で警報を発する接点．

電磁開閉器（MS）の図記号と過去出題の代用端子台

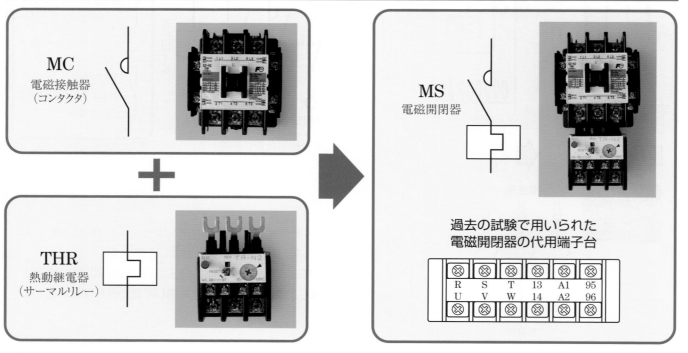

MC
電磁接触器
（コンタクタ）

＋

THR
熱動継電器
（サーマルリレー）

MS
電磁開閉器

過去の試験で用いられた
電磁開閉器の代用端子台

R	S	T	13	A1	95
U	V	W	14	A2	96

9 押しボタンスイッチについて

実物の写真と接点の図記号

表　　裏

メーク接点（a接点）	ブレーク接点（b接点）

「PBON」の記号は，ONのプッシュボタンを示す．ONのボタンを押すと，接点が閉じて電動機の運転信号になる．

「PBOFF」の記号は，OFFのプッシュボタンを示す．OFFのボタンを押すと，接点が開いて電動機を停止する．

技能試験で用いられている図記号と端子配置図

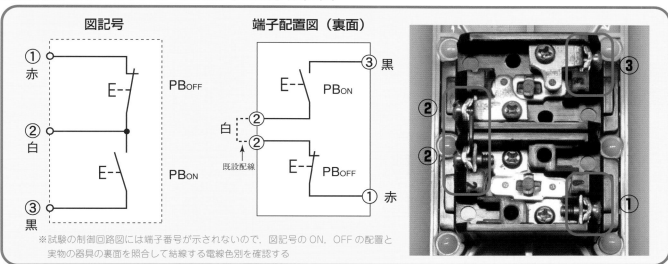

図記号

① 赤　PBOFF　E--
② 白
③ 黒　PBON　E--

端子配置図（裏面）

③ 黒　PBON　E--
白　②　②
既設配線
① 赤　PBOFF　E--

※試験の制御回路図には端子番号が示されないので，図記号のON，OFFの配置と実物の器具の裏面を照合して結線する電線色別を確認する

押しボタンスイッチの自己保持回路

　PBON を押すと，接点が閉じて電流が流れます（付勢）．図 A の状態では，手を離すと接点が離れて「開」になり消勢します．これでは連続運転できないため，電磁接触器の 13−14 間のメーク接点（a 接点）を PBON と並列に結線したのが図 B です．図 B は PBON を押してコイルを励磁し，PBON を元に戻しても電磁接触器の補助接点が閉じているため，電磁コイルを励磁して電動機の運転を継続します．図 C は，停止用押しボタン PBOFF を直列に結線した，電磁接触器・押しボタンスイッチを用いた電動機の制御回路となります．ただし，熱動継電器（サーマルリレー）は省略しています．

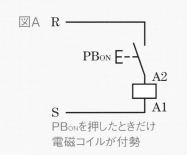

図A　R
PBON E--
A2
S　A1
PBONを押したときだけ電磁コイルが付勢

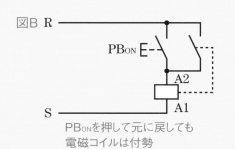

図B　R
PBON E--
A2
S　A1
PBONを押して元に戻しても電磁コイルは付勢

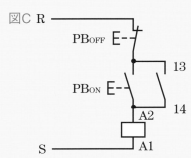

図C　R
PBOFF E--
PBON E--　13
A2　14
S　A1
PBOFFを押すことにより電磁コイルは消勢

第3章

ここでは，下図の部分配線図，端子台説明図，制御回路図を例題に電磁開閉器の回路の複線図の描き方を解説します．

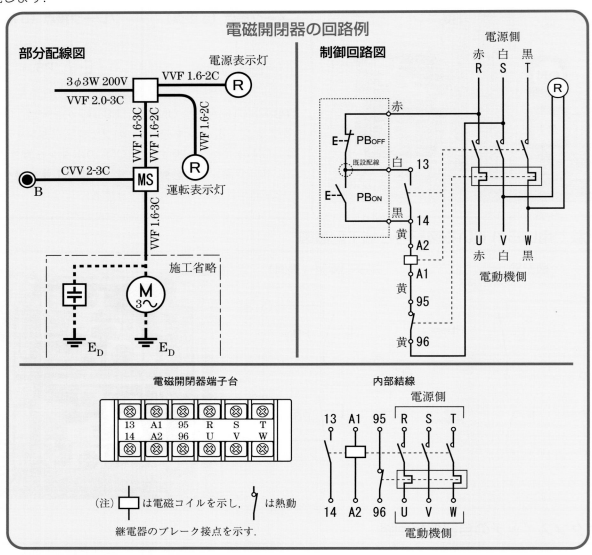

電磁開閉器の内部結線と端子間の渡り線

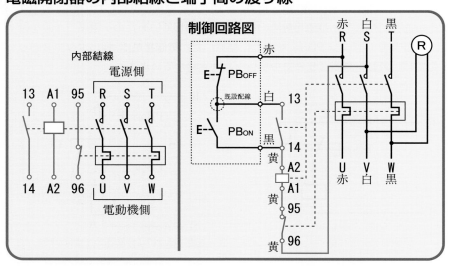

左図の電磁開閉器の内部結線図の赤線部分は，左図の制御回路図の赤線部分に該当します．水色で示した部分は，電磁開閉器の端子間に結線する渡り線となります．電磁開閉器の端子間に結線する渡り線には黄色を使用します．

押しボタンスイッチ回路

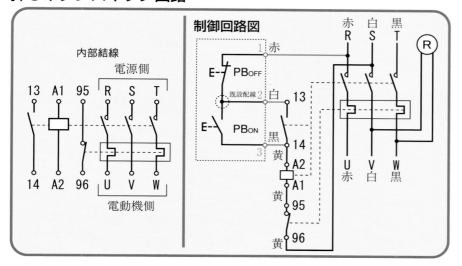

制御回路図の押しボタンスイッチ部分に端子番号を示すと，PB_{OFF}が「1」，PB_{ON}が「3」，既設配線のある端子が「2」となり，左図のようになります．そして左図の水色で示した部分が押しボタンスイッチに結線する電線となります．

運転表示灯の接続

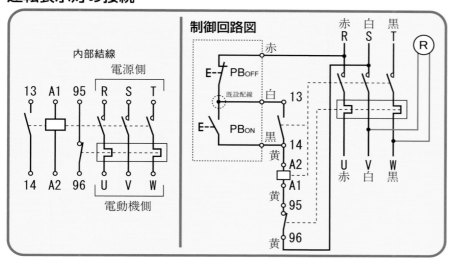

左図の制御回路図で，赤線の部分が運転表示灯の電線になります．この制御回路図より，運転表示灯を電磁開閉器電動機側のV相とW相間に結線することがわかります．また，電源表示灯については制御回路図には示されていませんが，施工条件に電源側のv相とw相間に接続すると指定されているとします．

ここまでの説明を踏まえて例題の複線図を描くと，下図のようになります．

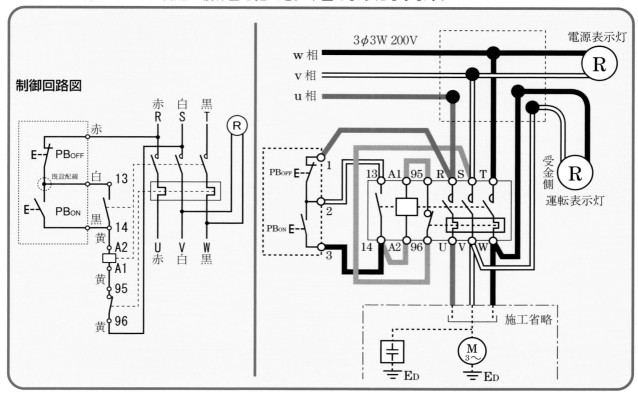

次の章では作品を完成させるために必要な基本作業について解説しています．第二種電気工事士の技能試験の基本作業とほとんど同じですが，第二種電気工事士の技能試験を受験された方も，復習を兼ねて目を通しておきましょう．

第4章
技能試験の基本作業

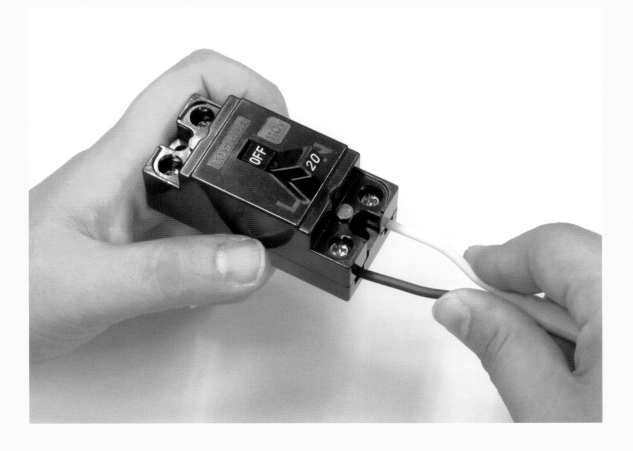

試験時間内に正確な作品を完成させるには，基本作業をしっかり身に付ける必要があります．基本作業をすばやく正確にできるように，練習を積み重ねましょう．

1 ケーブルの寸法取り

技能試験で使用する主なケーブル・電線の種類

　試験問題の材料表には，ケーブルや電線の正式名称が記載されるので，どのケーブルや電線が，どの名称であるのか判別できるようになりましょう.

電線・ケーブルの名称	断　面	備　考
高圧絶縁電線（KIP）		・変圧器代用端子台の一次側など，高圧回路に使用する. ・心線の形状はより線で，技能試験では断面積 8mm² のものが使用される.
制御用ビニル絶縁ビニルシースケーブル（CVV）		・自動制御回路や計測回路などの計装回路に使用する. ・心線の形状はより線で，技能試験では断面積 2mm² で 2 心または 3 心のものが使用される.
600V ビニル絶縁電線（IV 線）		・回路に用いる場合は金属管や PF 管などの電線管で保護をして使用する. ・心線の形状は単線とより線があり，接地線に使用するものは緑色，制御回路には黄色，その他は赤色，白色，黒色，が使用される. ・単線の場合は太さ 1.6mm，より線の場合は 2mm² または 5.5mm² のものが使用される.
600V ビニル絶縁ビニルシースケーブル平形（VVF） **2心** **3心**		・心線数は 2 心，3 心，4 心のもの，心線の太さは 1.6mm と 2.0mm のものが使われる. ・電源部の太さ 2.0mm には，ケーブルシースが青色のものを使用することが多い.

電線・ケーブルの名称	断　面	備　考
600V ビニル絶縁ビニルシースケーブル丸形 （VVR ケーブル） VVR1.6-2C VVR5.5-3C		・ケーブルシースの下に押さえテープと介在物を巻き付け丸形に成形している. ・心線数は 2 心，3 心のものが使用され，心線の形状は単線とより線がある. ・単線の場合は，太さ 1.6mm または 2.0mm のものが使用され，より線の場合は 5.5mm² のものが使用される.

※これらの電線は過去の試験で支給されたものです. これら以外にも 600V ポリエチレン絶縁耐燃性ポリエチレンシースケーブル平形（EM-EEF）や 600V 架橋ポリエチレン絶縁ビニルシースケーブル（CV）などが支給されることも考えられます.

単線とより線

　心線が 1 本の導体のものが「単線」, 細い導体（素線）をより合わせているものが「より線」です. 配線図では単位を省略して 2（2mm²）または 2.0（2.0mm）と表示されます. また, 接地線に使用する IV は「IV5.5」ではなく「E5.5」と表示されることが多いです.

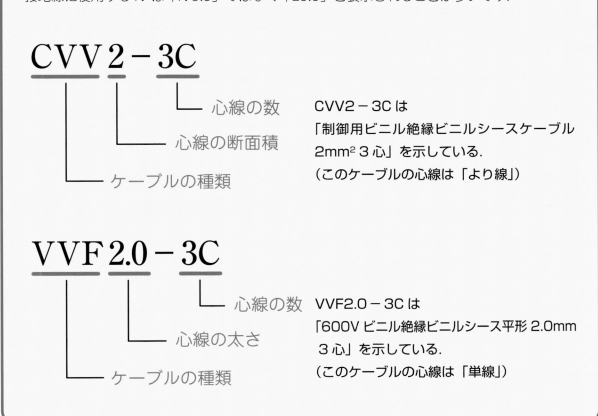

CVV2 − 3C は
「制御用ビニル絶縁ビニルシースケーブル 2mm² 3 心」を示している.
（このケーブルの心線は「より線」）

VVF2.0 − 3C は
「600V ビニル絶縁ビニルシース平形 2.0mm 3 心」を示している.
（このケーブルの心線は「単線」）

第4章

　試験問題の配線図で示される各箇所の施工寸法は，器具の中央からジョイントボックス中央までの寸法で，器具との結線分，電線相互の接続分が含まれていません．この寸法でケーブルを切断して作業を進めると，仕上がった作品の寸法は配線図の寸法より短くなってしまいます．そのため，ケーブルを切断するときは，施工寸法に各作業で必要な長さを加えた寸法で切断する必要があります．また，ケーブルシースのはぎ取りも施工寸法に加えた長さ分をはぎ取ります．

● 各器具への結線・電線相互の接続に必要な長さ

対象の器具・箇所		図記号	加える長さとシースのはぎ取り
露出形器具	ランプレセプタクル	Ⓡ	50mm
	引掛シーリング	( )	
	露出形コンセント	露出形	
	端子台（1個使用の場合）	●A(3A)／TS などの代用	
	配線用遮断器 ※1	B	
押しボタンスイッチ ※1		◉B	
埋込器具 ※2	埋込連用タンブラスイッチ各種	●／●3／●4 など	100mm
	埋込連用コンセント各種	／ E など	
	埋込連用パイロットランプ	○	
動力用コンセント ※1		3P250V E	
ジョイントボックス（電線相互の接続）		⊘／□ ※3	

※1：器具に結線するケーブルを切断する必要がない場合は，作業に必要な長さ分のシースをはぎ取るのみでよい．
※2：埋込器具を2個以上連用する場合も加える長さは100mmでよい．
※3：電線相互の接続部分は，さらに絶縁被覆を30mm程度はぎ取って心線を出しておく．

● ケーブルの切断・シースはぎ取り寸法例

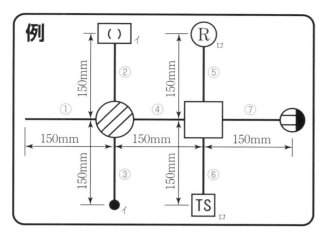

① 施工寸法＋電線接続分＝250mm
（150mm＋100mm＝250mm）

② 施工寸法＋露出形器具結線分＋電線接続分＝300mm
（150mm＋50mm＋100mm＝300mm）

③ 施工寸法＋埋込器具結線分＋電線接続分＝350mm
（150mm＋100mm＋100mm＝350mm）

④ 施工寸法＋電線接続分＋電線接続分＝350mm
（150mm＋100mm＋100mm＝350mm）

⑤ 施工寸法＋露出形器具結線分＋電線接続分＝300mm
（150mm＋50mm＋100mm＝300mm）

⑥ 施工寸法＋端子台結線分＋電線接続分＝300mm
（150mm＋50mm＋100mm＝300mm）

⑦ 施工寸法＋埋込器具結線分＋電線接続分＝350mm
（150mm＋100mm＋100mm＝350mm）

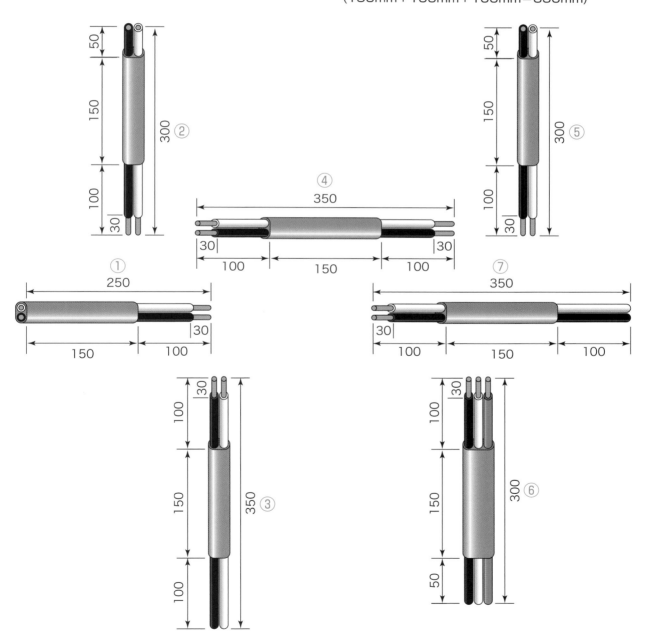

第4章

変圧器代用端子台二次側や器具代用端子台の結線作業には50mmの長さが必要です．過去の出題では，支給されたケーブルが，端子台の結線作業に必要な長さを含んだ全長で支給された問題と，この長さを含まない全長で支給された問題があったため，どちらの場合にも対応できるようにしておきましょう．また，代用端子台を2個以上使用する場合，結線方法によって結線に必要なケーブルの長さが異なり，各代用端子台間に使用する渡り線も必要になります．代用端子台を複数使用する箇所のケーブルは，支給されるケーブルの長さ，施工寸法，結線箇所に合わせ，ケーブルの切断寸法やシースのはぎ取り長さを調節して対応します．

ここでは，過去の出題問題を例題として，代用端子台に結線するケーブルの寸法取りとはぎ取り長さについて解説します．

●変圧器代用端子台一次側に結線するKIPの寸法取り（端子台1個使用の場合）

部分配線図

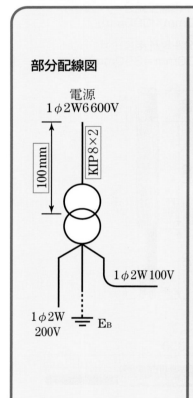

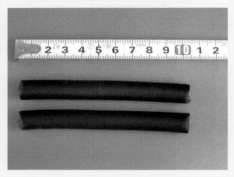

高圧絶縁電線（KIP）を切断するときは，配線図に示された寸法どおりの長さに切断します．配線図には「KIP8×○」と表記され，○に入る数字が導体数となるので，導体数の本数で切断します．

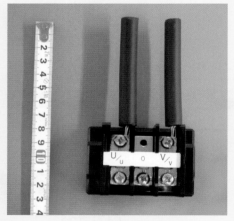

この寸法取りで切断したKIPを結線すると，KIP端から端子台中央までが配線図に示されている寸法どおりに仕上がります．

●変圧器一次側に結線するKIPの寸法取り（端子台が複数の場合）

部分配線図

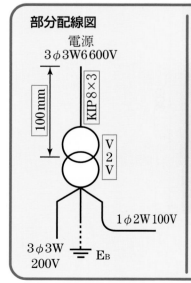

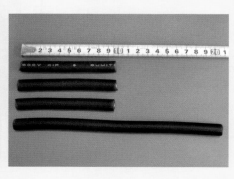

単相変圧器2台のV-V結線など，端子台を複数使用する場合は，配線図に示された寸法どおりの長さで，導体数の本数を切断し，残ったものを渡り線として使用します．この寸法取りで切断したKIPを結線すると，KIP端から端子台中央までが配線図に示されている寸法どおりに仕上がります．

KIPが2本で支給された場合は，1本は長さを調節して渡り線に使用します．

●変圧器代用端子台（1個使用）の二次側の寸法取り例

　変圧器代用端子台を1個使用する問題は，下図の4パターンが過去に出題されており，それぞれの
パターン毎に二次側の寸法取りが異なります.

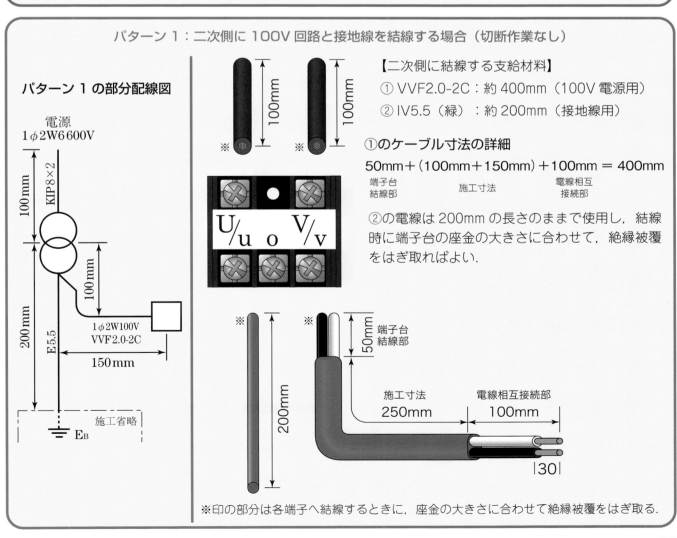

パターン1：二次側に100V回路と接地線を結線する場合（切断作業なし）

パターン1の部分配線図

【二次側に結線する支給材料】
① VVF2.0-2C：約400mm（100V電源用）
② IV5.5（緑）：約200mm（接地線用）

①のケーブル寸法の詳細

50mm＋（100mm＋150mm）＋100mm ＝ 400mm

端子台
結線部　　　　　施工寸法　　　　　電線相互
　　　　　　　　　　　　　　　　　接続部

②の電線は200mmの長さのままで使用し，結線
時に端子台の座金の大きさに合わせて，絶縁被覆
をはぎ取ればよい.

※印の部分は各端子へ結線するときに，座金の大きさに合わせて絶縁被覆をはぎ取る.

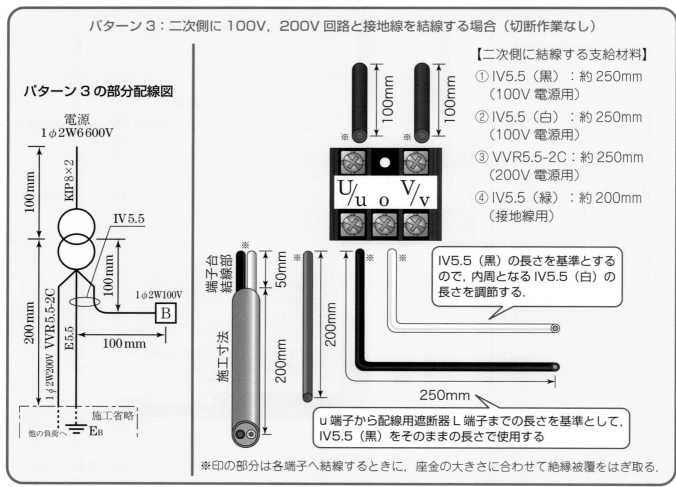

パターン2：二次側に100V回路と接地線を結線する場合（切断作業あり）

パターン2の部分配線図

電源
3φ3W6600V

KIP8×3

100mm

100mm

200mm

3φ3W200V

VVR2.0-3C
200mm

E5.5

電源側
VVR2.0-3C
200mm

施工省略
E_B

S

【二次側に結線する支給材料】

① VVR2.0-3C：約800mm
　（100V電源用，開閉器電源側用）

② IV5.5（緑）：約200mm（接地線用）

①の切り分け寸法の詳細

端子台結線部　　　　施工寸法　　　　電線相互接続部
50mm＋（100mm＋200mm）＋100mm ＝ 450mm

50mm＋200mm＋100mm ＝ 350mm

端子台　　施工寸法　　電線相互
結線部　　　　　　　　接続部

100mm　100mm

※　※　※

U/u　V/v　W/w

※

50mm

端子台
結線部

200mm

300mm
施工寸法

100mm
電線相互接続部

|30|

電線
相互
接続部

100mm

200mm

50mm

施工寸法

端子台
結線部

※

|30|

※印の部分は各端子へ結線するときに，座金の大きさに合わせて絶縁被覆をはぎ取る．

パターン3：二次側に100V，200V回路と接地線を結線する場合（切断作業なし）

パターン3の部分配線図

電源
1φ2W6600V

KIP8×2

100mm

IV5.5

100mm

1φ2W100V

B

200mm

E5.5

100mm

1φ2W200V VVR5.5-2C

他の負荷へ

施工省略
E_B

【二次側に結線する支給材料】

① IV5.5（黒）：約250mm
　（100V電源用）

② IV5.5（白）：約250mm
　（100V電源用）

③ VVR5.5-2C：約250mm
　（200V電源用）

④ IV5.5（緑）：約200mm
　（接地線用）

100mm　100mm

※　※

U/u　o　V/v

端子台
結線部

施工寸法

※

50mm

200mm

※

200mm

※

IV5.5（黒）の長さを基準とするので，内周となるIV5.5（白）の長さを調節する．

250mm

u端子から配線用遮断器L端子までの長さを基準として，IV5.5（黒）をそのままの長さで使用する

※印の部分は各端子へ結線するときに，座金の大きさに合わせて絶縁被覆をはぎ取る．

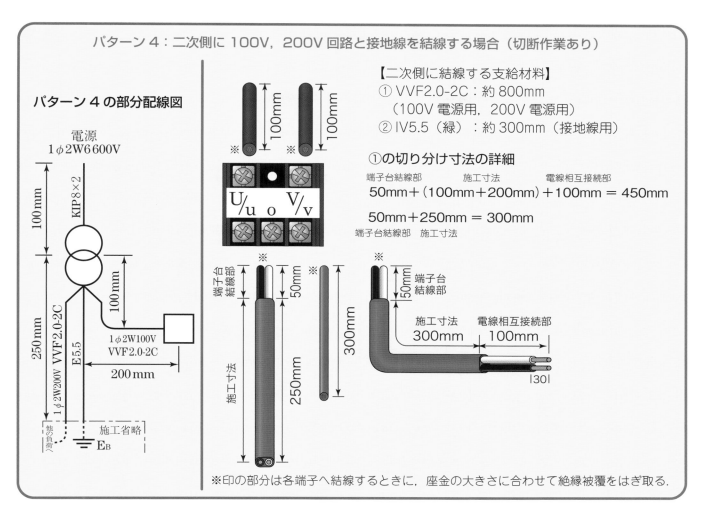

パターン4：二次側に 100V，200V 回路と接地線を結線する場合（切断作業あり）

パターン4の部分配線図

【二次側に結線する支給材料】
① VVF2.0-2C：約 800mm
（100V 電源用，200V 電源用）
② IV5.5（緑）：約 300mm（接地線用）

①の切り分け寸法の詳細

端子台結線部　　　施工寸法　　　電線相互接続部
50mm＋（100mm＋200mm）＋100mm＝450mm

50mm＋250mm＝300mm
端子台結線部　施工寸法

※印の部分は各端子へ結線するときに，座金の大きさに合わせて絶縁被覆をはぎ取る．

●変圧器代用端子台（複数使用）の二次側の寸法取り例

過去に出題された下記の V－V 結線と△－△結線の問題を例題に二次側の寸法取りを解説します．

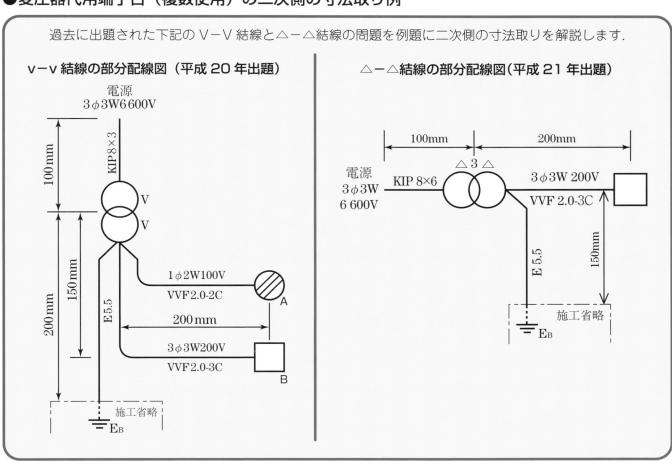

変圧器を V－V 結線する場合の代用端子台二次側の結線例

部分配線図と変圧器結線図

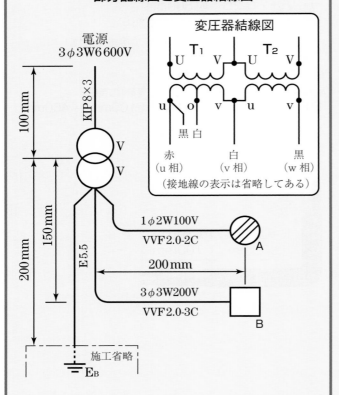

変圧器結線図

赤
（u 相）　　白　　黒
（v 相）　（w 相）

（接地線の表示は省略してある）

電源
3φ3W6600V

KIP8×3

100mm

150mm

200mm

E5.5

1φ2W100V
VVF2.0-2C

A

200mm

3φ3W200V
VVF2.0-3C

B

施工省略
E_B

二次側に結線する支給材料

① VVF2.0-2C：約550mm（単相 100V 電源用）

② VVF2.0-3C：約550mm（三相 200V 電源用）

③ IV5.5（緑）：約200mm（接地線用）

①のケーブルを切断する際の寸法取りの詳細

●単相 100V 電源用のケーブル

$$50\text{mm} + 200\text{mm} + 100\text{mm} = 350\text{mm}$$

端子台　　施工寸法　　電線相互
結線部　　　　　　　接続部

※残りの 200mm から白色を抜き，端子台二次側の渡り線とする．

②のケーブルの寸法取りについて

このケーブルは，2 個の端子台に結線するため，端子台結線分が 50mm だと結線できない．支給は 550mm なので，

$$100\text{mm} + (150\text{mm} + 200\text{mm}) + 100\text{mm} = 550\text{mm}$$

端子台　　　　　　施工寸法　　　　　電線相互
結線部　　　　　　　　　　　　　接続部

とできるが，100mm でも結線できないため，残すシースの長さを 300mm にして端子台結線部を長くする．

$$150\text{mm} + 300\text{mm} + 100\text{mm} = 550\text{mm}$$

端子台　　シースの長さ　　電線相互
結線部　　　　　　　　　接続部

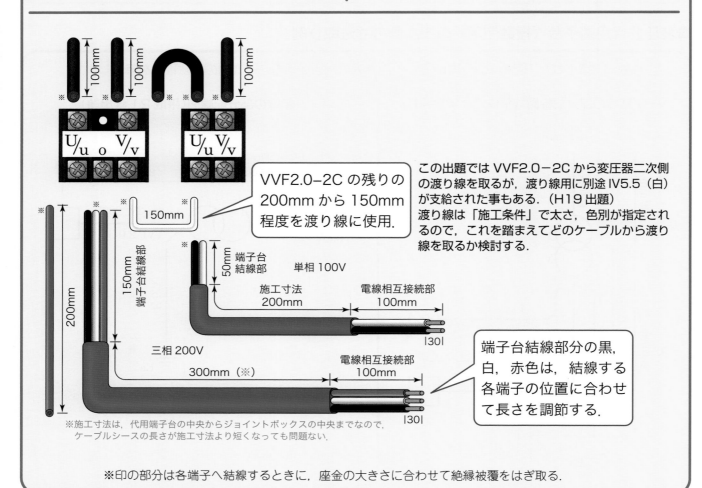

VVF2.0－2C の残りの
200mm から 150mm
程度を渡り線に使用．

この出題では VVF2.0－2C から変圧器二次側の渡り線を取るが，渡り線用に別途 IV5.5（白）が支給された事もある．（H19 出題）
渡り線は「施工条件」で太さ，色別が指定されるので，これを踏まえてどのケーブルから渡り線を取るか検討する．

単相 100V

端子台
結線部
50mm

施工寸法
200mm

電線相互接続部
100mm

|30|

三相 200V

300mm（※）

電線相互接続部
100mm

|30|

端子台結線部分の黒，白，赤色は，結線する各端子の位置に合わせて長さを調節する．

200mm

150mm
端子台結線部

※施工寸法は，代用端子台の中央からジョイントボックスの中央までなので，ケーブルシースの長さが施工寸法より短くなっても問題ない．

※印の部分は各端子へ結線するときに，座金の大きさに合わせて絶縁被覆をはぎ取る．

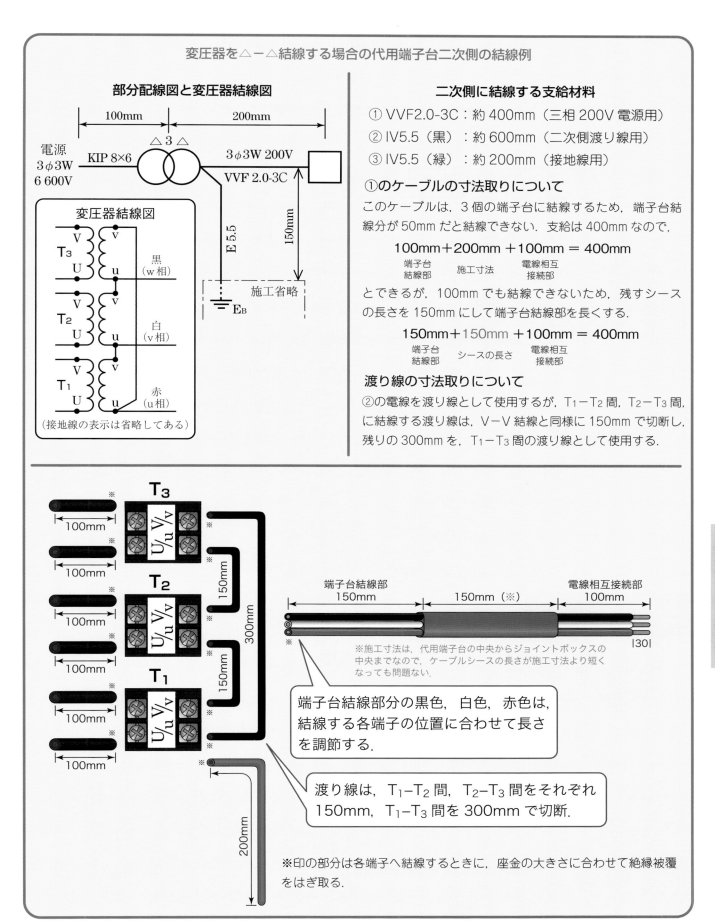

変圧器を△－△結線する場合の代用端子台二次側の結線例

部分配線図と変圧器結線図

電源
3φ3W
6 600V　KIP 8×6　△ 3 △　3φ3W 200V
VVF 2.0-3C
E 5.5
150mm
施工省略
EB

変圧器結線図

T₃　V / v　黒（w相）
U / u

T₂　V / v　白（v相）
U / u

T₁　V / v　赤（u相）
U / u

（接地線の表示は省略してある）

二次側に結線する支給材料

① VVF2.0-3C：約 400mm（三相 200V 電源用）
② IV5.5（黒）：約 600mm（二次側渡り線用）
③ IV5.5（緑）：約 200mm（接地線用）

①のケーブルの寸法取りについて

このケーブルは，3 個の端子台に結線するため，端子台結線分が 50mm だと結線できない．支給は 400mm なので，

$$100mm + 200mm + 100mm = 400mm$$
端子台結線部　施工寸法　電線相互接続部

とできるが，100mm でも結線できないため，残すシースの長さを 150mm にして端子台結線部を長くする．

$$150mm + 150mm + 100mm = 400mm$$
端子台結線部　シースの長さ　電線相互接続部

渡り線の寸法取りについて

②の電線を渡り線として使用するが，T₁－T₂ 間，T₂－T₃ 間，に結線する渡り線は，V－V 結線と同様に 150mm で切断し，残りの 300mm を，T₁－T₃ 間の渡り線として使用する．

T₃　U / u V / v
T₂　U / u V / v
T₁　U / u V / v

100mm（×6）
300mm
150mm
200mm

端子台結線部　150mm　　150mm（※）　　電線相互接続部　100mm

※施工寸法は，代用端子台の中央からジョイントボックスの中央までなので，ケーブルシースの長さが施工寸法より短くなっても問題ない．

端子台結線部分の黒色，白色，赤色は，結線する各端子の位置に合わせて長さを調節する．

渡り線は，T₁－T₂ 間，T₂－T₃ 間をそれぞれ 150mm，T₁－T₃ 間を 300mm で切断．

※印の部分は各端子へ結線するときに，座金の大きさに合わせて絶縁被覆をはぎ取る．

※この他にも例外的な寸法取りをしなければならない問題もありますので，各候補問題の寸法取りの解説をご覧下さい．

2 ケーブルの加工作業

ケーブルシースのはぎ取り方

平形ケーブルのシースを電工ナイフを使用してはぎ取る場合

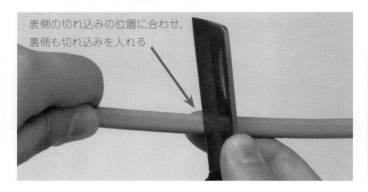

表側の切れ込みの位置に合わせ,
裏側も切れ込みを入れる

1

ケーブルの横方向にナイフの刃を当て,
ケーブルの表側と裏側の2回に分けて全
周に切れ込みを入れる.

　ケーブルシースに刃を深く入れすぎて,
絶縁被覆まで切らないように注意！

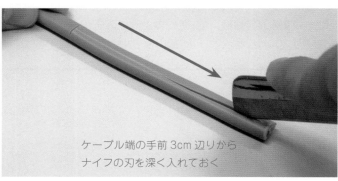

ケーブル端の手前3cm辺りから
ナイフの刃を深く入れておく

2

　1で入れた切れ込みの中央部にナイフの
刃を当て,ナイフを引きながらケーブル
端まで縦に切れ込みを入れる.

　ケーブルシースに刃を深く入れすぎて,
絶縁被覆まで切らないように注意！

3

ケーブル端のシースをペンチの角で挟み,
シースに入れた縦の切れ込みを広げるよ
うに切り離す.

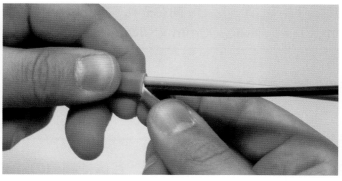

4

横に入れた切れ込みからシースを切り離
して完了.

丸形ケーブルのシースのはぎ取り方

この解説では VVR を取り上げていますが，CVV も同様の手順ではぎ取ります．

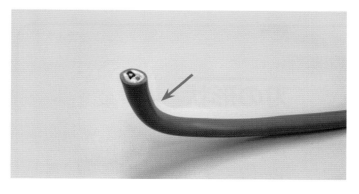

1

ケーブルが短いため，作業中にシースが抜ける恐れがあるので，ケーブルの他方を曲げておく．

表側の切れ込みの位置に合わせ，裏側も切れ込みを入れる

2

ケーブルの横方向にナイフの刃を当て，ケーブルの表側と裏側の 2 回に分けて全周に切れ込みを入れる．

3

2 で入れた切れ込みの中央部にナイフの刃を当て，ナイフを引きながらケーブル端まで縦に切れ込みを入れる．

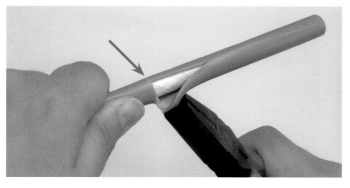

4

切れ込みが重なっている部分のシースをペンチの角で挟み，切れ込みとシースを切り離す．

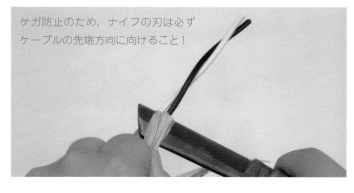

ケガ防止のため，ナイフの刃は必ずケーブルの先端方向に向けること！

5

押さえテープと介在物を折り曲げ，数回に分けて切り取る．（ナイフの刃をケーブルの先端方向に向けて作業すること．）最後に絡まっている電線を直線状態になるように形を整える．

第4章

平形ケーブルのシースをケーブルストリッパを使用してはぎ取る場合

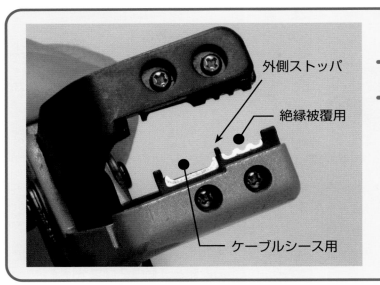

外側ストッパ

絶縁被覆用

ケーブルシース用

刃の形状

写真のように，ケーブルストリッパには
ケーブルシース用と絶縁被覆用のはぎ取り
刃がある．使用するときは刃を間違えない
ように注意する．

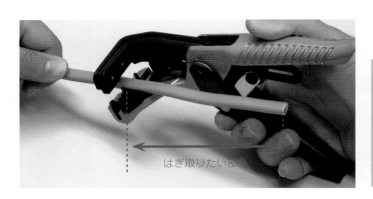

1

はぎ取りたい部分

はぎ取りたい長さ分のケーブルシースを
ケーブルストリッパの内側に出す．

2

ケーブルシースを外側ストッパに当て，
ケーブルシース用の刃で挟む．

3

レバーを一気に握り，シースをはぎ取る．
（レバーをゆっくり握るとしっかりはぎ
取れない．）

KIP の絶縁被覆をはぎ取る

KIP は他の絶縁電線よりも絶縁被覆が厚く硬いので，切り込みを入れる際は，力を込めて行います．

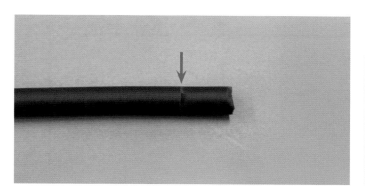

1

絶縁被覆にナイフの刃を直角に当て，絶縁被覆全周に切り込みを入れる．

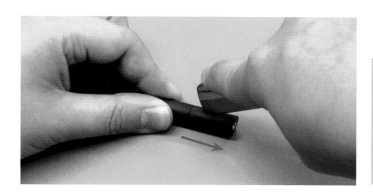

2

全周に入れた切り込みから絶縁被覆の端まで縦に切り込みを入れる．

3

横・縦の切れ込みが重なっている箇所をペンチの角で挟み，切れ込みと絶縁被覆を切り離す．

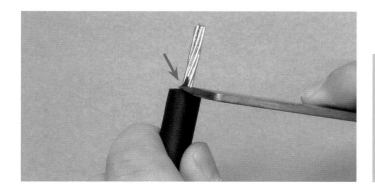

4

心線の周囲に残った絶縁被覆を取り除いて完了．

第4章

「段むき」と「鉛筆むき」について

　絶縁被覆のはぎ取り方には，絶縁被覆を直角にはぎ取る「段むき」，鉛筆を削るようにはぎ取る「鉛筆むき」の２種類があります．技能試験では，このどちらでもよいことになっているので，「鉛筆むき」よりも時間短縮のできる「段むき」で行うことをお勧めします．（注：技能試験の注意事項では「段むき」を「直角むき」としています．）

> ### 「段むき」と「鉛筆むき」の絶縁被覆の切り口
>
> ■「段むき」
> 　絶縁被覆の切り口が直角になる．（写真上側）
> 　ケーブルストリッパを使用した場合もこのようになる．
> ■「鉛筆むき」
> 　絶縁被覆を鉛筆を削るようにはぎ取る．
>
>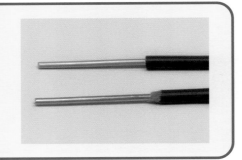

この解説では単線を取り上げていますが，より線も同様の手順ではぎ取ります．

「段むき」で絶縁被覆をはぎ取る（電工ナイフの場合）

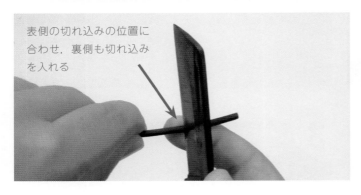

表側の切れ込みの位置に合わせ，裏側も切れ込みを入れる

1

絶縁被覆に直角にナイフの刃を当て，絶縁被覆の表側と裏側の２回に分けて全周に切れ込みを入れる．

2

切れ込みから先の絶縁被覆を鉛筆を削る要領ではぎ取る．（はぎ取るのは片側だけでよい．）

3

絶縁被覆を心線から取り除いて完了．

※解説で使用している形状のケーブルストリッパでは，より線の絶縁被覆ははぎ取れません.

「段むき」で絶縁被覆をはぎ取る（ケーブルストリッパの場合）

1

はぎ取りたい長さ分の絶縁被覆をケーブルストリッパの内側から出し，絶縁被覆はぎ取り用の下刃溝に軽く添える.

はぎ取りたい部分

2

電線を挟み，レバーをしっかりと握って絶縁被覆をはぎ取る.

ケーブル加工での欠陥例

絶縁被覆の露出

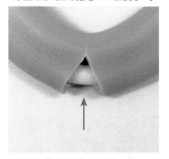

ケーブルを折り曲げると絶縁被覆が露出する.

シースの著しい損傷

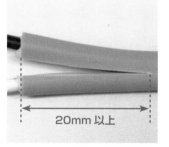

20mm 以上

シースに 20mm 以上の縦割れがある.

介在物の抜け

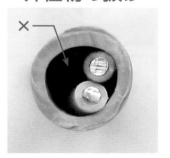

×

VVR や CVV のシースの内側にある介在物が抜けている.

絶縁被覆の損傷

電線を折り曲げると心線が露出する.

心線の著しい傷

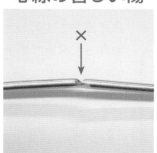

×

心線を折り曲げると心線が折れる程度の傷がある.

第4章

代用端子台の結線作業

端子台の種類と端子ねじの形状

第一種電気工事士の技能試験で使用される端子台には「タッチダウン形」と「セルフアップ形」の2種類があります．これらの端子台はねじの形状が異なるので注意しましょう．

端子台の形状

タッチダウン形

座金にストッパーがあるので，端子ねじははずれない．

「タッチダウン形」の端子台は，配線押さえ座金にストッパーが付いているので，端子ねじははずれません．左の写真のように端子ねじを完全にゆるめた場合は，端子ねじをドライバで押しながら締め付けます．この時しっかり押さないと，ねじが空回りしてねじ穴に入りません．

セルフアップ形

座金にストッパーがなく，端子ねじをゆるめすぎるとはずれてしまう．

「セルフアップ形」の端子台は，端子ねじをゆるめると配線押さえ座金も上昇し，端子ねじをゆるめすぎると，端子ねじと配線押さえ座金が端子台からはずれてしまいます．

　ここでは，単相変圧器代用端子台の一次側の結線作業を取り上げて，タッチダウン形の端子台への結線方法を解説します.

1

KIP の先端を端子の奥に当て，端子台の端あたりの所に印を付ける.

2

印より先の絶縁被覆をはぎ取る.

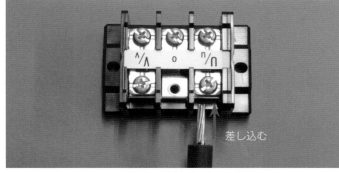

差し込む

3

心線が差し込める程度に端子ねじをゆるめて心線を直線状態のまま差し込む.

第4章

4

端子ねじをドライバでねじ穴に押し込み，電線が抜けないようにしっかりねじ締めする.

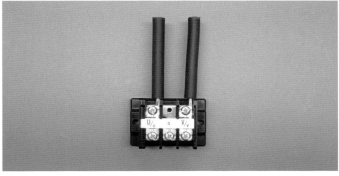

5

すべての端子に結線して完了.

セルフアップ形の端子台への結線

　ここでは，タイムスイッチ代用端子台（3P）の結線作業を取り上げて，セルフアップ形の端子台への結線方法を解説します.

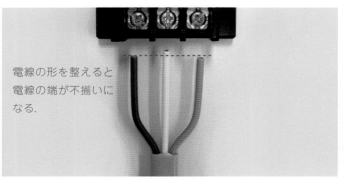

電線の形を整えると電線の端が不揃いになる.

1

電線をすべての端子に同時に差し込めるように形を整える.

2

すべての電線の長さを揃える.

3

電線の先端を端子の奥に当て，座金より少し長いところに印を付ける.

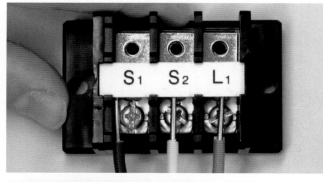

4

印より先の絶縁被覆をはぎ取る.

5

心線が差し込める程度に端子ねじをゆるめて心線を直線状態のまま差し込む.

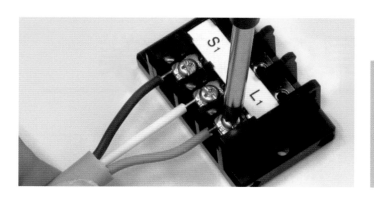

6

絶縁被覆の挟み込みや心線が必要以上に露出していないことを確認し，しっかりねじを締め付けて完了．

露出している心線の長さは？

心線が座金の端から端子台の端までの間で1〜2mm程度見えているのが最適の長さです．

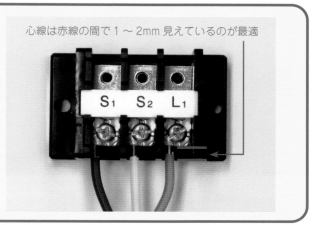

心線は赤線の間で1〜2mm見えているのが最適

代用端子台への結線作業での欠陥例

ねじの締め忘れ

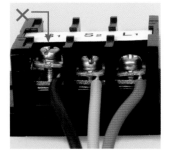

ねじを締め忘れている．または，電線を引っ張ると抜けてしまう．

絶縁被覆の挟み込み

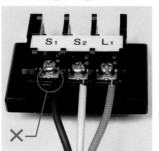

絶縁被覆を挟み込んでねじ締めしている．

素線のはみ出し

素線の一部が端子ねじからはみ出している．

心線のはみ出し

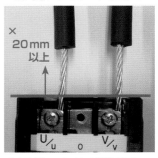

高圧側の心線が端子台の端から20mm以上露出．

心線のはみ出し

低圧側の心線が端子台の端から5mm以上露出．

露出形器具の結線作業

輪作りの方法

露出形器具は「ランプレセプタクル」,「露出形コンセント」,「引掛シーリング」などです.「ランプレセプタクル」と「露出形コンセント」は心線に輪を作り,端子ねじで締めつけて結線します.

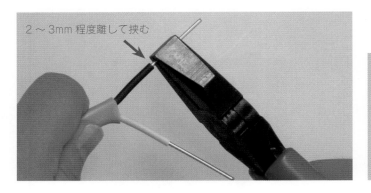

2〜3mm 程度離して挟む

1

絶縁被覆の端から2〜3mm 離して心線をペンチで挟む.

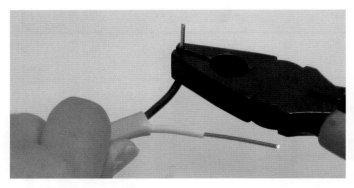

2

心線を直角に折り曲げる.

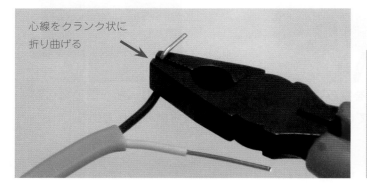

心線をクランク状に
折り曲げる

3

ペンチの先から出ている心線もペンチに押し付けるように曲げ,クランク状にする.

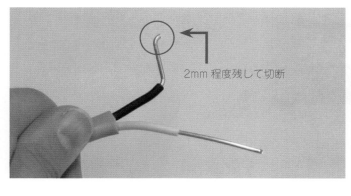

2mm 程度残して切断

4

3で曲げた角から2mm 程度残して心線を切断する.

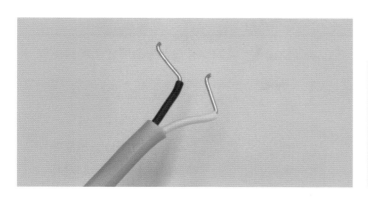

5

もう1本の電線でも 1 ～ 4 の作業を行い，2本の心線を同じ形にする.

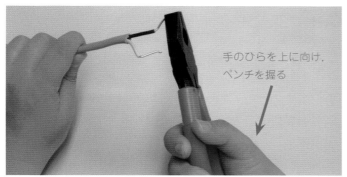

手のひらを上に向け，ペンチを握る

6

4 で切り残した部分をペンチで挟み，手のひらが上を向くようにペンチを握る.

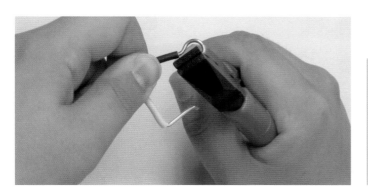

7

手首を内側にひねって心線を丸く曲げる.

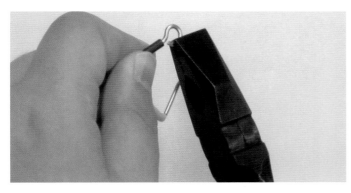

8

輪の大きさが端子ねじの大きさと合うように調節して完成.

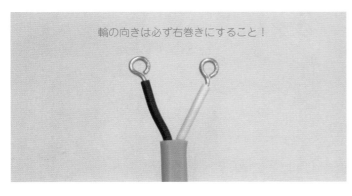

輪の向きは必ず右巻きにすること！

9

結線の際は，輪の向きが右巻きになっているか確認してからねじ締めすること！

第4章

ランプレセプタクルには極性があります．受金ねじ部の端子に白色を結線することを必ず覚えましょう．

赤線より先の絶縁
被覆をはぎ取る

1

台座の引込口にケーブルを差し込み，電線を広げて端子ねじと重ね，引込口から端子ねじまでのところに印を付ける．

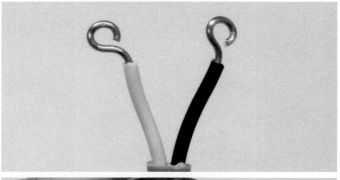

2

1 で付けた印から先の絶縁被覆をはぎ取り，84 〜 85 ページの手順で輪を作る．

輪は右巻きの状態
になるように！

3

端子ねじをはずし，輪は右巻きで，白色が受金ねじ部側にくるように差し込む．

4

輪とねじ穴が重なるように電線を広げ，端子ねじをしっかりと締め付ける．

シースの切り端を
引込口の上部と合
わせる

ケーブルは台座の端から曲げる

5

ケーブルシースの切り端を引込口の上部と合わせ，ケーブルの形を整えて完了．

　ホーザン製の P-958 やツノダ製の VVF ストリッパー VAS-230 など，ペンチとストリッパの機能一体型工具での輪作りは，ペンチを使用した場合と作業方法が異なります．ここでは，ツノダ製 VAS-230 での作業を解説します．

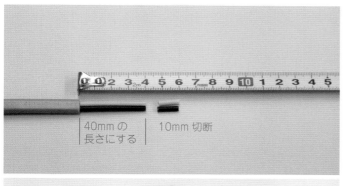

40mm の長さにする｜10mm 切断

1

50mm 出ている電線を 10mm 切断して 40mm の長さにする．

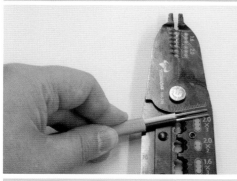

2

工具のゲージに合わせて，絶縁被覆を 20mm はぎ取る．

絶縁被覆の端から 3mm 程度離れた箇所を挟む

3

絶縁被覆の端から 3mm 程度離れた箇所を工具の先端で挟み，直角に折り曲げる．

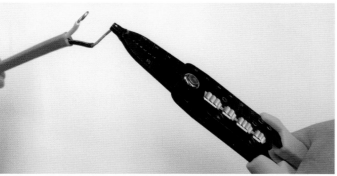

4

手のひらが上を向くようにペンチを握り，心線の先端を工具で挟んだら，手首を内側にひねって心線を丸く曲げる．

※入手しやすいパナソニック製のランプレセプタクルは，端子ネジの径が M3.5 だが，試験で支給されるランプレセプタクルの端子ネジは，径が M4 のもの（明工社製等）である．

5

ランプレセプタクルへの結線の作業は，前ページの 3 ～ 5 と同様の手順で行う．

第4章

露出形コンセントにも極性があります．接地側極端子（N，W，接地側などの表記がある）に白色を結線することを必ず覚えましょう．

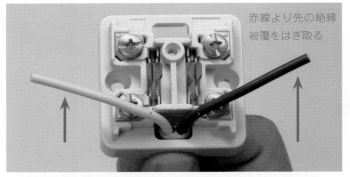

赤線より先の絶縁被覆をはぎ取る

1

台座の引込口にケーブルを差し込み，電線を広げて端子ねじと重ね，引込口から端子ねじまでのところに印を付ける．

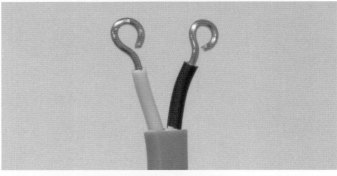

2

1で付けた印から先の絶縁被覆をはぎ取り，84〜85ページの手順で輪を作る．

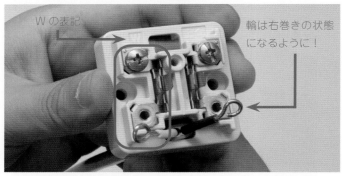

Wの表記

輪は右巻きの状態になるように！

3

端子ねじをはずし，輪は右巻きで，白色が接地側極端子にくるように差し込む．

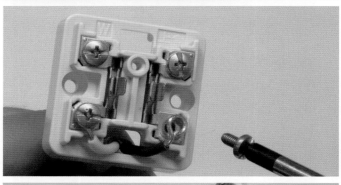

4

輪とねじ穴が重なるように電線を広げ，端子ねじをしっかりと締め付ける．

シースの切り端を引込口の上部と合わせる

ケーブルは台座の端から曲げる

5

ケーブルシースの切り端を引込口の上部と合わせ，ケーブルの形を整えて完了．

　ホーザン製の P-958 やツノダ製の VVF ストリッパー VAS-230 など，ペンチとストリッパの機能一体型工具での輪作りは，ペンチを使用した場合と作業方法が異なります．ここでは，ツノダ製 VAS-230 での作業を解説します．

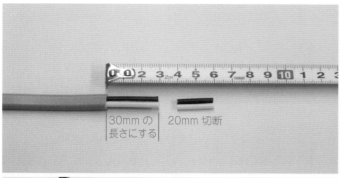

1

50mm 出ている電線を 20mm 切断して 30mm の長さにする．

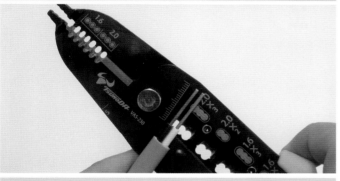

2

工具のゲージに合わせて，絶縁被覆を 20mm はぎ取る．

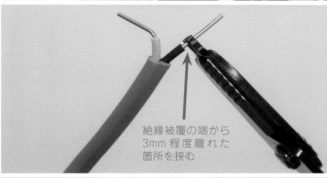

絶縁被覆の端から
3mm 程度離れた
箇所を挟む

3

絶縁被覆の端から 3mm 程度離れた箇所を工具の先端で挟み，直角に折り曲げる．

4

手のひらが上を向くようにペンチを握り，心線の先端を工具で挟んだら，手首を内側にひねって心線を丸く曲げる．

※試験で支給される露出型コンセントの端子ネジは，径が M4 のものである．

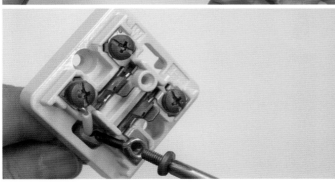

5

露出型コンセントへの結線の作業は，前ページの 3 〜 5 と同様の手順で行う．

第4章

引掛シーリングにも極性があります．接地側極端子（N，W，接地側などの表記がある）に白色を結線することを必ず覚えましょう．

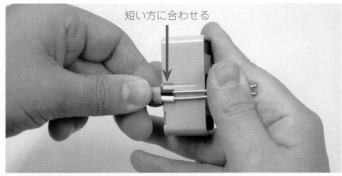

短い方に合わせる

1

ケーブルシースの端を引掛シーリングの端に合わせ，絶縁被覆の長さを短い方のストリップゲージに合わせてはぎ取る．

（注）最近の引掛シーリングの結線部中央にはセパレータがあり，短いゲージの長さが約2mmの引掛シーリングでは，絶縁被覆の長さをゲージに合わせると心線が見えることがある．この場合，絶縁被覆をゲージより若干長くして結線したほうがよい．

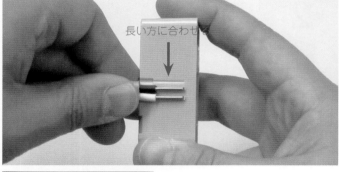

長い方に合わせる

2

1と同様に，長い方のストリップゲージに心線の長さを合わせて切断する．

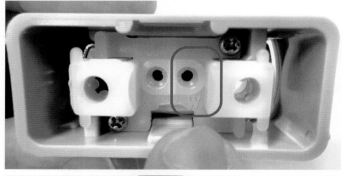

3

接地側極端子を確認する．

セパレータ

4

接地側極端子に白色がくるように，2本の心線を同時に端子に差し込み，心線が見えていないことを確認する．

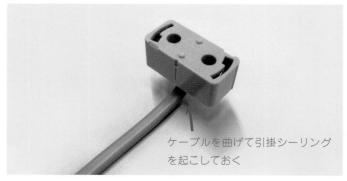

ケーブルを曲げて引掛シーリングを起こしておく

5

ケーブルの形を整えて完了．

極性の誤り

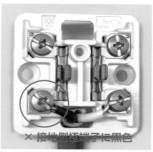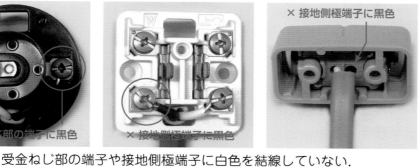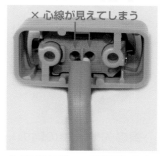

心線の露出

受金ねじ部の端子や接地側極端子に白色を結線していない.

心線が差込口（端子）から
1mm 以上露出している.

絶縁被覆の締め付け

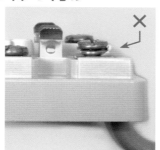

絶縁被覆のむき過ぎ

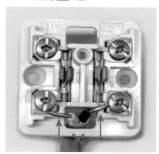

絶縁被覆を挟み込んだ状態で端子ねじを締め付けている.

絶縁被覆をむき過ぎて，ねじの端から心線が 5mm 以上露出している.

心線をねじで締め付けていない

台座の上から結線している

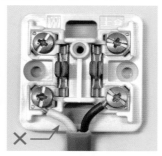

端子ねじをしっかりと締め付けていないため，心線がしっかりと固定されていない.

台座のケーブル引込口からケーブルを通さず，台座の上から結線している.

心線の挿入不足

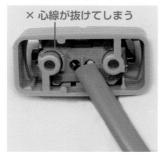

シースが台座の中まで入っていない

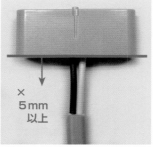

引っ張ると心線が端子から抜ける.

ケーブルシースが台座の中まで入っておらず，絶縁被覆が台座の外まで出てしまっている（引掛シーリングの場合は，台座の下端から 5mm 以上露出したもの）.

第4章

心線が端子ねじからはみ出ている

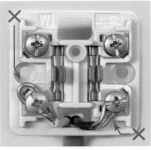

心線の先や心線の輪の一部が端子ねじから 5mm 以上はみ出している.

カバーが適切に締まらない

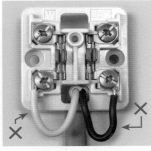

×引込口から出ている電線が長い

電線の長さが長すぎてカバーが締まらない状態.

心線の巻付け不足

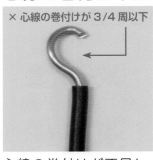

×心線の巻付けが 3/4 周以下

心線の巻付けが不足し,しっかりと輪になっていない. 心線の巻付けが 3/4 周以下.

心線の左巻き

心線の巻付けを左巻きにして端子ねじで締め付けてしまっている.

心線の重ね巻き

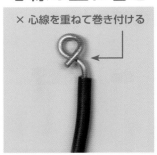

×心線を重ねて巻き付ける

心線を 1 周以上巻付け,心線が重なっている.

露出している心線の長さは?

端子ねじから露出している心線の長さはランプレセプタクル・露出形コンセントともに 1 〜 2mm くらいが最適です.

引掛シーリングの電線のはずし方

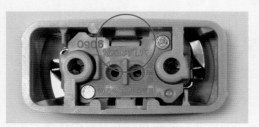

引掛シーリングから電線をはずすときは,マイナスドライバを垂直に「電線はずし穴」の奥まで差し込みながら電線を引っ張ると抜けます.

5 埋込器具の結線作業

埋込連用取付枠への器具の取り付け

埋込連用取付枠への取り付け位置は，下記のように決まっています．これは実際の施工では取り付けるプレートの穴と同じ位置になっています．（技能試験ではプレートの取り付けは省略されている．）

複数の器具の取り付けは必ず問題図通りに配置します．

埋込器具の取り付け位置

器具が1個の場合

連用取付枠に埋込器具を1個取り付ける場合，1個口のプレートを使用するので，プレートの穴の位置に合わせて取付枠の中央に器具を取り付ける．

器具が2個の場合

連用取付枠に埋込器具を2個取り付ける場合，2個口のプレートを使用するので，プレートの穴の位置に合わせて取付枠の上下に器具を取り付ける．
上下の器具の配置は，試験問題の配線図の配置に従う．

器具が3個の場合

連用取付枠に埋込器具を3個取り付ける場合，3個口のプレートを使用する．この場合は，試験問題の配線図の器具配置に従い，取付枠にすべての器具を取り付ける．

埋込連用取付枠への取り付け方

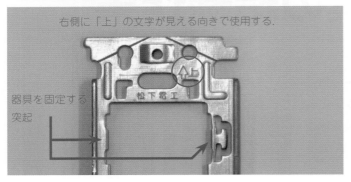

右側に「上」の文字が見える向きで使用する.

器具を固定する突起

1

取付枠の表裏，上下を確認する.

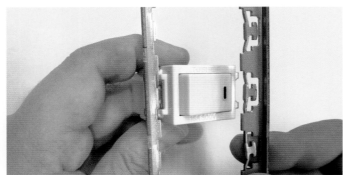

2

器具を所定の位置に裏から差し込む.

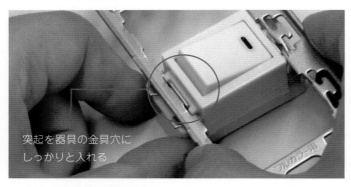

突起を器具の金具穴にしっかりと入れる

3

枠の左側の突起を器具の金具穴に入れる.

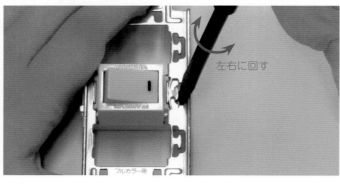

左右に回す

4

枠の右側の爪を，マイナスドライバで器具の金具穴に押し込む.

連用取付枠のはずし方

取付枠右側の突起の両サイドにある穴にマイナスドライバを差し込み，突起を元の状態に戻す方向に押せば，突起が器具からはずれます.

この穴に差し込む.

元に戻す方向に押す.

　極性のない埋込器具には「片切スイッチ」,「パイロットランプ」などがあります. これらの器具への結線方法はすべて同じです. ここでは出題頻度が高い片切スイッチを取り上げて解説します.

片切スイッチ　　　　　　　　**パイロットランプ**

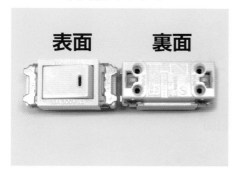
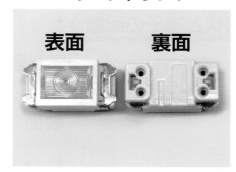

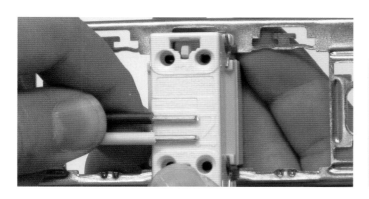

1

ストリップゲージに合わせて絶縁被覆をはぎ取る.

2

左右の端子に心線を差し込む.

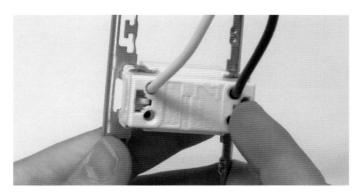

3

心線が見えていないか確認して完了.

第4章

> ※器具に極性がない場合, 白色・黒色の電線を左右どちらの端子に結線しても構いません.

「埋込コンセント」，「接地極付コンセント」など埋込連用のコンセントには極性があり，結線する端子と電線色別に指定があります．器具によって端子の配置が異なっているので，各器具の端子の配置を理解し，結線時に間違えないように注意しましょう．

器具の形状と端子の配置

埋込連用コンセント

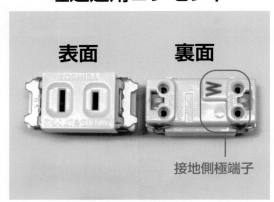

接地側極端子

埋込連用のコンセントは，表面の刃受けの位置と裏面の端子の配置が対応しています．

埋込連用コンセントの裏面の場合，N，W，接地側などの表記がある右側の端子が上下とも接地側極端子となり，この端子に接地側電線（白色）を必ず結線します．

また，左側の端子は上下とも非接地側となるので，この端子に非接地側電線（黒色）を必ず結線します．

※接地側，非接地側の上下どちらかの端子に結線すると，他方の端子は渡り線の送り配線用の端子になる．

埋込連用接地極付コンセント

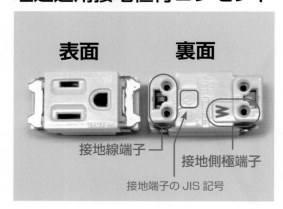

接地線端子

接地側極端子

接地端子のJIS記号

表面の刃受けの向きが埋込連用コンセントとは異なっており，裏面の端子の配置も埋込連用コンセントとは違うので注意してください．

埋込連用接地極付コンセントの裏面では，N，W，接地側などの表記がある右側の下の端子のみが接地側極端子となり，この端子に接地側電線（白色）を必ず結線します．

非接地側は接地側極端子の上部の端子のみとなるので，この端子に非接地側電線（黒色）を必ず結線します．

左側の端子は上下とも接地線端子なので，この端子には接地線（緑色）を必ず結線します．

※接地側，非接地側の電源端子には，送り配線用の端子はない．

埋込コンセントへの結線

埋込コンセントは必ず接地側極端子（N，W，接地側などの表記がある）に白色を結線します．

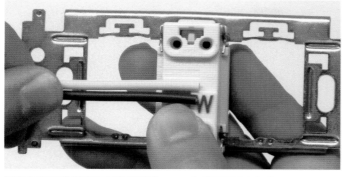

1

裏面のストリップゲージに電線を当てる．

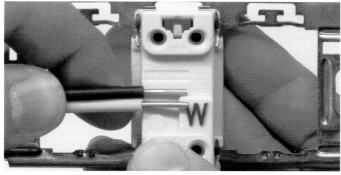

2

ストリップゲージに合わせて絶縁被覆をはぎ取る．

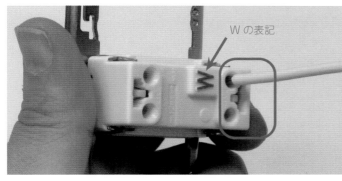

Wの表記

3

接地側極端子に白色を差し込む．

※接地側の渡り線が必要なときは，空き端子が送り配線用端子になる．

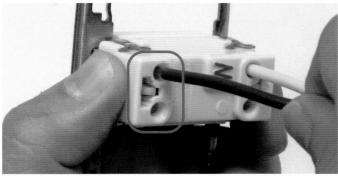

4

反対側の端子に黒色を差し込んで完了．

※非接地側の渡り線が必要なときは，空き端子が送り配線用端子になる．

第4章

埋込器具に結線した電線のはずし方

端子の横などにある「はずし穴」に，マイナスドライバを溝の奥までまっすぐに差し込みながら電線を引っ張ると抜けます．

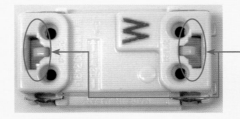

抜きたい側のはずし穴にマイナスドライバを差し込んで，電線を引っ張る．

接地極付コンセントへの結線

接地極付コンセントは必ず，接地側極端子（N，W，接地側などの表記がある）に白色，接地線端子に緑色の接地線を結線します．

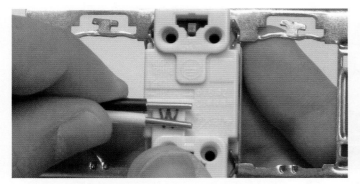

1

裏面のストリップゲージに合わせて絶縁被覆をはぎ取る．

2

右側下の接地側極端子に白色を差し込む．

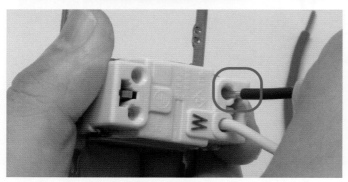

3

右側上の端子に黒色を差し込む．

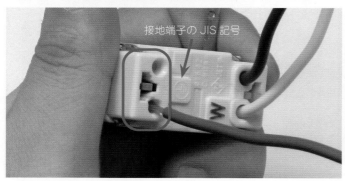

接地端子の JIS 記号

4

左側の端子に緑色の接地線を差し込む．

※送り配線がないときは，上部の端子は空き端子となる．

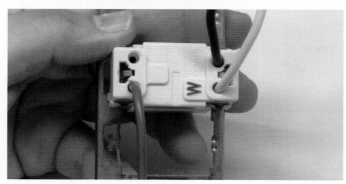

5

心線が見えていないか確認して完了．

200V 接地極付コンセントへの結線

接地極付コンセントは必ず，接地線端子に緑色の接地線を結線します．

1

裏面のストリップゲージに合わせて絶縁被覆をはぎ取る．

接地端子の
JIS 記号

2

左側の端子に緑色の接地線を差し込む．

3

右側の端子に電源からの電線を差し込む．

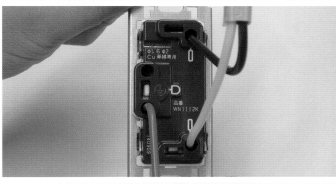

4

心線が見えていないか確認して完了．

右側の端子には電線色別の指定がないので，上下のどちらに電源からのどの色の電線を差し込んでも構わない．

※上記 **1** 〜 **4** の作業解説では，接地線に IV1.6，電源ケーブルに VVF1.6 − 2C を使用しているが，左の写真のように VVF1.6-3C（絶縁体：黒，赤，緑）を使用する場合は，右側に黒色と赤色を結線する．

　片切スイッチや埋込コンセントなどの埋込器具を 2 個以上連用する場合，器具相互に渡り線を結線します．渡り線に使用する電線は，支給されたケーブルや電線の残りを使用します．長さに決まりはありませんが，器具を 2 個連用する場合は 10cm を目安の長さにして下さい．

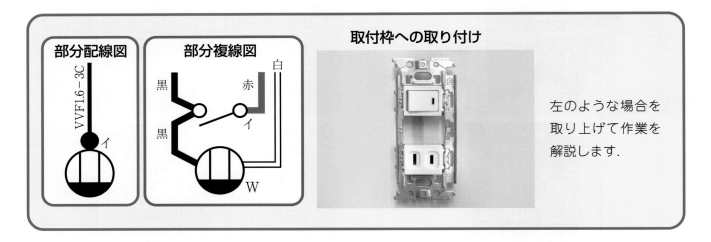

部分配線図

VVF1.6-3C

イ

部分複線図

黒

黒

赤

イ

白

W

取付枠への取り付け

左のような場合を
取り上げて作業を
解説します．

渡り線の作り方

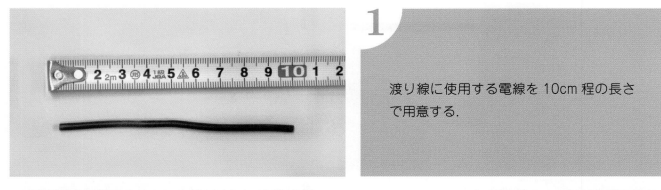

1

渡り線に使用する電線を 10cm 程の長さ
で用意する．

2

各器具の端子の位置に合わせて電線をコ
の字に曲げ，余分な長さを切断して渡り
線の両端の長さを揃える．

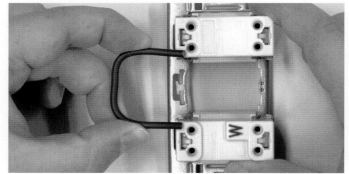

3

ストリップゲージに合わせて，両端の絶
縁被覆をはぎ取る．

　照明器具を複数箇所で「入」,「切」させる回路では「３路スイッチ」や「４路スイッチ」が使用されます.
「３路スイッチ」には電線色別の指定がありますが,「４路スイッチ」にはありません.

３路スイッチへの結線

　３路スイッチには電線色別の指定があります.「０」端子には黒色を結線することを覚えておきましょう.

1

裏面のストリップゲージに合わせて絶縁被覆をはぎ取る.

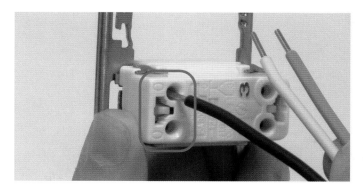

2

「０」端子に黒色を差し込む.（「０」端子は,上下どちらに結線してもよい.）

※実際の施工では, 下部の空き端子は複数のスイッチを連用する場合の送り配線用端子となる.

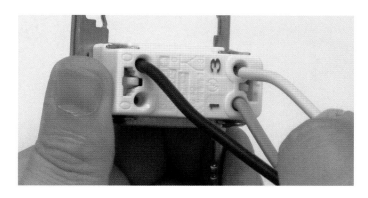

3

「１」・「３」端子に白色・赤色を差し込む.

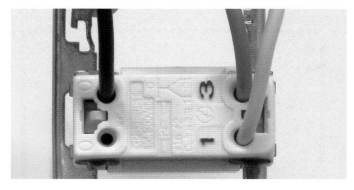

「１」・「３」端子には電線色別の指定がなく,どちらに白色・赤色を結線してもよい.

第４章

※３路スイッチを切替用スイッチとして使用する場合,「０」端子には何色を結線しても構いません.

４路スイッチへの結線

４路スイッチには２心ケーブルを使用し，すべての端子に結線します．なお，４路スイッチには電線色別の指定がありません．

1

裏面のストリップゲージに合わせて絶縁被覆をはぎ取る．

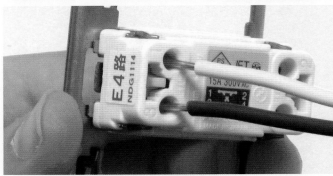

2

左側の端子に１本目のケーブルの白色・黒色を差し込む．

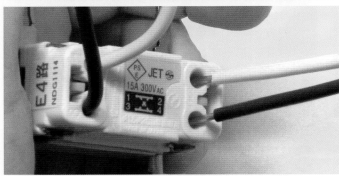

3

右側の端子に２本目のケーブルの白色・黒色を差し込む．

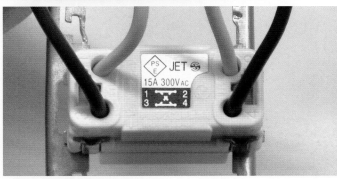

4

心線が見えていないか確認して完了．

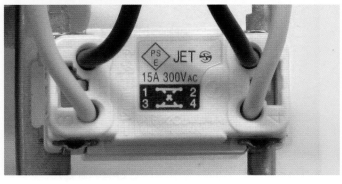

電線色別の指定はないので，上下どちらの端子に白色，黒色を結線しても構わない．

単相 200V 回路は，単相 3 線式（1φ3W 210V－105V）電路の電圧側（L1，L2）の電線を 2 線使用する回路のため，安全上 2 線両方の電圧を OFF する必要があり，「両切スイッチ」が使用されます．

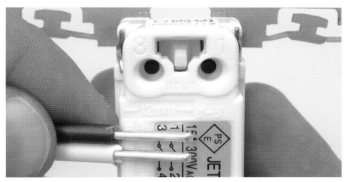

1

裏面のストリップゲージに合わせて絶縁被覆をはぎ取る．

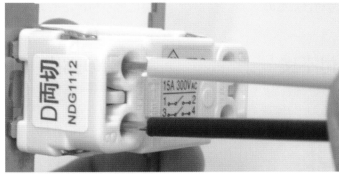

2

左側の端子（可動極側）に負荷側のケーブルの白色・黒色を差し込む．

負荷側 $\begin{cases} 1 \circ\!\!-\!\!-\!\!\circ 2 \\ 3 \circ\!\!-\!\!-\!\!\circ 4 \end{cases}$

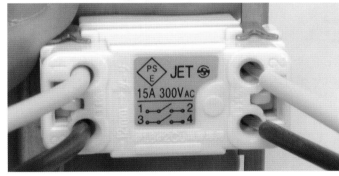

3

右側の端子（固定極側）に電源側のケーブルの白色・黒色を差し込む．

$\left.\begin{matrix} 1 \circ\!\!-\!\!-\!\!\circ 2 \\ 3 \circ\!\!-\!\!-\!\!\circ 4 \end{matrix}\right\}$ 電源側

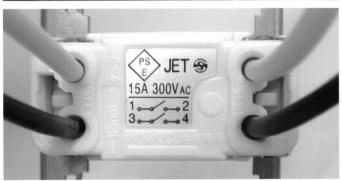

4

心線が見えていないか確認して完了．

第4章

左右の端子ごとに電源側と負荷側を区別して結線する．施工条件の指定がなければ，左右どちらの端子に電源側ケーブル，負荷側ケーブルを結線しても構わない．

取付枠の未使用

取付枠の未使用．または，
使用箇所を間違えている．

取付位置の誤り

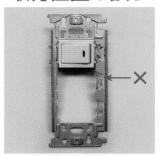

配線器具が1個の場合に
中央以外に取り付けたもの．

取付位置の誤り

配線器具が2個の場合に
中央に取り付けたもの．

取付位置の誤り

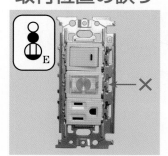

器具が3個の場合に中央に指
定器具以外を取り付けたもの．

枠の取付不良

取付枠の裏返し．または，
器具を引っ張って外れる．

心線の露出

心線が差込口（端子）から
2mm以上露出している．

極性の間違い

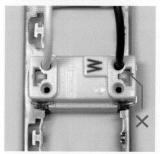

接地側極端子に白色以外
の電線が結線されている．

心線の挿入不足

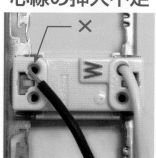

電線を引っ張ると心線が
抜ける．

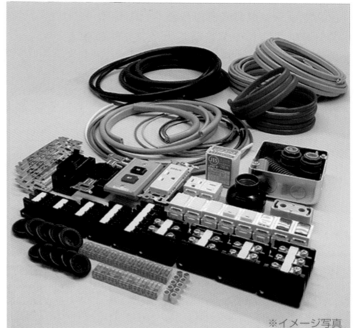

工具セット

弊社オリジナルの「電気工事士技能試験 工具セット」(ツノダ製),「工具＋ケーブルストリッパ・収納ボックスセット」とHOZAN製「電気工事士技能試験 工具セット」の３種類をご用意しました.

電気書院オリジナル工具セット（ツノダ製）

販売価格 14,300 円 (10%税込)
送料サービス
この商品は書店では扱っておりません.

ツノダ製の「技能試験工具セット」をベースに, 電工ナイフの代わりにケーブルカッターをセットにした電気書院オリジナルの工具セットです.

ゴムブッシングの穴あけ作業や VVR ケーブルの外装はぎ取り作業を電工ナイフを使わずにケーブルカッターで安全に行えます.

受験後のお仕事にも続けてお使いいただける, オススメの工具セットです！

●セット内容一覧●

① マイナスドライバー / ② プラスドライバー
③ ペンチ (CP-175) / ④ ケーブルカッター (CA-22)
⑤ VVF ストリッパ (VAS-230)
⑥ 圧着工具 (TP-R) ※刻印：○, 小, 中, 大
⑦ ウォータポンププライヤ (WP-200DS)
⑧ メジャー / ⑨ 工具袋 ※当セットの工具一式が収まります.

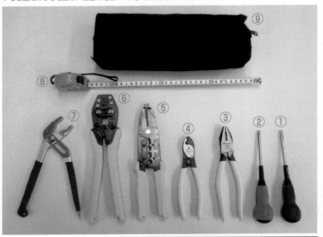

※第一種電気工事士技能試験で支給される VVF ケーブル 4 心の外装はぎ取り作業には「電工ナイフ」が必要です. 当セットには電工ナイフが含まれておりませんので, 第一種電気工事士技能試験の受験に当セットをご使用になる場合は, 別途「電工ナイフ」をご自身でご準備ください.

ケーブルカッターでの電工ナイフの代替作業

YouYube (Tsunoda-Japan) にて公開中

工具セット（HOZAN製 DK-28）

販売価格 15,400 円 (10%税込)
送料サービス
この商品は書店では扱っておりません.

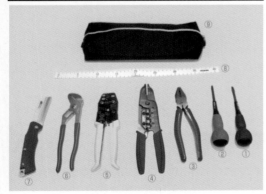

① マイナスドライバ / ② プラスドライバ / ③ ペンチ (P-43-175)
④ VVF ストリッパー (P-958) / ⑤ 圧着工具 (P-738) ※刻印：○, 小, 中
⑥ ウォーターポンププライヤ (P-244) / ⑦ 電工ナイフ (Z-680)
⑧ 布尺 / ⑨ ツールポーチ
＊付録として「第二種技能試験対策ハンドブック（HOZAN製）」付

工具セット（電気書院オリジナル）
(指定工具＋ケーブルストリッパ・収納ボックスセット)

販売価格 27,500 円 (10%税込)
送料サービス
この商品は書店では扱っておりません.

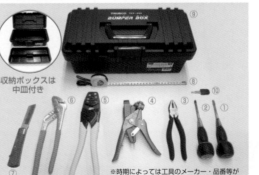

収納ボックスは中皿付き

※時期によっては工具のメーカー・品番等が変更になる場合があります.

① マイナスドライバ (トラスコ中山製 TDD-6-100) / ② プラスドライバ (トラスコ中山製 TDD-2-100) / ③ 電工ペンチ (トラスコ中山製 TBPE175)
④ ケーブルストリッパ (MMC製 VS-R1823 右利き用) / ⑤ リングスリーブ用圧着ペンチ (ジェフコム DC-17A) ※刻印：○, 小, 中, 大
⑥ ウォータポンププライヤ (トラスコ中山製 TWP-250) / ⑦ 電工ナイフ (HOZAN製 Z-683) / ⑧ メジャー (ムラテック KDS製 S13-20N)
⑨ 収納ボックス (トラスコ中山製 TFP-395) / ⑩ プレート外しキー (東芝ライテック製 NDG4990)

(注) このセットのケーブルストリッパは下刃で電線を固定し, 上刃だけスライドさせる構造になっています. そのため, 切り口がきれいにはぎ取れませんのでご了承ください. なお, 技能試験では切り口がきれいにはぎ取れていなくても, 欠陥扱いされません.

★こちらの商品は書店では扱っておりません. ご購入は, 弊社ホームページ (https://www.denkishoin.co.jp) 等から直接ご注文ください.

 電気書院 DENKISHOIN

〒101-0051
東京都千代田区神田神保町 1-3 （ミヤタビル 2F）
TEL (03) 5259-9160 / FAX (03) 5259-9162

動力用コンセントへの結線作業

「動力用コンセント」はメーカによって各端子の配置と形状が異なります.

1 裏面のストリップゲージに合わせて結線する電線の絶縁被覆をはぎ取る.

2 結線する端子記号と電線色別を施工条件で確認し，心線を直線状態のままで差し込む．（接地側電線の白色はＹ端子，接地線はＧまたは ⏚ の表示がある端子に結線する．）

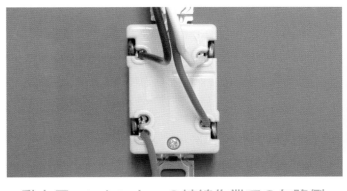

3 すべての端子のねじをしっかりと締め付けて完了.

第4章

動力用コンセントへの結線作業での欠陥例

ねじの締め忘れ

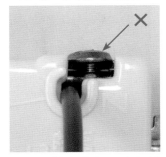

ねじの締め忘れ．または，電線を引っ張ると抜ける.

絶縁被覆の挟み込み

絶縁被覆を挟み込んでねじ締めしている.

心線の露出

×5mm以上

心線が，器具の端から5mm以上露出したもの.

7 押しボタンスイッチの結線作業

押しボタンスイッチへの結線作業

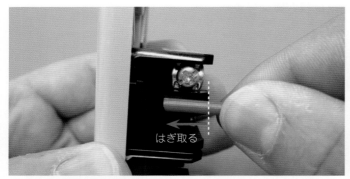

1

座金の大きさより少し長めに絶縁被覆をはぎ取る.

はぎ取る

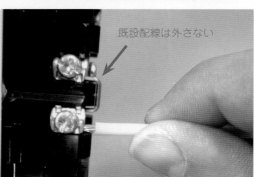

2

既設配線は外さない

心線は直線状態のままで,制御回路図に示されたとおりの色別で「1」,「2」,「3」端子に電線を差し込む.(「2」端子は既設配線が結線されているので,いずれか一方の端子に差し込む.)

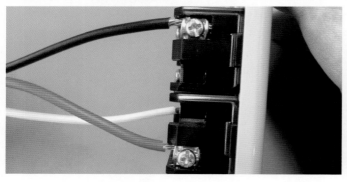

3

端子ねじをしっかりと締め付けて完了.

押しボタンスイッチへの結線作業での欠陥例

心線の露出

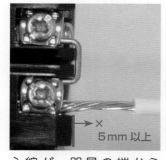

×
5mm 以上

心線が,器具の端から5mm 以上露出したもの.

絶縁被覆の挟み込み

×

絶縁被覆を挟み込んでねじ締めしている.

素線のはみ出し

×

素線の一部が端子ねじからはみ出している.

既設配線の取り除き等

×

器具の既設配線を変更または取り除いたもの.

8 配線用遮断器の結線作業

配線用遮断器への結線作業

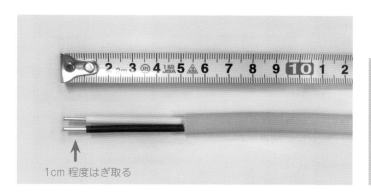

1cm 程度はぎ取る

1

1cm 程度を目安に絶縁被覆をはぎ取り，結線部の心線を出す．

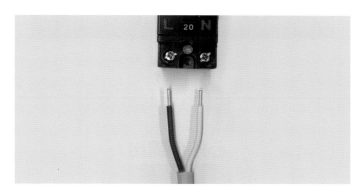

2

すべての端子に電線を同時に差し込めるように形を整える．

心線と絶縁被覆の長さを確認する

3

端子に心線を差し込み，絶縁被覆と心線の長さを確認する．

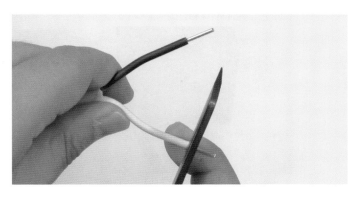

4

3 の確認で，端子の中まで絶縁被覆が入っていたら，絶縁被覆を少しはぎ取る．端子の外まで心線が露出していたら，心線を短くして絶縁被覆の挟み込みや心線が露出しないように調節する．

第4章

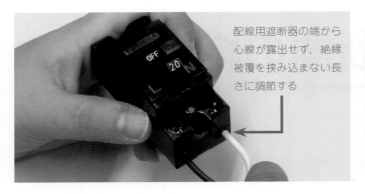

配線用遮断器の端から
心線が露出せず，絶縁
被覆を挟み込まない長
さに調節する

5

もう一度心線を端子に差し込み，長さを
確認する．

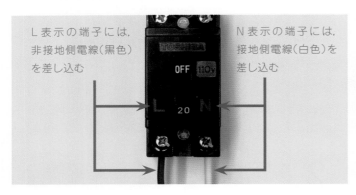

L表示の端子には，
非接地側電線（黒色）
を差し込む

N表示の端子には，
接地側電線（白色）を
差し込む

6

N表示端子に白色，L表示端子には黒色
を差し込み，ねじをしっかり締め付けて
完了．

配線用遮断器への結線作業での欠陥例

極性の誤り

L表示端子に白色を結線
している．

心線の露出

×
5mm
以上

配線用遮断器の端から
5mm以上心線が露出．

電線が抜ける

締め付けが不適切で，電
線を引っ張ると抜ける．

絶縁被覆の締め付け

絶縁被覆を挟み込んでね
じ締めしている．

9 アウトレットボックスの作業

ゴムブッシングの取り付け方

アウトレットボックスの穴には，ケーブルを保護する「ゴムブッシング」を取り付けます．ゴムブッシングには直径 19mm と 25mm のものがあり，アウトレットボックスの穴の大きさに合ったものを取り付けます．

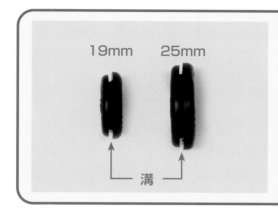

ゴムブッシングの形状

写真のように，ゴムブッシングを横から見ると中央に溝があります．ゴムブッシングの取り付け時には，アウトレットボックスの側面にこの溝にはめて取り付けます．

1

ゴムブッシングにケーブルを通すための切れ込みを入れる．

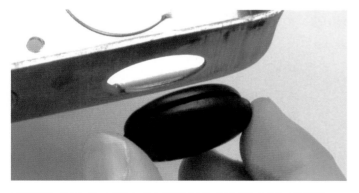

2

径の小さい方を外側から押し込む．

3

溝がはまったら，形を整えて完了．

1

PF 管用ボックスコネクタの止め具が，しっかり締まっているか確認する．

2

ボックスコネクタの止め具部分に PF 管を強く押し込む．

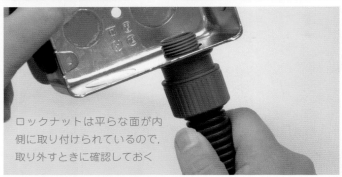

ロックナットは平らな面が内側に取り付けられているので，取り外すときに確認しておく

3

ボックスコネクタに付いているロックナットをはずし，アウトレットボックスの外側からボックスコネクタを差し込む．

平らな面をコネクタ側に向けて取り付ける．

4

アウトレットボックスの内側から，取りはずしたロックナットを向きに注意して再度取り付ける．

5

ウォータポンププライヤを使ってロックナットをしっかり締め付けて完了．

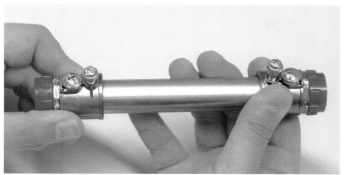

1

ねじなしボックスコネクタに金属管を差し込む.

※試験の支給では，ねじなしボックスコネクタに絶縁ブッシングは取り付けられておらず，別々になっている.

2

ウォータポンププライヤで止めねじの頭がねじ切れるまで締め付ける.

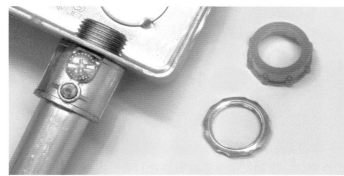

3

ボックスコネクタから，ロックナットをはずし，アウトレットボックスの外側からボックスコネクタを差し込む.

取り付ける向きに
注意する

4

ロックナットの向きに注意し，アウトレットボックスの内側から取り付け，ウォータポンププライヤを使ってロックナットをしっかり締め付ける.

5

絶縁ブッシングをアウトレットボックスの内側から取り付け，ウォータポンププライヤを使ってしっかり締め付ける.

第4章

ねじ穴

6

ボンド線の片端に輪作りし，輪のない方をアウトレットボックス底部の接地用取付ねじ穴以外の穴から外に出す．

輪は右巻きの状態で
ねじ締めする

ワッシャ部分
※ねじとワッシャが
一体になっている
ものもある

7

輪を右巻きの状態にし，ねじとワッシャを取り付け，アウトレットボックス底部の接地用取付ねじ穴にねじ締めする．

ボンド線はねじ幅
より少し長く出し
て切断

8

ボンド線をボックスコネクタの接地用端子ねじから少し出る長さにして，接地用端子ねじで挟み，しっかりねじ締めする．

※ 6 ～ 8 の電気的接続の作業は，出題によっては省略されることがあります．

アウトレットボックス関連の作業での欠陥例

径を間違えて使用

穴の径とゴムブッシング
の径が合っていない．

使用していない

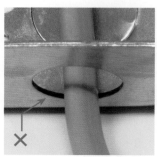

ゴムブッシングを取り付
けていない．

アウトレットボックスと未接続

ボックスコネクタ等の構成部品を正しい位置に使用してアウトレットボックスと接続していない.

管が外れている

管が外れている，または引っ張って外れるもの.

絶縁ブッシング未使用

絶縁ブッシングを取り付けていない.

ロックナット未使用

ロックナックを使用してボックスコネクタを固定していない.

構成部品間の接続の不適切

ボックスコネクタの取り付けがゆるく，アウトレットボックスとボックスコネクタの間に隙間が目視できるもの.

取付箇所の誤り

ロックナットをボックス外部に取り付けている.

取付箇所の誤り

接地用取付ねじ穴以外へのボンド線の取り付け.

ボンド線の挿入不足

ボンド線の先端が端子ねじの他端から出ていない.

ねじ切っていない

止めねじをねじ切れるまで締め付けていない.

10

電線接続の作業

電線相互の接続は「アウトレットボックス」や「VVF用ジョイントボックス」などのジョイントボックス内で行います．接続方法には「リングスリーブ」や「差込形コネクタ」を使って接続する方法と，電線相互をねじって接続する「ねじり接続」や「とも巻き接続」などの方法があります．ここでは「リングスリーブ」と「差込形コネクタ」を使って接続する方法を解説します．なお，技能試験で使用するジョイントボックスは「アウトレットボックス」のみで，「VVF用ジョイントボックス」は省略されます．

差込形コネクタ接続の作業

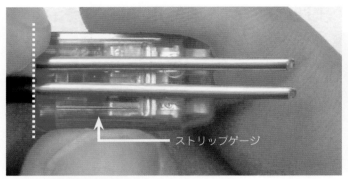

ストリップゲージ

1

ストリップゲージの端に絶縁被覆の端を合わせる．

2

心線の長さをストリップゲージに合わせて切断する．

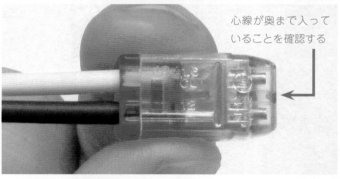

心線が奥まで入っていることを確認する

3

心線を奥までしっかりと差し込む．

ストリップゲージは，凹みと数字（mm）で必要な長さを示している．

リングスリーブの使い分けと圧着マークについて

使用最大電流〔A〕	電線の組み合わせ（本数）			過去に出題された組み合わせ	圧着マーク	リングスリーブの種類
	単線（mm）		より線（mm²）			
	1.6mm	2.0mm	2mm²			
20A	2	−	−	1.6 × 2 本	○	小
	−	−	2	2mm² × 2 本		
	1	−	1	1.6 × 1 本と 2mm² × 1 本		
	3	−	−	1.6 × 3 本	小	
	4	−	−	1.6 × 4 本		
	−	2	−	2.0 × 2 本		
	−	−	3	2mm² × 3 本		
	1	1	−	1.6 × 1 本と 2.0 × 1 本		
	2	1	−	1.6 × 2 本と 2.0 × 1 本		
	1	−	2	1.6 × 1 本と 2mm² × 2 本		
30A	1	2	−	1.6 × 1 本と 2.0 × 2 本	中	中
	3	1	−	1.6 × 3 本と 2.0 × 1 本		

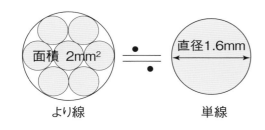

面積 2mm²　より線　　直径1.6mm　単線

より線の心線の太さは，断面積で示されます．2mm² のより線は，断面積から直径を換算すると，およそ 1.6mm となり，直径 1.6mm の単線と同一と見なしています．

円の面積の公式：半径×半径× 3.14（π）より
2mm² ＝半径×半径× 3.14
半径の 2 乗 ＝ 2 ÷ 3.14 ≒ 0.637
半径≒ 0.8　∴ 直径（半径× 2）＝約 1.6mm

圧着ペンチのダイスと圧着マーク

「○」の圧着マーク

「中」の圧着マーク

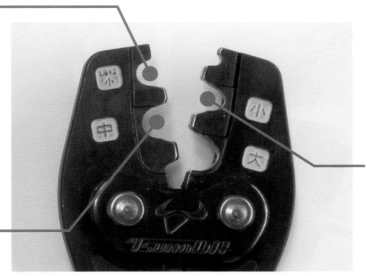

「小」の圧着マーク

リングスリーブ接続の作業手順

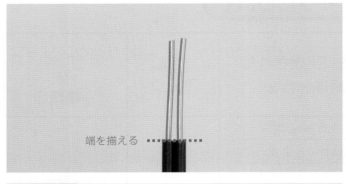

端を揃える

1

絶縁被覆の端を揃えて電線を持つ.

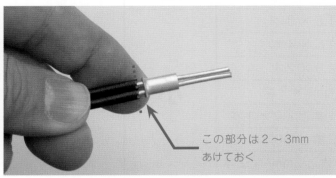

この部分は 2 〜 3mm あけておく

2

絶縁被覆から 2mm 程度離したところに リングスリーブを留めておく.

※接続本数が多く，絶縁被覆から 2mm 程度離した ところまでリングスリーブを移動できない場合は， 10mm 以上あかないように注意して作業する.

3

圧着ペンチのダイスの位置を確認し，圧 着ペンチの先端に近いところを持って， 軽く圧着する.

4

リングスリーブの位置が動いていないか 確認し，黄色い柄を握って，圧着ペンチ が開くまでしっかりと握り潰す.

2mm 程度残して切断

5

先端の心線を 2mm 程度残して切断する. （この作業を「端末処理」という.）

差込形コネクタ接続の間違いを直す方法

　差込形コネクタは，一度差し込むと電線が抜けないようになっています．もし電線を間違えて差し込んでしまった場合，差込形コネクタを左右にねじりながら電線を強く引っ張ると電線が抜けます．

　差込形コネクタから抜いた電線の心線には傷が付くので，再接続の際は傷付いた心線を切断し，ストリップゲージに合わせて絶縁被覆をはぎ取ってから，心線を差し込みます

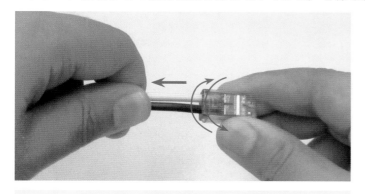

1

差込形コネクタを左右にねじりながら電線を強く引っ張る．

心線には傷か付くので，破線から先の
心線部分を切り落とす．

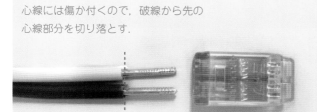

2

抜いた心線には傷が付いているので，心線の部分を切り落とす．

もう一度ストリップゲージに合わせて
絶縁被覆をはぎ取ってから差し込む

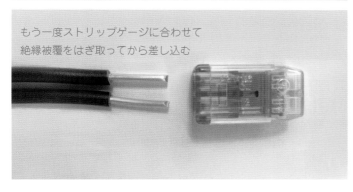

3

ストリップゲージの長さ分の絶縁被覆をはぎ取り，心線を奥までしっかりと差し込む．

リングスリーブ接続の間違いを直す方法

圧着部分の切り取り

　「小」で圧着するところを「○」で圧着したり，絶縁被覆の上から圧着した場合は，新たなリングスリーブを使って圧着をやり直します．この場合，もう一度絶縁被覆をはぎ取って心線を出しますが，絶縁被覆はケーブルシースから 20mm 以上出ていないと欠陥になるので，絶縁被覆の長さを極力短くさせないように圧着部分を切り取ります．

例

1.6mm と 2.0mm を 1 本ずつ
接続する場合は，「小」の圧着
マークで圧着するのが正しい

1.6mm と 2.0mm を 1 本ずつ圧着する場合は「小」の圧着マークで圧着するが，間違えて「○」の圧着マークで圧着してしまった場合．

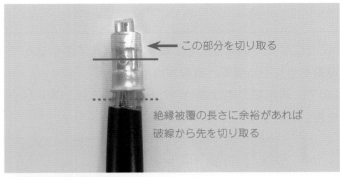

この部分を切り取る

絶縁被覆の長さに余裕があれば
破線から先を切り取る

1

赤線より先の部分を切り取る.
（絶縁被覆の長さに余裕があれば，リング
スリーブの根元から切り取る.）

2

リングスリーブをペンチで挟みながら
引っ張り，心線からはずす.

3

絶縁被覆を再度はぎ取って，116 ページ
の 1 ～ 5 の作業を行う.

電線の接続作業での欠陥例

心線の露出

心線がコネクタ外部に露出.

心線が短い

挿入された心線が短い.

選択の誤り

使用する大きさの選択を誤った.

圧着マークの不適切

圧着マークを間違えて圧着.

リングスリーブの破損

破損した状態で提出した.

圧着マークの欠け

圧着マークが一部欠けている.

心線の露出

心線がコネクタ外部に露出.

心線が短い

挿入された心線が短い.

選択の誤り

使用する大きさの選択を誤った.

圧着マークが複数ある

圧着マークが2つ以上ある.

複数使用して圧着

1箇所に複数使用して圧着.

心線の挿入不足

上から見て, 全心線が目視できない.

端末処理の不適切

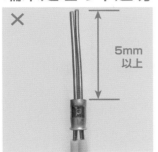

5mm
以上

心線が5mm以上出ている.

絶縁被覆のむき過ぎ

10mm
以上

心線が10mm以上露出.

絶縁被覆が短い

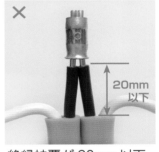

20mm
以下

絶縁被覆が20mm以下.

絶縁被覆の上から圧着

絶縁被覆を挟み込んで圧着.

第4章

次の章では，本年度に公表されたすべての候補問題について，寸法，工事種別，施工条件等を想定して問題形式にしてあります．試験本番に向けての練習にお役立てください．

第5章
候補問題の想定・解説
2024年度

　2024年度公表の候補問題10問題の練習ができるよう，使用材料，工事種別，寸法，施工条件，接続方法などを想定し，試験問題形式にしています．また，動画では，各問題例を完成させる作業ポイントを解説しています．QRコードから該当動画を再生してご覧ください.

※作業ポイント動画は，各候補問題の作業ごとの解説動画です．作業開始から作品完成までのノーカットの動画ではありません.

作業ポイント動画の解説内容

●「基本作業」として解説しているもの

1. 単相変圧器の作業（端子台1個の場合）
　　　パターン1／パターン2
2. 三相変圧器の作業（端子台1個の場合）
3. ランプレセプタクルへの結線作業
4. 引掛シーリングへの結線作業
5. 埋込連用取付枠の取り付け方

6. 片切スイッチへの結線作業
7. ゴムブッシングの取り付け作業
8. リングスリーブによる圧着接続作業（基本解説）
9. 差込形コネクタによる接続作業（基本解説）

※1～9の作業は，同じ作業をする候補問題が複数あるため，基本作業として解説し，各候補問題の作業動画では省略しています．（各候補問題の電線接続の作業は，各候補問題の作業動画に収録しています.）

●すべての候補問題の作業動画で解説しているもの

・候補問題の複線図を描く手順（アニメーション）
・ケーブルや電線の切断寸法の解説（アニメーション）

・電線の接続作業（動画）
・作品の確認作業と注意点（動画）

※各候補問題の作業動画には，上記の解説と各候補問題でポイントとなる作業を収録しています．また，「基本作業」以外で重複する作業は，一部の問題のみで解説しています.

「基本作業」の各動画は，こちらのQRコードから再生してご覧ください.

1. 単相変圧器パターン1	1. 単相変圧器パターン2	2. 三相変圧器の作業	3. ランプレセプタクル	4. 引掛シーリング

5. 埋込連用取付枠	6. 片切スイッチ	7. ゴムブッシング	8. リングスリーブ接続	9. 差込形コネクタ接続

第5章の使い方

第5章の各候補問題の問題例は，実際の試験の形式で練習できるようになっています．

● 練習開始前

　各候補問題を練習するために必要な材料を揃えます．材料の判別がつかないときは，材料の写真を参考にして揃えてください．

　材料が揃ったら，実際の試験と同様に，揃えた材料と材料表とを照合します．

● 練習開始

　候補問題の問題例は，実際の試験問題の形式に合わせ，左側に配線図，右側に施工条件を掲載しています．

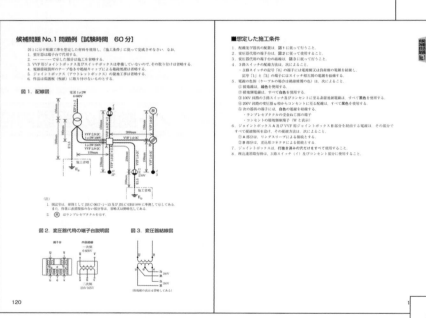

● 作品完成後

　各候補問題の作品が完成したら，完成参考写真と見比べ，減点チェックリストの各項目に当てはまる欠陥がないか確認します．

291 ページには候補問題 No.1 〜 No.10 までの練習に必要な材料一覧がありますので，ご参照ください．

候補問題 No.1 問題例

寸法・施工種別・施工条件等を想定して，問題形式にしました．

〈〈 想定した材料等の確認 〉〉

作業開始前に準備した材料等を下記の材料表と必ず照合し，材料の不足があれば，必要分を揃えて下さい．

想定した使用材料

※材料を揃える際は，ケーブルの本数をよくお確かめ下さい．

材　　　　料	
1. 高圧絶縁電線（KIP），8mm²，長さ約200mm	1本
2. 600V ビニル絶縁ビニルシースケーブル平形（シース青色），2.0mm，2心，長さ約800mm	1本
3. 600V ビニル絶縁ビニルシースケーブル平形，1.6mm，3心，長さ約750mm	1本
4. 600V ビニル絶縁ビニルシースケーブル平形，1.6mm，2心，長さ約1100mm	2本
5. 600V ビニル絶縁電線，5.5mm²，緑色，長さ約200mm	1本
6. 600V ビニル絶縁電線，1.6mm，緑色，長さ約200mm	1本
7. 端子台（変圧器の代用），3P，大	1個
8. ランプレセプタクル（カバーなし）	1個
9. 埋込連用取付枠	1枚
10. 埋込連用タンブラスイッチ（3路）	2個
11. 埋込連用タンブラスイッチ（両切）	1個
12. 埋込連用コンセント	1個
13. 埋込コンセント（15A250V 接地極付）	1個
14. ジョイントボックス（アウトレットボックス 19mm 2箇所，25mm 4箇所 ノックアウト打抜き済み）	1個
15. ゴムブッシング（19）	2個
16. ゴムブッシング（25）	4個
17. リングスリーブ（小）	8個
18. 差込形コネクタ（2本用）	4個

（注）上記の想定した材料表のリングスリーブの個数には予備品の数は含まれていません．実際の試験では，材料表には予備品を含んだリングスリーブの総数が示され，材料箱内にはリングスリーブの予備品もセットされて支給されます．

材料の写真

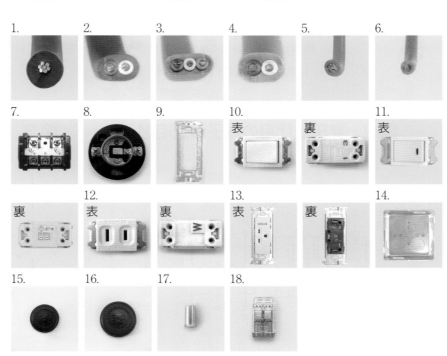

候補問題 No.1 問題例 ［試験時間　60 分］

図1に示す配線工事を想定した材料を使用し，「施工条件」に従って完成させなさい．なお，
1. 変圧器は端子台で代用する．
2. ―・―・― で示した部分は施工を省略する．
3. VVF用ジョイントボックス及びスイッチボックスは準備していないので，その取り付けは省略する．
4. 電線接続箇所のテープ巻きや絶縁キャップによる絶縁処理は省略する．
5. ジョイントボックス（アウトレットボックス）の接地工事は省略する．
6. 作品は保護板（板紙）に取り付けないものとする．

図 1. 配線図

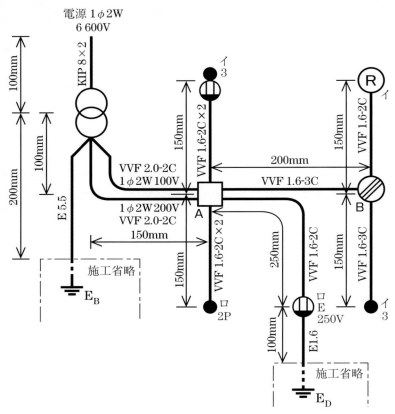

(注)
1. 図記号は，原則として JIS C 0617-1～13 及び JIS C 0303:2000 に準拠して示してある．
   また，作業に直接関係のない部分等は，省略又は簡略化してある．
2. Ⓡはランプレセプタクルを示す．

図 2. 変圧器代用の端子台説明図

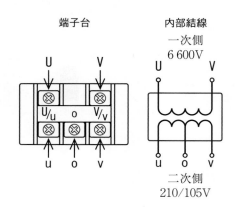

図 3. 変圧器結線図

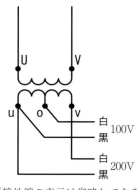

（接地線の表示は省略してある）

124

■想定した施工条件

1．配線及び器具の配置は，図1に従って行うこと．
2．変圧器代用の端子台は，図2に従って使用すること．
3．変圧器代用の端子台の結線は，図3に従って行うこと．
4．スイッチの配線方法は，次によること．
　　・3路スイッチの記号「0」の端子には電源側又は負荷側の電線を結線し，
　　　記号「1」と「3」の端子にはスイッチ相互間の電線を結線する．
　　・100V回路においては電源から3路スイッチ（イ）とコンセントの組合せ部分に至る電源側電線には，
　　　2心ケーブル1本を使用すること．
　　・200V回路においては電源からスイッチ（ロ）に至る電源側電線には，2心ケーブル1本を使用すること．
5．電線の色別（ケーブルの場合は絶縁被覆の色）は，次によること．
　　①接地線は，**緑色**を使用する．
　　②接地側電線は，すべて**白色**を使用する．
　　③100V回路の3路スイッチ及びコンセントの組合せ部分に至る非接地側電線は，すべて**黒色**を使用する．
　　④200V回路の変圧器u相からコンセントに至る配線は，すべて**黒色**を使用する．
　　⑤次の器具の端子には，**白色**の電線を結線する．
　　　・ランプレセプタクルの受金ねじ部の端子
　　　・コンセントの接地側極端子（Wと表示）
6．ジョイントボックスA及びVVF用ジョイントボックスB部分を経由する電線は，その部分ですべて接続箇所を設け，その接続方法は，次によること．
　　①A部分は，リングスリーブによる接続とする．
　　②B部分は，差込形コネクタによる接続とする．
7．ジョイントボックスは，**打抜き済みの穴だけをすべて使用すること．**
8．埋込連用取付枠は，3路スイッチ（イ）及びコンセントの組合せ部分に使用すること．

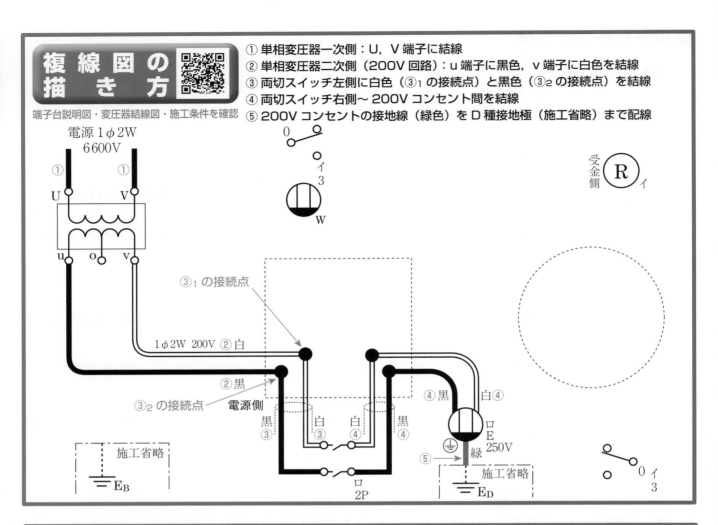

複線図の描き方

端子台説明図・変圧器結線図・施工条件を確認

① 単相変圧器一次側：U，V 端子に結線
② 単相変圧器二次側（200V 回路）：u 端子に黒色，v 端子に白色を結線
③ 両切スイッチ左側に白色（③₁ の接続点）と黒色（③₂ の接続点）を結線
④ 両切スイッチ右側〜 200V コンセント間を結線
⑤ 200V コンセントの接地線（緑色）を D 種接地極（施工省略）まで配線

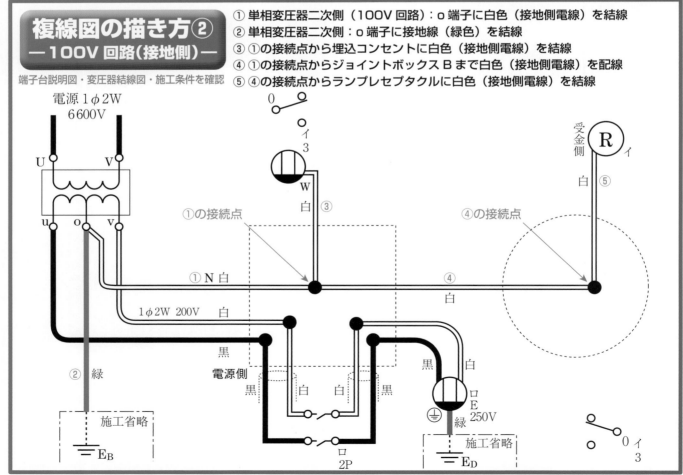

複線図の描き方②
－100V 回路（接地側）－

端子台説明図・変圧器結線図・施工条件を確認

① 単相変圧器二次側（100V 回路）：o 端子に白色（接地側電線）を結線
② 単相変圧器二次側：o 端子に接地線（緑色）を結線
③ ①の接続点から埋込コンセントに白色（接地側電線）を結線
④ ①の接続点からジョイントボックス B まで白色（接地側電線）を配線
⑤ ④の接続点からランプレセプタクルに白色（接地側電線）を結線

複線図の描き方③
―100V回路(非接地側)―

端子台説明図・変圧器結線図・施工条件を確認

① 単相変圧器二次側（100V回路）：u端子に黒色（非接地側）を結線
② ①の接続点から埋込コンセントに黒色（非接地側電線）を結線
③ 埋込コンセントから3路スイッチの「0」端子へ黒色の渡り線（非接地側電線）を結線

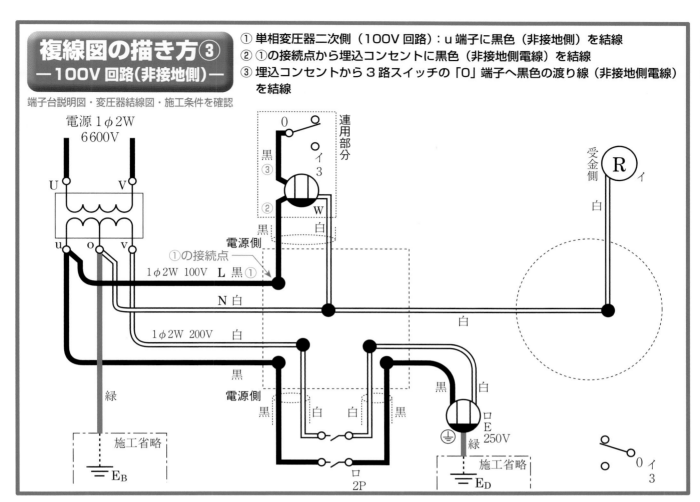

複線図の描き方④
―3路スイッチ間―

① 負荷側3路スイッチ「0」端子とランプレセプタクルに黒色を結線し，接続する
② 電源側3路スイッチ～ジョイントボックス間～負荷側3路スイッチ間を結ぶ

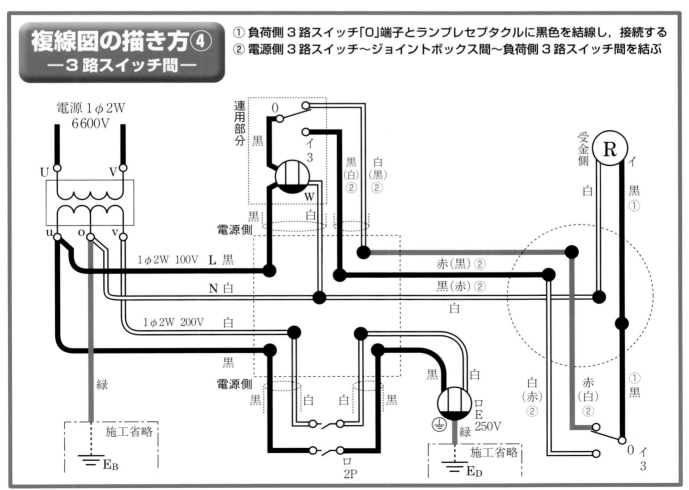

127

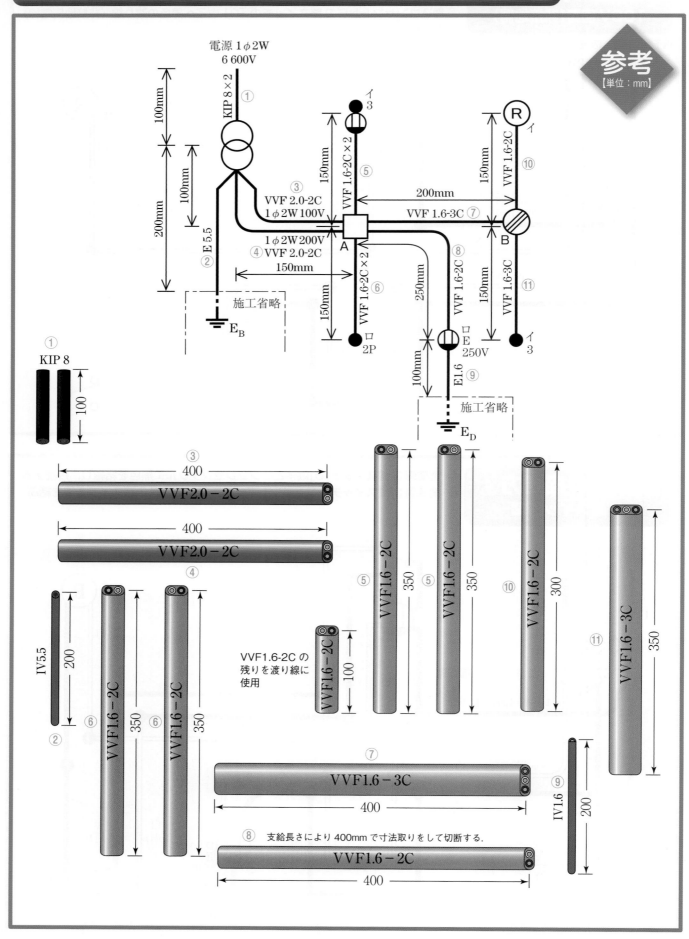

本書の想定におけるケーブルシース・絶縁被覆のはぎ取り

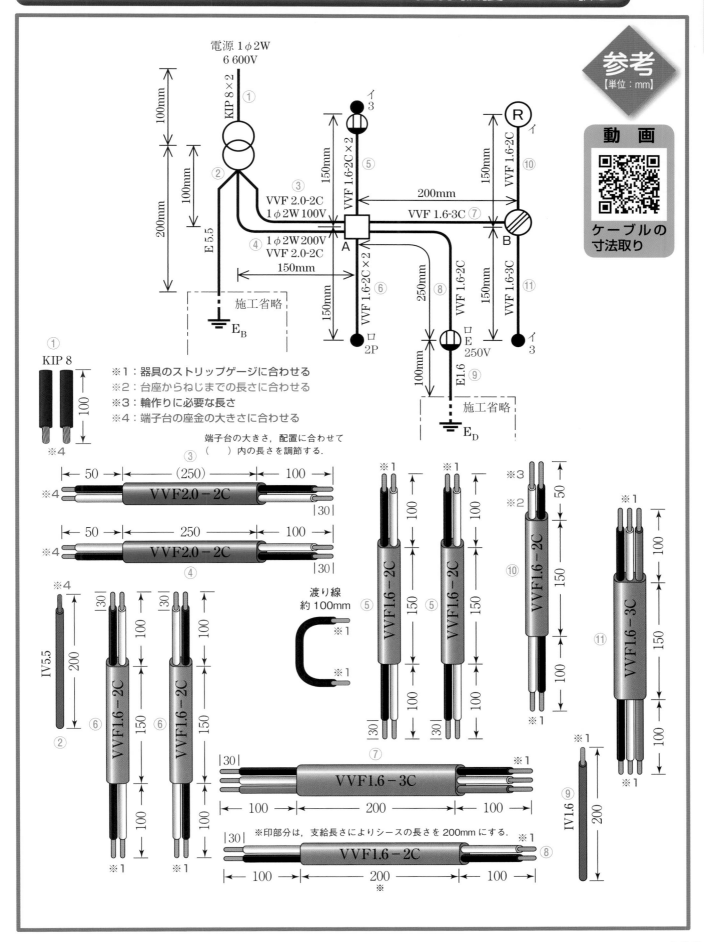

※1：器具のストリップゲージに合わせる
※2：台座からねじまでの長さに合わせる
※3：輪作りに必要な長さ
※4：端子台の座金の大きさに合わせる

端子台の大きさ，配置に合わせて（　）内の長さを調節する．

渡り線 約100mm

※印部分は，支給長さによりシースの長さを200mmにする．

作業ポイント１：単相変圧器二次側部分

【二次側：200V 回路】

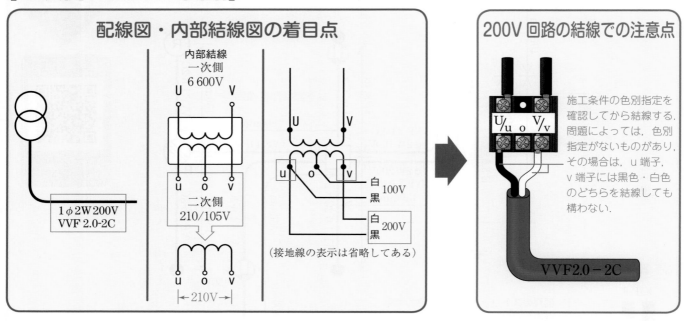

配線図・内部結線図の着目点

内部結線
一次側
6 600V

200V 回路の結線での注意点

施工条件の色別指定を確認してから結線する. 問題によっては, 色別指定がないものがあり, その場合は, u端子, v端子には黒色・白色のどちらを結線しても構わない.

1φ2W200V
VVF 2.0-2C

二次側
210/105V

白 100V
黒

白 200V
黒

（接地線の表示は省略してある）

VVF2.0－2C

配線図のジョイントボックス A に至る下部の配線で「1φ2W200V」と示されている部分が200V回路となり,「VVF2.0－2C」を使用する. また, 内部結線図に二次側の電圧が「210/105V」とあるので, u－v端子間が200V, 変圧器結線図によりu端子に黒色, v端子に白色を結線することを判別する.

【二次側：100V 回路】

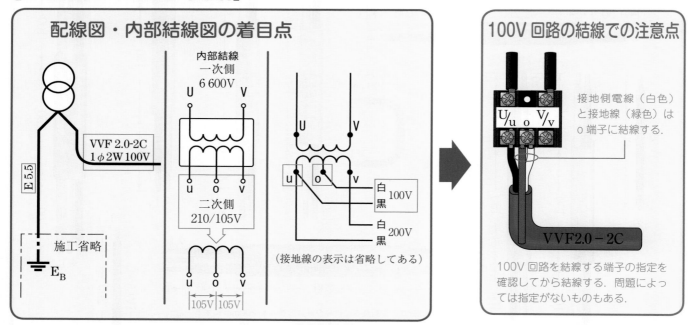

配線図・内部結線図の着目点

内部結線
一次側
6 600V

100V 回路の結線での注意点

接地側電線（白色）と接地線（緑色）はo端子に結線する.

VVF 2.0-2C
1φ2W100V

E 5.5

施工省略

E_B

二次側
210/105V

白 100V
黒

白 200V
黒

（接地線の表示は省略してある）

VVF2.0－2C

100V 回路を結線する端子の指定を確認してから結線する. 問題によっては指定がないものもある.

配線図のジョイントボックスAに至る上部の配線で「1φ2W 100V」と示されている部分が100V回路となり,「VVF2.0－2C」を使用する. 内部結線図には, 二次側の電圧が「210/105V」とあるので, u－o間, v－o間がそれぞれ100Vと判別し, 変圧器結線図によりu端子に黒色, o端子に白色を結線することを判別する. 100V回路の場合は, u端子, v端子が非接地側, o端子が接地側となるので, o端子には接地側電線（白色）と接地線（緑色）を結線する.

【連用箇所の結線】

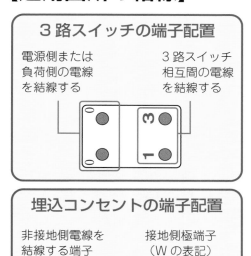

３路スイッチの端子配置

電源側または
負荷側の電線
を結線する

３路スイッチ
相互間の電線
を結線する

埋込コンセントの端子配置

非接地側電線を
結線する端子

接地側極端子
（Ｗの表記）

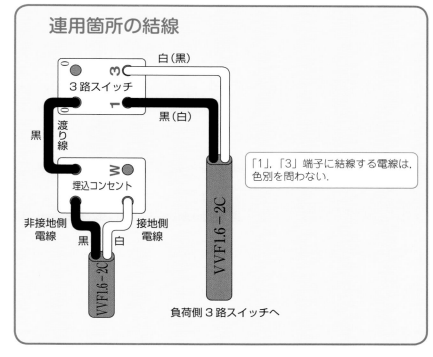

連用箇所の結線

白（黒）

３路スイッチ

黒（白）

黒

渡り線

埋込コンセント

非接地側
電線　黒

接地側
白　電線

VVF1.6－2C

VVF1.6－2C

「1」，「3」端子に結線する電線は，
色別を問わない.

負荷側３路スイッチへ

本書では，３路スイッチと埋込コンセントの連用箇所をケーブル工事として，VVF1.6－2C を２本使用する想定となっている．この候補問題の連用箇所では，非接地側電線（黒色）は電源側の３路スイッチと埋込コンセントに結線する必要があり，接地側電線（白色）は埋込コンセントに結線する必要があるので，２本の VVF1.6－2C のうち，１本は電源用（非接地側電線：黒色，接地側電線：白色）として使用し，もう１本は３路スイッチの回路に使用する．埋込コンセントの裏面は左上図のように端子が配置されているので，電源からの非接地側電線（黒色）を埋込コンセントに結線し，埋込コンセントと３路スイッチ「0」端子に黒色の渡り線を結線する．接地側電線（白色）は，埋込コンセントに結線する．３路スイッチの「1」，「3」端子には白色または黒色を結線する（色別は問わない）.

【３路スイッチ（負荷側）】

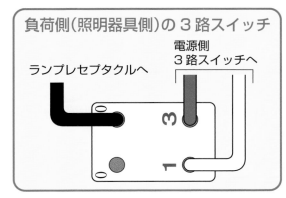

負荷側（照明器具側）の３路スイッチ

ランプレセプタクルへ

電源側
３路スイッチへ

３路スイッチを用いて照明器具を複数箇所で点滅させる回路の場合，３路スイッチは電源側と負荷側（照明器具側）の２個必要となる．負荷側（照明器具側）の３路スイッチも電源側と同じように，「0」端子に黒色を結線し，「1」，「3」端子には白色・赤色のどちらを結線してもよい.

作業ポイント３：両切スイッチ

動画
両切スイッチへの
結線作業

両切スイッチの結線は，器具裏面の「1」，「3」端子または「2」，「4」端子の組み合わせで，電源側もしくは負荷側の電線を結線する．本書の想定では，200V回路の変圧器 u 相からコンセントに至る配線は，すべて黒色と指定したため，左右の端子で黒色を結線する極を合わせる．

両切スイッチの端子配置と本書における電線接続

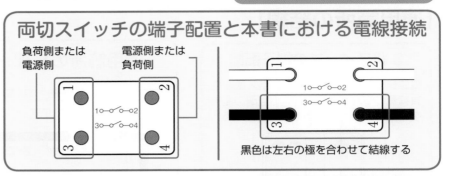

黒色は左右の極を合わせて結線する

作業ポイント４：接地極付 200V コンセント

動画
接地極付 200V
コンセントへの結
線作業

200V 接地極付コンセントの裏面左側が接地線を結線する端子，右側が電源端子となるので，結線時に間違えないように注意する．

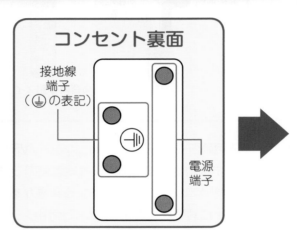

作業ポイント５：電線接続

動画
電線接続の作業

【リングスリーブ接続】

リングスリーブ接続では，充電部の露出が 10mm 未満であれば，絶縁被覆の端が多少不揃いでもよい．また，リングスリーブ上端から出ている心線が 5mm 未満になるように端末処理を必ず行うこと．心線が 5mm 以上出ている場合は欠陥となるので注意．

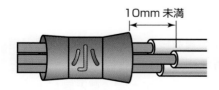

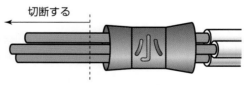

【差込形コネクタ接続】

差込形コネクタ接続では，差込形コネクタの先端から心線が見えるまで電線を差し込む．心線が先端から見えていないと欠陥になるので，電線を差し込む際に確認する．

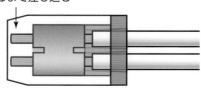

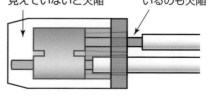

132

2024年度 第一種電気工事士技能試験

候補問題 No.1 完成参考写真

動画 作品の確認作業と注意点

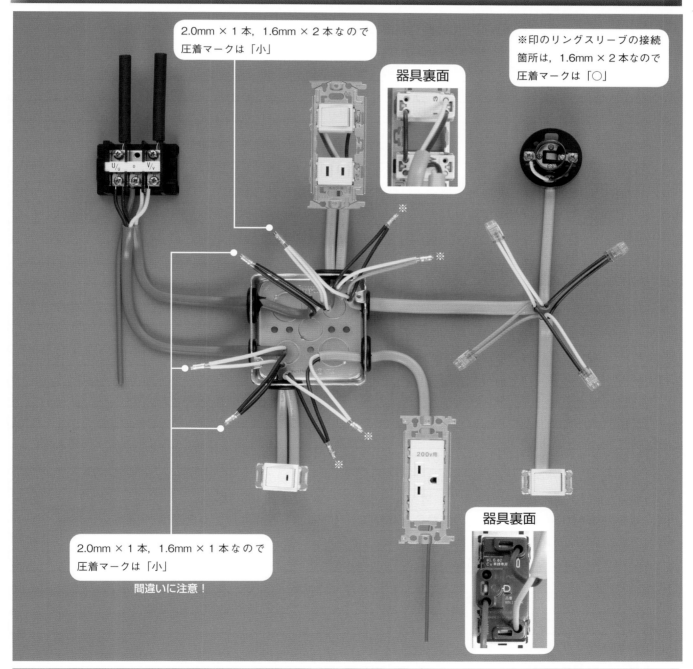

2.0mm × 1本, 1.6mm × 2本なので圧着マークは「小」

器具裏面

※印のリングスリーブの接続箇所は, 1.6mm × 2本なので圧着マークは「○」

2.0mm × 1本, 1.6mm × 1本なので圧着マークは「小」

間違いに注意!

200v用

器具裏面

※複線図の描き方④（127ページ）の複線図に基づいた完成参考写真です.

 本年度公表された候補問題（本書5ページ参照）には, 注記5. に「電源・機器・器具の配置については変更する場合がある.」とあるため, 公表された候補問題の電源・機器・器具の配置が変更されて出題される可能性があります.

候補問題 No.1　欠陥チェック

	欠 陥 の 項 目	✓
全体共通部分	未完成（未着手，未接続，未結線，取付枠の未取付）	
	配線・器具の配置・電線の種類が配線図と相違	
	配線図に示された寸法の 50％以下で完成させている	
	回路の誤り（誤結線，誤接続）	
	施工条件と電線色別が相違，接地側・非接地側電線の色別相違，器具の極性相違	
	取付枠を指定部分以外に使用	
	ケーブルシースに 20mm 以上の縦割れがある	
	ケーブルを折り曲げると絶縁被覆が露出する傷がある	
	絶縁被覆を折り曲げると心線が露出する傷がある	
	心線を折り曲げると心線が折れる程度の傷がある	
	より線を減線している（素線の一部を切断したもの）	
	アウトレットボックスに余分な打ち抜きをした	
	ゴムブッシングの使用不適切（未取付・穴の径と異なる）	
	材料表以外の材料を使用している（試験時は支給品以外）	
電線相互の接続部分	ジョイントボックス内の接続を指定された接続方法以外で行っている	
	圧着接続での圧着マークの誤り	
	リングスリーブを破損している	
	圧着マークの一部が欠けている	
	リングスリーブに 2 つ以上の圧着マークがある	
	1 箇所の接続に 2 個以上のリングスリーブを使用している	
	接続部先端の端末処理が適切でない（心線が 5mm 以上露出している）	
	リングスリーブの下端から心線が 10mm 以上露出している	
	ケーブルシースのはぎ取り不足で絶縁被覆が 20mm 以下	
	絶縁被覆の上から圧着したもの	
	リングスリーブを上から目視して，接続する心線の先端が接続本数分見えていないもの	
	差込形コネクタの先端部分に心線が見えていない	
	差込形コネクタの下端部分から心線が露出している	
器具等との結線部分	心線をねじで締め付けていないもの（端子ねじのゆるい締め付け）	
	絶縁被覆の上から端子ねじを締め付けている，または，より線の素線の一部が未挿入	
	端子台，埋込連用器具への結線で，電線を引っ張ると端子から心線が抜ける	
	絶縁被覆をむき過ぎて端子台の端から心線が露出（高圧側：20mm 以上，低圧側：5mm 以上）	
	ねじの端から心線が 5mm 以上露出している（※ランプレセプタクル）	
	ケーブル引込口を通さずに台座の上からケーブルを結線（※ランプレセプタクル）	
	ケーブルシースが台座まで入っていない（※ランプレセプタクル）	
	ねじの巻付けが左巻き，3/4 周以下，重ね巻き（※ランプレセプタクル）	
	ランプレセプタクルのカバーが適切に締まらないもの	
	心線が端子から露出している（※埋込連用器具：2mm 以上）	
	取付枠に器具の取付不適の場合（裏返し・器具を引っ張ると外れる・取付位置の誤り）	
	器具を破損させたまま使用	

総合チェック

134

主な欠陥例

★は特に多い欠陥例

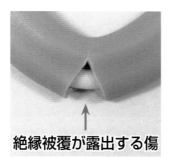

絶縁被覆が露出する傷

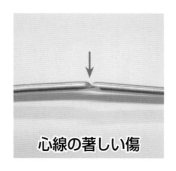

心線が露出する傷

心線の著しい傷

★

器具の極性相違

★

カバーが締まらない

被覆の上からねじ締め

★

シースが台座に入っていない

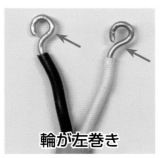

輪が左巻き

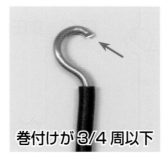

巻付けが3/4周以下

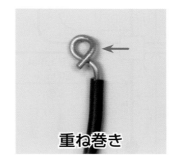

重ね巻き

より線の一部が未挿入

接地線が
未結線

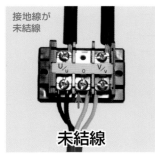

未結線

ゴムブッシング未使用

径を間違えて使用

取付位置の誤り

心線の露出

★

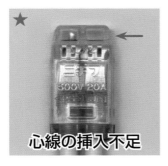

心線の挿入不足

2.0mmと1.6mmの2本
接続は「小」の圧着マーク

★

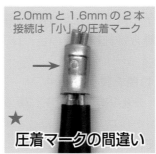

圧着マークの間違い

被覆の上から圧着

端末処理の不適切

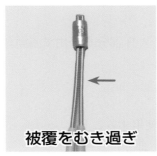

被覆をむき過ぎ

絶縁被覆が短い

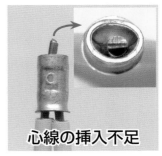

心線の挿入不足

135

※図2は124ページと同じです．

図1．配線図

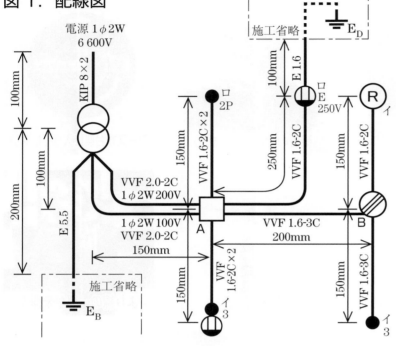

図2．変圧器代用の端子台説明図

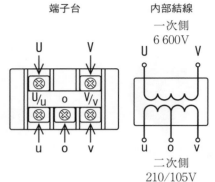

図3．変圧器結線図

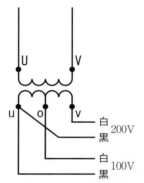

（接地線の表示は省略してある）

■別想定の施工条件

1．配線及び器具の配置は，図1に従って行うこと．

2．変圧器代用の端子台は，図2に従って使用すること．

3．変圧器代用の端子台の結線は，図3に従って行うこと．

4．3路スイッチの配線方法は，次によること．

　・3路スイッチの記号「0」の端子には電源側又は負荷側の電線を結線し，
　　記号「1」と「3」の端子にはスイッチ相互間の電線を結線する．

5．電線の色別（ケーブルの場合は絶縁被覆の色）は，次によること．

　①接地線は，緑色を使用する．

　②接地側電線は，すべて白色を使用する．

　③100V回路の3路スイッチ及びコンセントに至る非接地側電線は，すべて黒色を使用する．

　④200V回路の変圧器u相からコンセントに至る配線は，すべて黒色を使用する．

　⑤次の器具の端子には，白色の電線を結線する．

　　・ランプレセプタクルの受金ねじ部の端子

　　・コンセントの接地側極端子（Wと表示）

6．ジョイントボックスA及びVVF用ジョイントボックスB部分を経由する電線は，その部分ですべて接続箇所を設け，その接続方法は，次によること．

　①A部分は，リングスリーブによる接続とする．

　②B部分は，差込形コネクタによる接続とする．

7．ジョイントボックスは，打抜き済みの穴だけをすべて使用すること．

8．埋込連用取付枠は，3路スイッチ（イ）及びコンセント部分に使用すること．

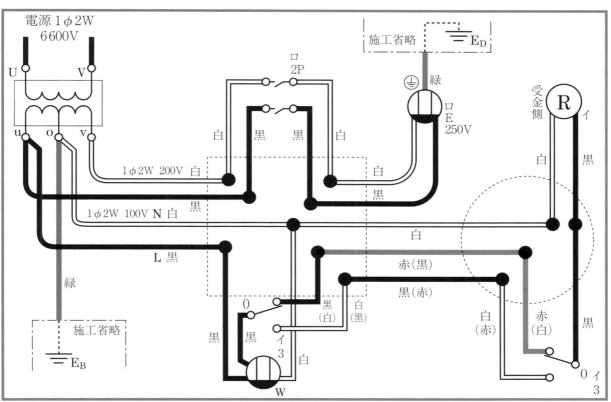

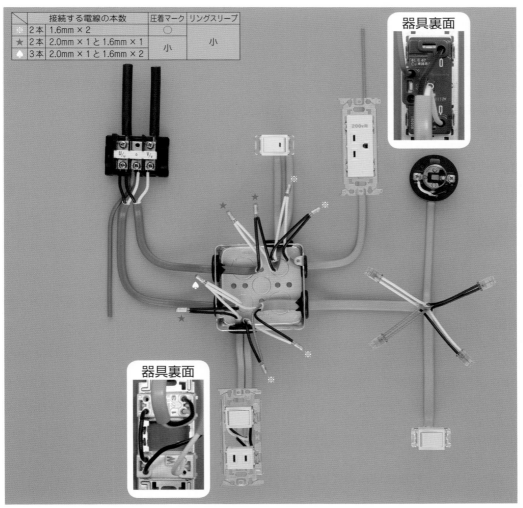

No.1の別想定(2)

※候補問題 No.1 については，過去の試験で，公表された候補問題の器具の配置を変更した配線図で出題されています．

※図 2，図 3，施工条件は 124 ～ 125 ページと同じです．

図 1．配線図

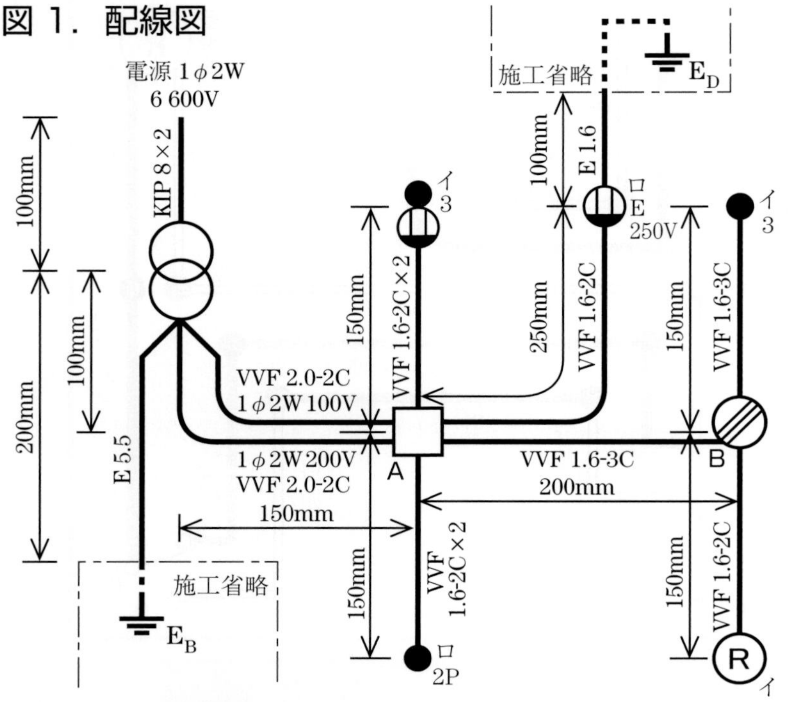

電源 1φ2W
6 600V
KIP 8×2
100mm
200mm
100mm
E 5.5
施工省略
E_B
VVF 2.0-2C
1φ2W 100V
1φ2W 200V
VVF 2.0-2C
150mm
A
イ
3
150mm
VVF 1.6-2C×2
VVF
1.6-2C×2
150mm
ロ
2P
施工省略
E_D
100mm
E 1.6
ロ
E
250V
250mm
VVF 1.6-2C
VVF 1.6-3C
200mm
イ
3
150mm
VVF 1.6-3C
B
150mm
VVF 1.6-2C
R
イ

図 2．変圧器代用の端子台説明図

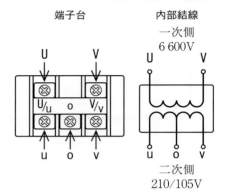

端子台
内部結線
一次側
6 600V
U
V
U/u
o
V/v
u
o
v
二次側
210/105V

図 3．変圧器結線図

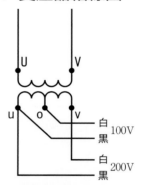

U
V
u
o
v
白
黒
100V
白
黒
200V

（接地線の表示は省略してある）

■想定した施工条件

1．配線及び器具の配置は，図 1 に従って行うこと．

2．変圧器代用の端子台は，図 2 に従って使用すること．

3．変圧器代用の端子台の結線は，図 3 に従って行うこと．

4．スイッチの配線方法は，次によること．

・3 路スイッチの記号「0」の端子には電源側又は負荷側の電線を結線し，記号「1」と「3」の端子にはスイッチ相互間の電線を結線する．

・100V 回路においては電源から 3 路スイッチ（イ）とコンセントの組合せ部分に至る電源側電線には，2 心ケーブル 1 本を使用すること．

・200V 回路においては電源からスイッチ（ロ）に至る電源側電線には，2 心ケーブル 1 本を使用すること．

5．電線の色別（ケーブルの場合は絶縁被覆の色）は，次によること．

① 接地線は，**緑色**を使用する．

② 接地側電線は，すべて**白色**を使用する．

③ 100V 回路の 3 路スイッチ（イ）とコンセントの組合せ部分に至る非接地側電線は，すべて**黒色**を使用する．

④ 200V 回路の変圧器 u 相からコンセントに至る配線は，すべて**黒色**を使用する．

⑤ 次の器具の端子には，**白色**の電線を結線する．

・ランプレセプタクルの受金ねじ部の端子

・コンセントの接地側極端子（W と表示）

6．ジョイントボックス A 及び VVF 用ジョイントボックス B 部分を経由する電線は，その部分ですべて接続箇所を設け，その接続方法は，次によること．

① A 部分は，リングスリーブによる接続とする．

② B 部分は，差込形コネクタによる接続とする．

7．ジョイントボックスは，**打抜き済みの穴だけをすべて**使用すること．

8．埋込連用取付枠は，3 路スイッチ（イ）とコンセントの組合せ部分に使用すること．

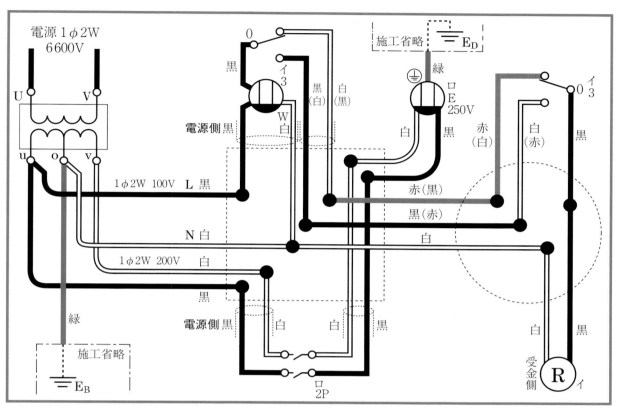

電源1φ2W
6600V

U　V

電源側黒

1φ2W 100V　L　黒

N　白

1φ2W 200V　白

黒

緑

施工省略

EB

施工省略　ED

W
白

黒
3

黒
（白）

白
（黒）

電源側黒　白　白　黒

ロ
2P

E
250V

緑

白　黒

赤
（白）

赤（黒）

黒（赤）

白

白
（赤）

白

0
3

黒

白　黒

受
金
側

R

イ

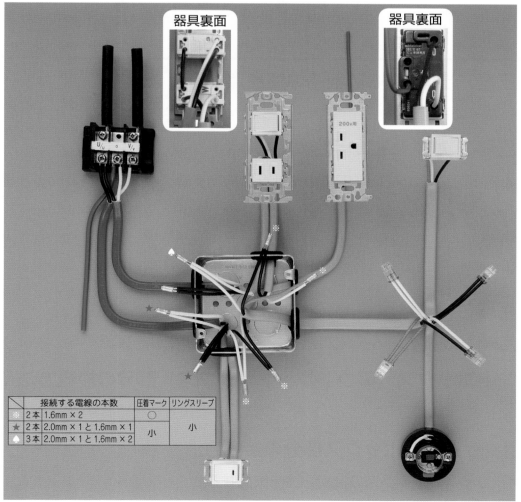

器具裏面

器具裏面

	接続する電線の本数	圧着マーク	リングスリーブ
※	2本 1.6mm × 2	○	
★	2本 2.0mm × 1 と 1.6mm × 1	小	小
♠	3本 2.0mm × 1 と 1.6mm × 2		

　本書の各候補問題の解説は，あくまでも想定に基づいたものです．実際の試験で出題される問題と本書の解説は同一のものではないため，受験時には，下記の部分について問題用紙をよく読んだ上で作業してください．

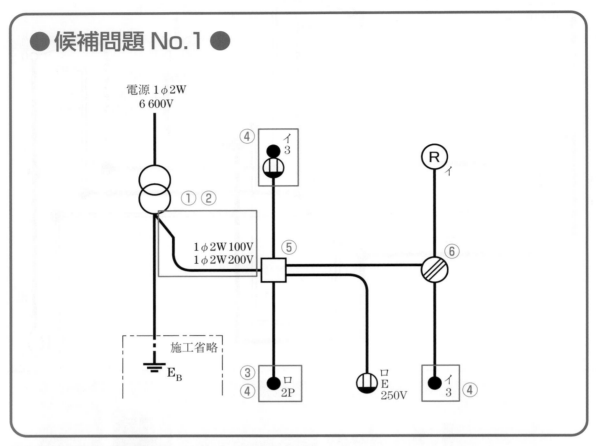

①単相変圧器二次側 200V 回路の注意点

　・結線する端子の指定：u 端子と v 端子の電線色別が指定されているか確認する．

②単相変圧器二次側 100V 回路の注意点

　・結線する端子の指定：100V 回路の電線を結線する端子が指定されているか確認する．

③両切スイッチの注意点

　・施工条件に極性についての指定がないか確認する．

④埋込連用取付枠の注意点

　・埋込連用取付枠をどの埋込器具に使用するのか，施工条件を確認する．

⑤ジョイントボックス（アウトレットボックス）部分の接続方法

　・ジョイントボックス（アウトレットボックス）の接続方法を確認する．

⑥ VVF 用ジョイントボックス部分の接続方法

　・VVF 用ジョイントボックスの接続方法を確認する．

候補問題 No.2 問題例

寸法・施工種別・施工条件等を想定して，問題形式にしました．

《 想定した材料等の確認 》

作業開始前に準備した材料等を下記の材料表と必ず照合し，材料の不足があれば，必要分を揃えて下さい．

想定した使用材料

（注）下記の想定した材料表のリングスリーブの個数には予備品の数は含まれていません．実際の試験では，材料表には予備品を含んだリングスリーブの総数が示され，材料箱内にリングスリーブの予備品もセットされて支給されます．

材　　　　　料	
1. 高圧絶縁電線（KIP），8mm²，長さ約200mm	1本
2. 600V ビニル絶縁ビニルシースケーブル平形（シース青色），2.0mm，2心，長さ約500mm	1本
3. 600V ビニル絶縁ビニルシースケーブル平形，1.6mm，3心，長さ約1100mm	1本
4. 600V ビニル絶縁ビニルシースケーブル平形，1.6mm，2心，長さ約550mm	1本
5. 600V ビニル絶縁電線，5.5mm²，黒色，長さ約200mm	1本
6. 600V ビニル絶縁電線，5.5mm²，白色，長さ約200mm	1本
7. 600V ビニル絶縁電線，5.5mm²，緑色，長さ約200mm	1本
8. 端子台（変圧器の代用），3P，大	1個
9. 端子台（自動点滅器の代用），3P，小	1個
10. 配線用遮断器（100V，2極1素子）	1個
11. ランプレセプタクル（カバーなし）	1個
12. 埋込連用タンブラスイッチ（片切）	1個
13. 埋込連用タンブラスイッチ（3路）	1個
14. 埋込連用取付枠	1枚
15. ジョイントボックス（アウトレットボックス 19mm 4箇所 ノックアウト打抜き済み）	1個
16. ゴムブッシング（19）	4個
17. リングスリーブ（小）	4個
18. 差込形コネクタ（2本用）	1個
19. 差込形コネクタ（3本用）	2個

材料の写真

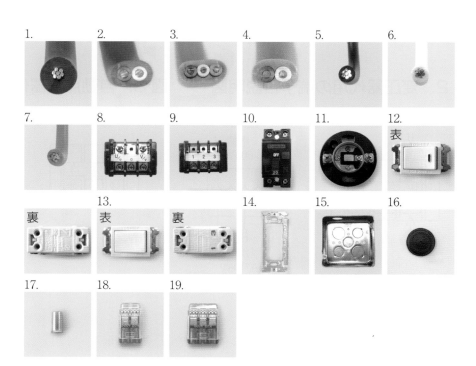

候補問題 No.2 問題例 ［試験時間　60分］

図1に示す配線工事を想定した材料を使用し，「施工条件」に従って完成させなさい．なお，

1. 変圧器及び自動点滅器は端子台で代用する．
2. —・—・— で示した部分は施工を省略する．
3. VVF用ジョイントボックス及びスイッチボックスは準備していないので，その取り付けは省略する．
4. 電線接続箇所のテープ巻きや絶縁キャップによる絶縁処理は省略する．
5. ジョイントボックス（アウトレットボックス）の接地工事は省略する．
6. 作品は保護板（板紙）に取り付けないものとする．

図1. 配線図

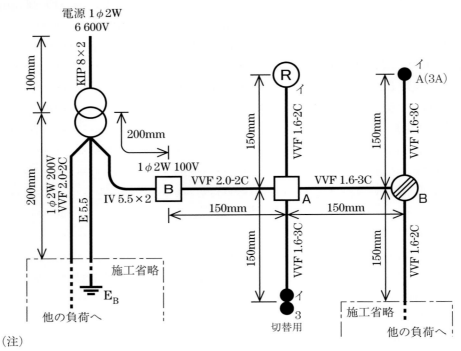

(注)

1. 図記号は，原則として JIS C 0617-1〜13 及び JIS C 0303:2000 に準拠して示してある．
   また，作業に直接関係のない部分等は，省略又は簡略化してある．

2. Ⓡ はランプレセプタクルを示す．

図2. 変圧器代用の端子台説明図

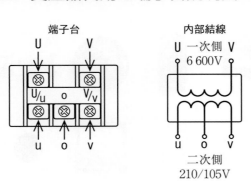

図3. 自動点滅器代用の端子台説明図

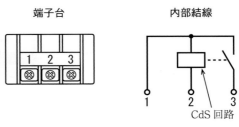

図4. ランプレセプタクル回路の展開接続図

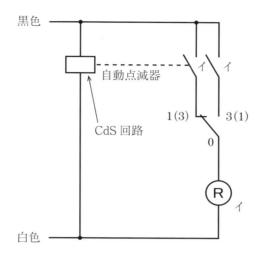

■想定した施工条件

1. 配線及び器具の配置は，**図1**に従って行うこと．
2. 変圧器代用の端子台は，**図2**に従って使用すること．
3. 自動点滅器代用の端子台は，**図3**に従って使用すること．
4. ランプレセプタクル回路の接続は，**図4**に従って行うこと．
5. 電線の色別（ケーブルの場合は絶縁被覆の色）は，次によること．
　　① 接地線は，**緑色**を使用する．
　　② 接地側電線は，すべて**白色**を使用する．
　　③ 変圧器二次側から点滅器イ，自動点滅器及び他の負荷（1φ2W 100V）に至る非接地側電線は，**黒色**を使用する．
　　④ 次の器具の端子には，**白色**の電線を結線する．
　　　・配線用遮断器の接地側極端子（Nと表示）
　　　・ランプレセプタクルの受金ねじ部の端子
6. ジョイントボックスA及びVVF用ジョイントボックスB部分を経由する電線は，その部分ですべて接続箇所を設け，その接続方法は，次によること．
　　① A部分は，リングスリーブによる接続とする．
　　② B部分は，差込形コネクタによる接続とする．
7. ジョイントボックスは，**打抜き済みの穴だけをすべて**使用すること．

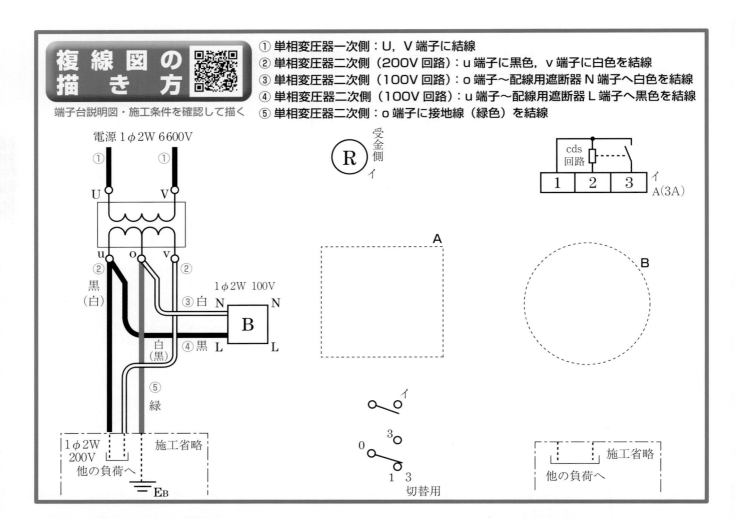

複線図の描き方

端子台説明図・施工条件を確認して描く

① 単相変圧器一次側：U，V 端子に結線
② 単相変圧器二次側（200V 回路）：u 端子に黒色，v 端子に白色を結線
③ 単相変圧器二次側（100V 回路）：o 端子〜配線用遮断器 N 端子へ白色を結線
④ 単相変圧器二次側（100V 回路）：u 端子〜配線用遮断器 L 端子へ黒色を結線
⑤ 単相変圧器二次側：o 端子に接地線（緑色）を結線

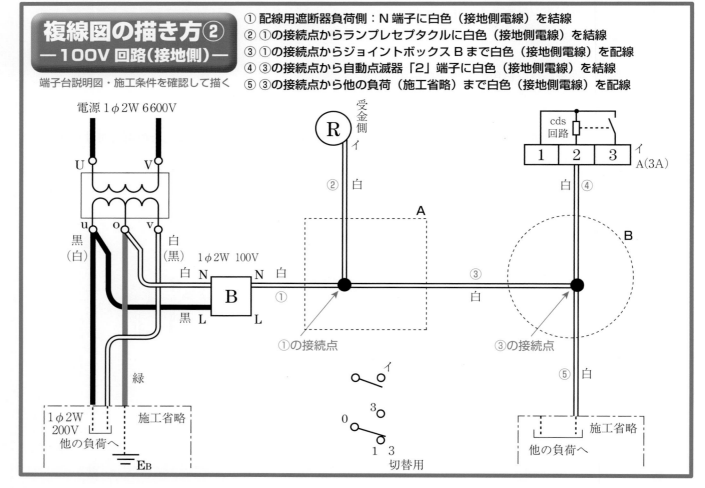

複線図の描き方②
—100V 回路（接地側）—

端子台説明図・施工条件を確認して描く

① 配線用遮断器負荷側：N 端子に白色（接地側電線）を結線
② ①の接続点からランプレセプタクルに白色（接地側電線）を結線
③ ①の接続点からジョイントボックス B まで白色（接地側電線）を配線
④ ③の接続点から自動点滅器「2」端子に白色（接地側電線）を結線
⑤ ③の接続点から他の負荷（施工省略）まで白色（接地側電線）を配線

144

複線図の描き方③
―100V 回路（非接地側）―

① 配線用遮断器負荷側：L 端子に黒色（非接地側電線）を結線
② ①の接続点から点滅器イに黒色（非接地側電線）を結線
③ ①の接続点からジョイントボックス B まで黒色（非接地側電線）を配線
④ ③の接続点から自動点滅器「1」端子に黒色（非接地側電線）を結線
⑤ ③の接続点から他の負荷（施工省略）まで黒色（非接地側電線）を配線

端子台説明図・施工条件を確認して描く
電源 1φ2W 6600V

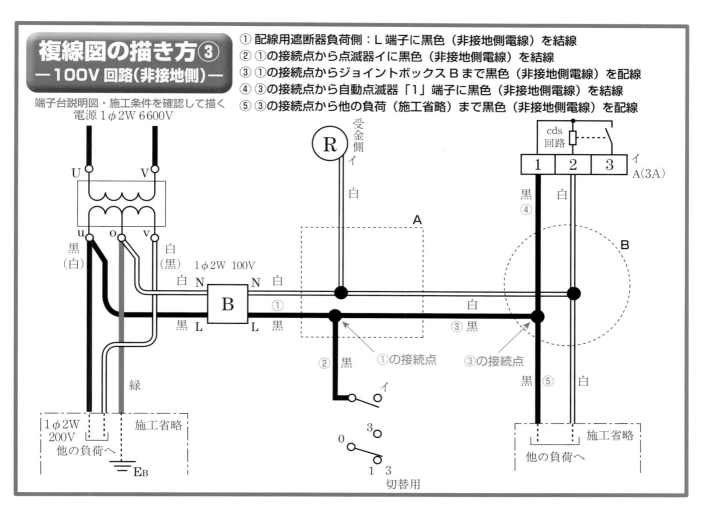

複線図の描き方④
―100V 回路（点滅回路）―

① 点滅器イと３路スイッチ「3」端子に黒色（渡り線）を結線
② ３路スイッチ「1」端子に赤色を結線
③ ②の接続点からジョイントボックス B まで赤色を配線
④ ③の接続点から自動点滅器「3」端子に赤色を結線
⑤ ３路スイッチ「0」端子に白色，その接続点から黒色をランプレセプタクルへ

端子台説明図・展開接続図を確認して描く
電源 1φ2W 6600V

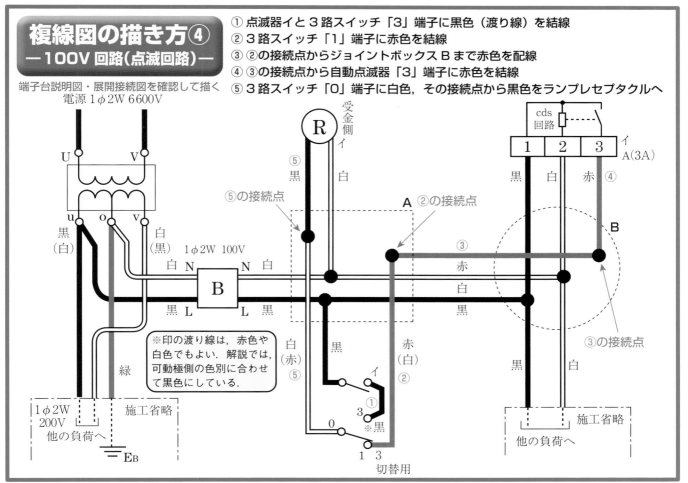

※印の渡り線は，赤色や白色でもよい．解説では，可動極側の色別に合わせて黒色にしている．

145

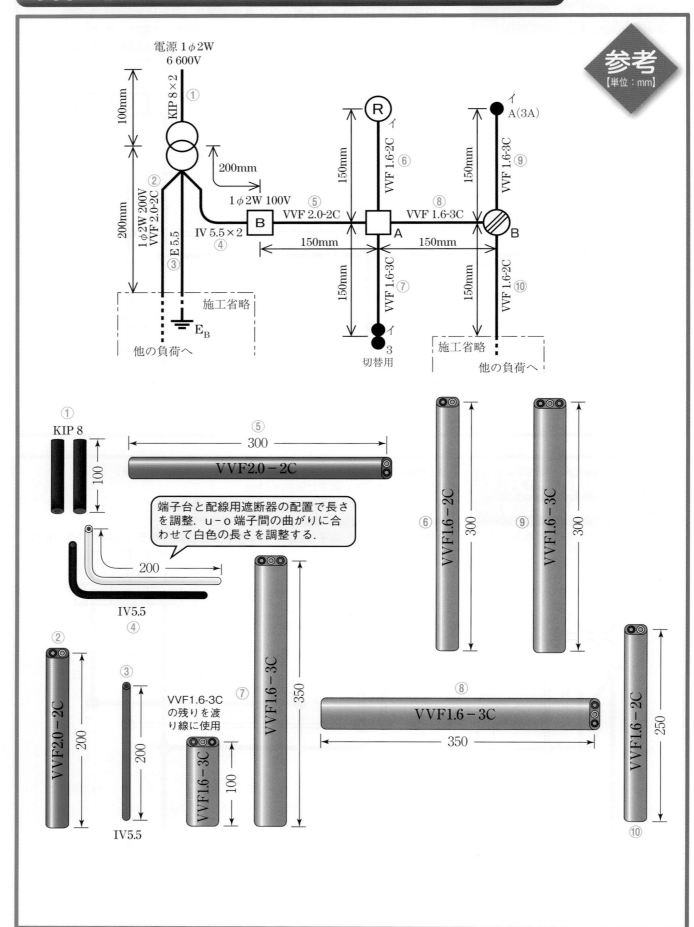

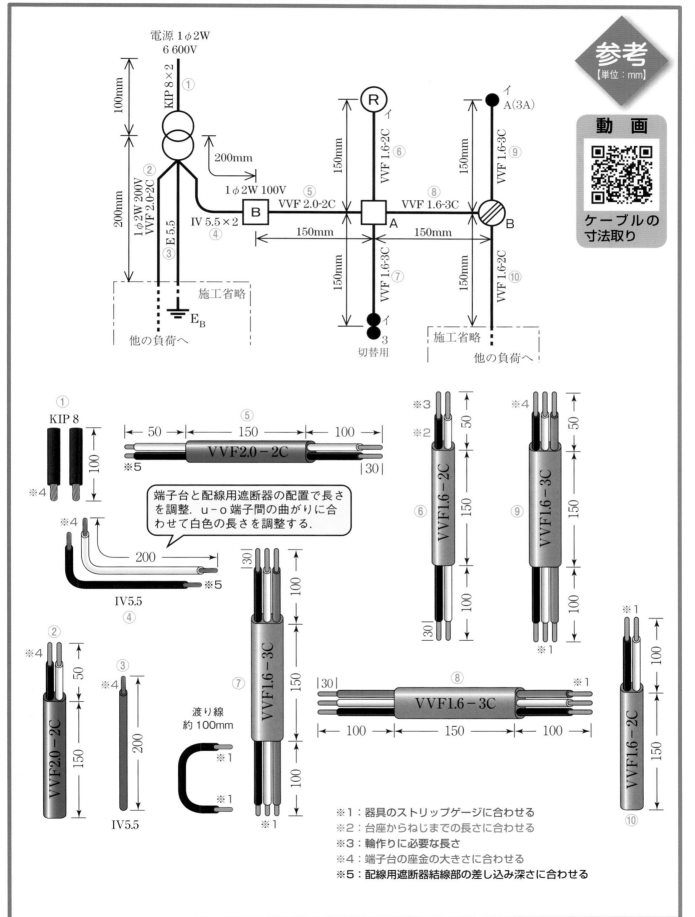

参考
【単位：mm】

候補問題 No.2

動 画

ケーブルの
寸法取り

端子台と配線用遮断器の配置で長さを調整．u－o端子間の曲がりに合わせて白色の長さを調整する．

※1：器具のストリップゲージに合わせる
※2：台座からねじまでの長さに合わせる
※3：輪作りに必要な長さ
※4：端子台の座金の大きさに合わせる
※5：配線用遮断器結線部の差し込み深さに合わせる

作業ポイント1：単相変圧器二次側部分

【二次側：200V回路】

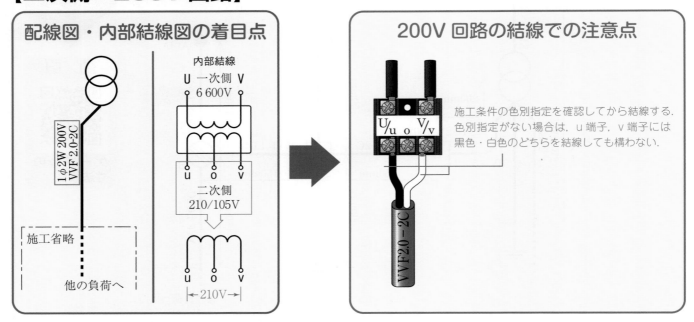

配線図・内部結線図の着目点

200V回路の結線での注意点

施工条件の色別指定を確認してから結線する。色別指定がない場合は，u端子，v端子には黒色・白色のどちらを結線しても構わない。

配線図には，二次側の他の負荷へ（省略部分）に至る部分に「1φ2W200V」と示されているので，この部分が200V回路となる．また，200V回路には「VVF2.0-2C」を使用することも示されている．また内部結線図では，二次側の電圧が「210/105V」とあるので，u－v端子間が200Vと判別する．

【二次側：100V回路】

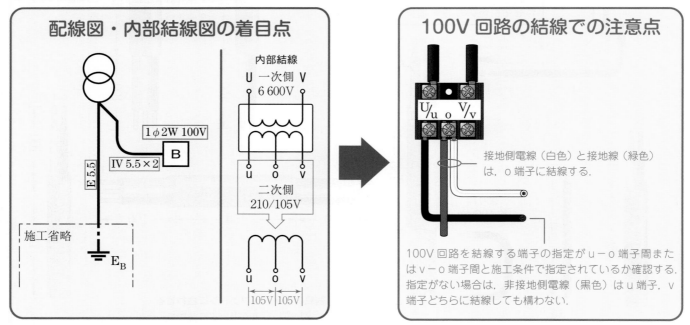

配線図・内部結線図の着目点

100V回路の結線での注意点

接地側電線（白色）と接地線（緑色）は，o端子に結線する．

100V回路を結線する端子の指定がu－o端子間またはv－o端子間と施工条件で指定されているか確認する．指定がない場合は，非接地側電線（黒色）はu端子，v端子どちらに結線しても構わない．

配線図には，二次側の配線用遮断器の上部に，「1φ2W100V」と示されている．このことから配線用遮断器に至る部分が100V回路となる．内部結線図には，二次側の電圧が「210/105V」とあるので，u－o間，v－o間がそれぞれ100Vと判別する．100V回路の場合は，u端子，v端子が非接地側，o端子が接地側となるので，o端子には接地側電線（白色）と接地線（緑色）を結線する．非接地側電線（黒色）の結線は，施工条件の指定に従う．指定がない場合，u，v端子どちらでもよい．

作業ポイント 2：配線用遮断器

動画
配線用遮断器への
結線作業

【極性について】

配線用遮断器は，N端子に接地側電線（白色），L端子には非接地側電線（黒色）を必ず結線する．これは電源側，負荷側とも共通なので，間違えないように注意すること．

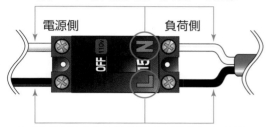

N端子は必ず接地側電線（白色）を結線
電源側　　　　　負荷側
L端子は必ず非接地側電線（黒色）を結線

配線用遮断器の極性表示はメーカにより異なる．Ｔ社は上図のように大文字でL，Nを表示．Ｐ社は各端子部に小文字でL，Nを表示．Ｍ社は接地側端子部に小文字でNを表示．小文字で表示されているメーカのものは特に注意する．

【端子への結線】

各端子への結線は，心線露出の範囲が5mm以下であれば，多少見えていても欠陥対象にならない．

◎ ベストな施工
・真上から見て心線が見えていない

・横から見て絶縁被覆を挟み込んでいない．

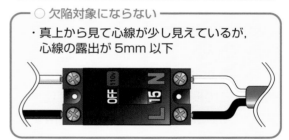

○ 欠陥対象にならない
・真上から見て心線が少し見えているが，心線の露出が5mm以下

作業ポイント 3：連用箇所

動画
切替用3路スイッチ・点滅器イへの結線作業

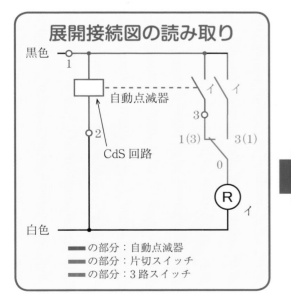

展開接続図の読み取り

黒色
1
自動点滅器
CdS回路
2
1(3)　3(1)
0
白色
R イ
イ

■の部分：自動点滅器
■の部分：片切スイッチ
■の部分：3路スイッチ

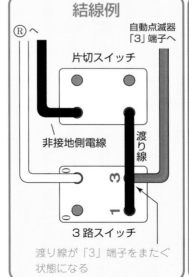

結線例

Ⓡへ
自動点滅器「3」端子へ
片切スイッチ
非接地側電線
渡り線
3路スイッチ
渡り線が「3」端子をまたぐ状態になる

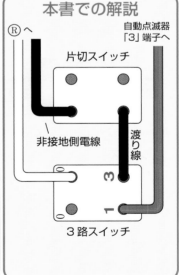

本書での解説

Ⓡへ
自動点滅器「3」端子へ
片切スイッチ
非接地側電線
渡り線
3路スイッチ

展開接続図の自動点滅器，片切スイッチ，3路スイッチを色分けすると左図ようになる．3路スイッチの部分をみると，端子番号が1（3），3（1）となっている．これは自動点滅器「3」端子は3路スイッチ「1」，「3」端子，片切スイッチは3路スイッチ「3」，「1」端子のどちらに接続してもよいことを示している．しかし自動点滅器「3」を3路スイッチ「3」端子，片切スイッチを3路スイッチ「1」端子に結線すると，結線例のように渡り線が赤色の電線をまたぐ状態になるため，作業を考慮するならば本書での解説のように結線するのが好ましい．

149

作業ポイント４：自動点滅器代用端子台

動画
自動点滅器代用端子台への結線作業

展開接続図の読み取り

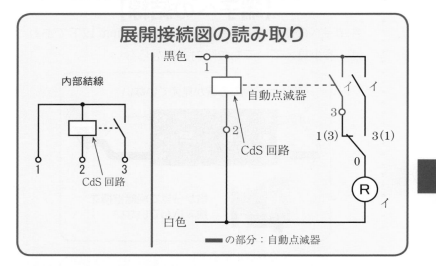

自動点滅器の結線

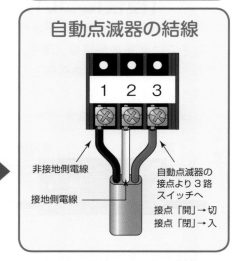

展開接続図の自動点滅器部分に色を付けると左図のようになる．各端子の配置は，図３の内部結線を展開接続図に重ね合わせると判別できる．周囲の明るさを検出するために，cds回路は電源と常時つながっていなければならず，「1」端子には非接地側電線（黒色），「2」端子は接地側電線（白色）を結線する．明るさにより点滅させる「3」端子は，この候補問題では切替用の３路スイッチと接続する．また，点滅器イは点滅を確認するための「手動」に切り替えて試験点灯する場合などに使用する．

作業ポイント５：電線接続

動画
電線接続の作業

【リングスリーブ接続】

リングスリーブ接続では，充電部の露出が10mm未満であれば，絶縁被覆の端が多少不揃いでもよい．

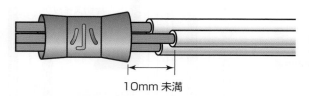

10mm未満

リングスリーブ上端から出ている心線が5mm未満になるように端末処理を必ず行うこと．心線が5mm以上出ている場合は欠陥となるので注意．

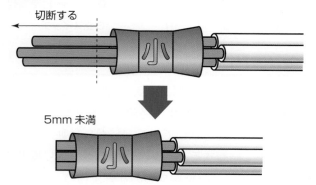

切断する

5mm未満

【差込形コネクタ接続】

差込形コネクタ接続では，差込形コネクタの先端から心線が見えるまで電線を差し込む．心線が先端から見えていないと欠陥になるので，電線を差し込む際に確認する．

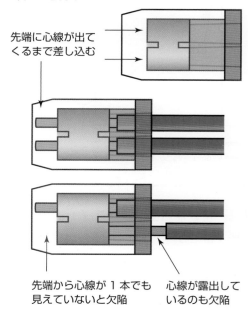

先端に心線が出てくるまで差し込む

先端から心線が１本でも見えていないと欠陥

心線が露出しているのも欠陥

2024年度 第一種電気工事士技能試験

候補問題 No.2 完成参考写真

動画
作品の確認作業
と注意点

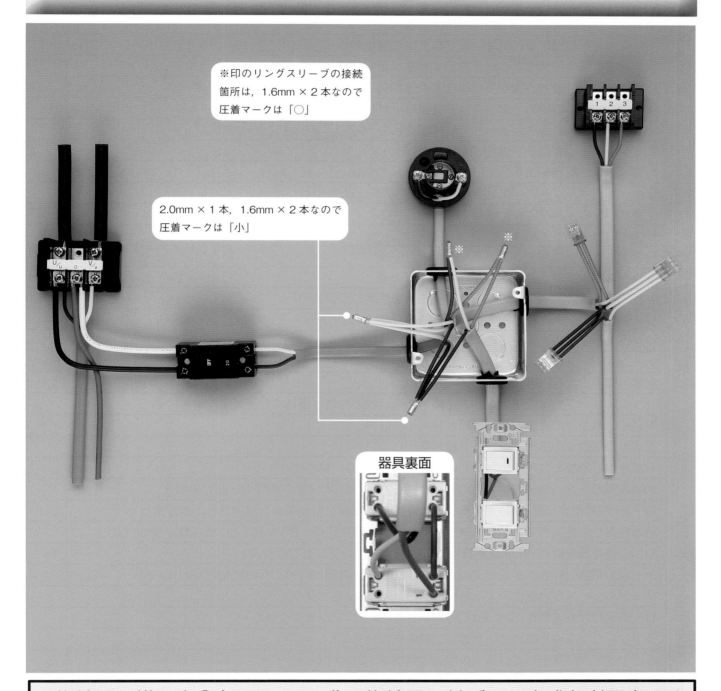

※印のリングスリーブの接続箇所は，1.6mm×2本なので圧着マークは「○」

2.0mm×1本，1.6mm×2本なので圧着マークは「小」

器具裏面

※複線図の描き方④（145ページ）の複線図に基づいた完成参考写真です.

 本年度公表された候補問題（本書5ページ参照）には，注記5. に「電源・機器・器具の配置については変更する場合がある.」とあるため，公表された候補問題の電源・機器・器具の配置が変更されて出題される可能性があります.

候補問題 No.2　欠陥チェック

	欠陥の項目	✓
全体共通部分	未完成（未着手，未接続，未結線，取付枠の未取付）	
	配線・器具の配置・電線の種類が配線図と相違	
	配線図に示された寸法の50%以下で完成させている	
	回路の誤り（誤結線，誤接続）	
	施工条件と電線色別が相違，接地側・非接地側電線の色別相違，器具の極性相違	
	ケーブルシースに20mm以上の縦割れがある	
	ケーブルを折り曲げると絶縁被覆が露出する傷がある	
	絶縁被覆を折り曲げると心線が露出する傷がある	
	心線を折り曲げると心線が折れる程度の傷がある	
	より線を減線している（素線の一部を切断したもの）	
	アウトレットボックスに余分な打ち抜きをした	
	ゴムブッシングの使用不適切（未取付）	
	材料表以外の材料を使用している（試験時は支給品以外）	
電線相互の接続部分	ジョイントボックス内の接続を指定された接続方法以外で行っている	
	圧着接続での圧着マークの誤り	
	リングスリーブを破損している	
	圧着マークの一部が欠けている	
	リングスリーブに2つ以上の圧着マークがある	
	1箇所の接続に2個以上のリングスリーブを使用している	
	接続部先端の端末処理が適切でない（心線が5mm以上露出している）	
	リングスリーブの下端から心線が10mm以上露出している	
	ケーブルシースのはぎ取り不足で絶縁被覆が20mm以下	
	絶縁被覆の上から圧着したもの	
	リングスリーブを上から目視して，接続する心線の先端が接続本数分見えていないもの	
	差込形コネクタの先端部分に心線が見えていない	
	差込形コネクタの下端部分から心線が露出している	
器具等との結線部分	心線をねじで締め付けていないもの（端子ねじのゆるい締め付け）	
	絶縁被覆の上から端子ねじを締め付けている，または，より線の素線の一部が未挿入	
	端子台，配線用遮断器，埋込連用器具への結線で，電線を引っ張ると端子から心線が抜ける	
	絶縁被覆をむき過ぎて端子台の端から心線が露出（高圧側：20mm以上，低圧側：5mm以上）	
	ねじの端から心線が5mm以上露出している（※ランプレセプタクル）	
	ケーブル引込口を通さずに台座の上からケーブルを結線（※ランプレセプタクル）	
	ケーブルシースが台座まで入っていない（※ランプレセプタクル）	
	ねじの巻付けが左巻き，3/4周以下，重ね巻き（※ランプレセプタクル）	
	ランプレセプタクルのカバーが適切に締まらないもの	
	心線が端子から露出している（※埋込連用器具：2mm以上）	
	取付枠に器具の取付不適の場合（裏返し・器具を引っ張ると外れる・取付位置の誤り）	
	器具を破損させたまま使用	
	総合チェック	

主な欠陥例

★は特に多い欠陥例

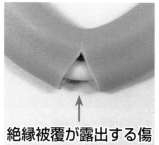

絶縁被覆が露出する傷

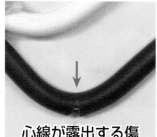

心線が露出する傷

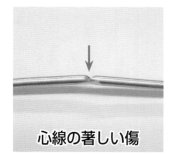

心線の著しい傷

★

器具の極性相違

★

カバーが締まらない

★

シースが台座に入っていない

輪が左巻き

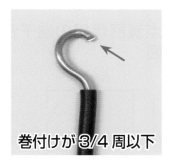

巻付けが 3/4 周以下

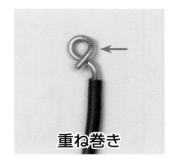

重ね巻き

より線の一部が未挿入

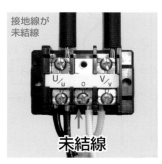

接地線が未結線

未結線

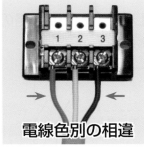

電線色別の相違

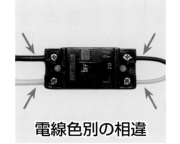

電線色別の相違

心線の露出

ゴムブッシング未使用

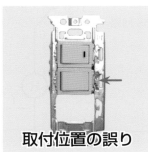

取付位置の誤り

心線の露出

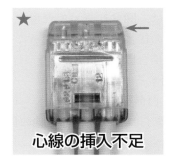

★

心線の挿入不足

被覆の上から圧着

端末処理の不適切

被覆をむき過ぎ

被覆が 20mm 以下

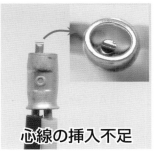

心線の挿入不足

153

※図 2，図 3，図 4，施工条件は 142 ～ 143 ページと同じです．

図 1. 配線図

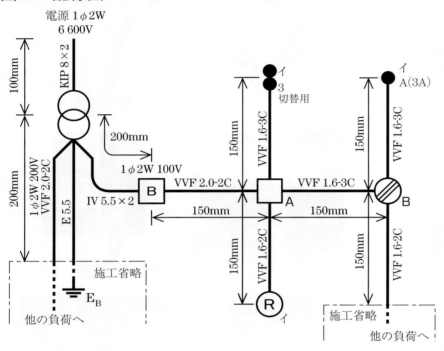

図 2. 変圧器代用の端子台説明図

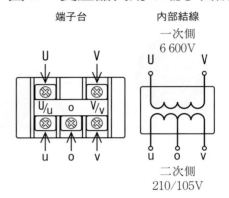

図 3. 自動点滅器代用の端子台説明図

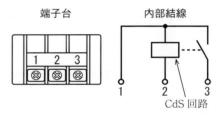

図 4. ランプレセプタクル回路の展開接続図

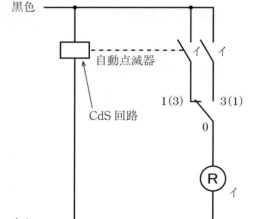

■想定した施工条件

1. 配線及び器具の配置は，図 1 に従って行うこと．
2. 変圧器代用の端子台は，図 2 に従って使用すること．
3. 自動点滅器代用の端子台は，図 3 に従って使用すること．
4. ランプレセプタクル回路の接続は，図 4 に従って行うこと．
5. 電線の色別（ケーブルの場合は絶縁被覆の色）は，次によること．
   ① 接地線は，緑色を使用する．
   ② 接地側電線は，すべて白色を使用する．
   ③ 変圧器二次側から点滅器イ，自動点滅器及び他の負荷（1φ2W 100V）に至る非接地側電線は，黒色を使用する．
   ④ 次の器具の端子には，白色の電線を結線する．
   ・配線用遮断器の接地側極端子（N と表示）
   ・ランプレセプタクルの受金ねじ部の端子
6. ジョイントボックス A 及び VVF 用ジョイントボックス B 部分を経由する電線は，その部分ですべて接続箇所を設け，その接続方法は，次によること．
   ① A 部分は，リングスリーブによる接続とする．
   ② B 部分は，差込形コネクタによる接続とする．
7. ジョイントボックスは，打抜き済みの穴だけをすべて使用すること．

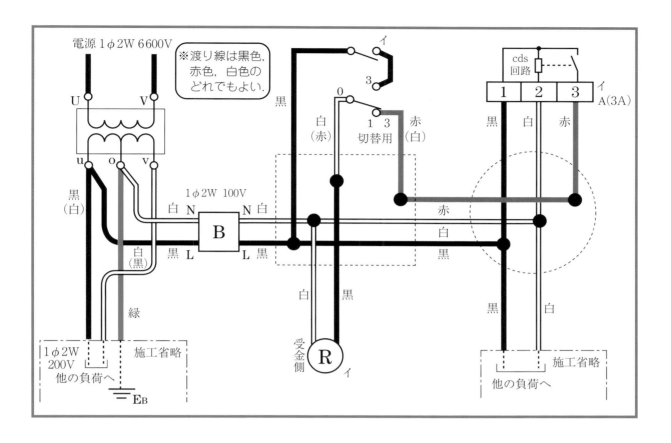

電源1φ2W 6600V

※渡り線は黒色,赤色,白色のどれでもよい.

1φ2W 100V

他の負荷へ

施工省略

受金側 R イ

他の負荷へ 施工省略

	接続する電線の本数	圧着マーク	リングスリーブ
❋ 2本	1.6mm×2	○	小
♠ 3本	2.0mm×1 と 1.6mm×2	小	小

器具裏面

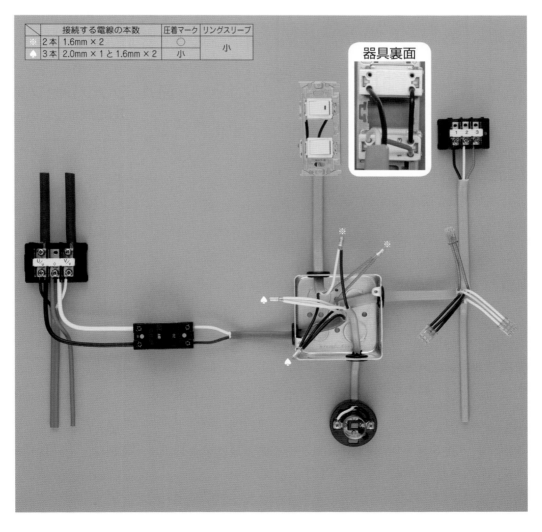

155

※図2，図3，図4，施工条件は 142 ～ 143 ページと同じです．

図1．配線図

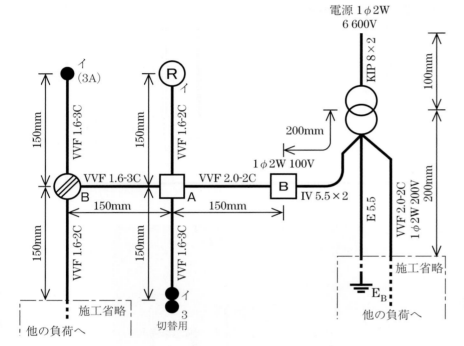

図2．変圧器代用の端子台説明図

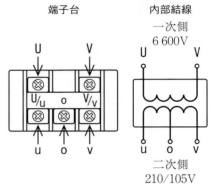

図3．自動点滅器代用の端子台説明図

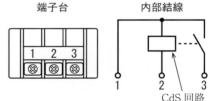

図4．ランプレセプタクル回路の展開接続図

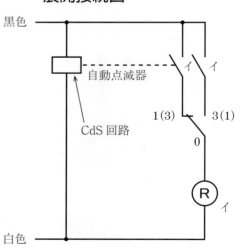

■想定した施工条件

1．配線及び器具の配置は，**図1** に従って行うこと．
2．変圧器代用の端子台は，**図2** に従って使用すること．
3．自動点滅器代用の端子台は，**図3** に従って使用すること．
4．ランプレセプタクル回路の接続は，**図4** に従って行うこと．
5．電線の色別（ケーブルの場合は絶縁被覆の色）は，次によること．
　①接地線は，**緑色**を使用する．
　②接地側電線は，すべて**白色**を使用する．
　③変圧器二次側から点滅器イ，自動点滅器及び他の負荷（1φ2W 100V）に至る非接地側電線は，**黒色**を使用する．
　④次の器具の端子には，**白色**の電線を結線する．
　　・配線用遮断器の接地側極端子（Nと表示）
　　・ランプレセプタクルの受金ねじ部の端子
6．ジョイントボックス A 及び VVF 用ジョイントボックス B 部分を経由する電線は，その部分ですべて接続箇所を設け，その接続方法は，次によること．
　　①A 部分は，リングスリーブによる接続とする．
　　②B 部分は，差込形コネクタによる接続とする．
7．ジョイントボックスは，**打抜き済みの穴だけをすべて使用すること．**

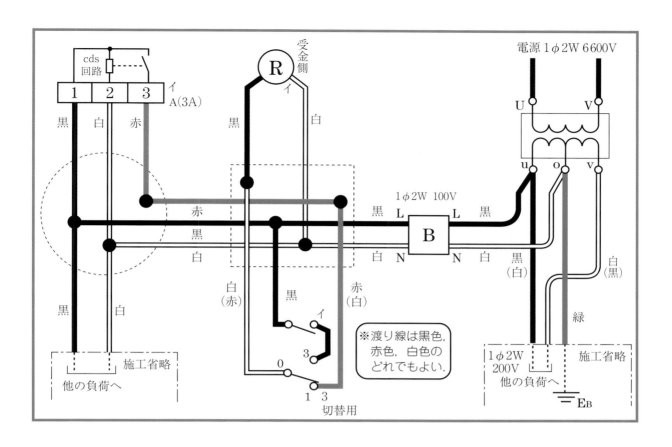

	接続する電線の本数	圧着マーク	リングスリーブ
※	2本 1.6mm × 2	○	小
♠	3本 2.0mm × 1 と 1.6mm × 2	小	小

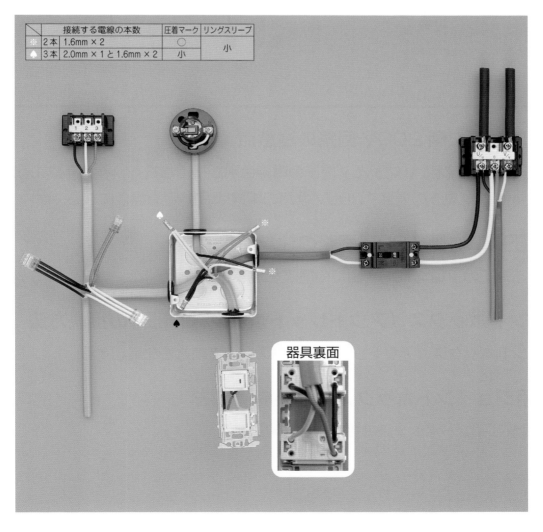

器具裏面

　本書の各候補問題の解説は，あくまでも想定に基づいたものです．実際の試験で出題される問題と本書の解説は同一のものではないため，受験時には，下記の部分について問題用紙をよく読んだ上で作業してください．

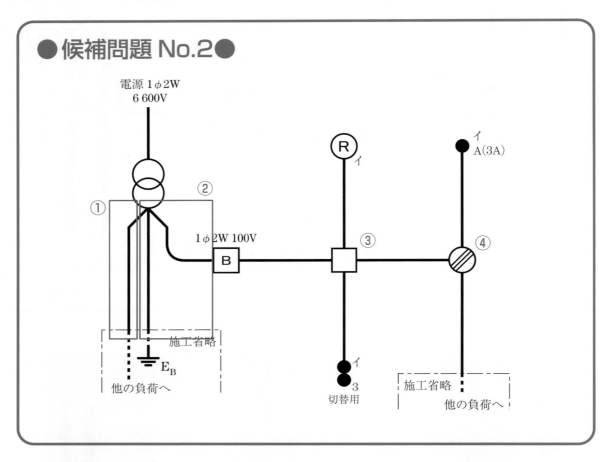

①単相変圧器二次側200V回路の注意点

　・結線する端子の指定：u端子とv端子の電線色別が指定されているか確認する．

　・支給材料がIV（黒）の場合：200V回路の電線は2本とも黒色になる．

②単相変圧器二次側100V回路の注意点

　・結線する端子の指定：100V回路の電線を結線する端子が指定されているか確認する．

③ジョイントボックス（アウトレットボックス）部分の接続方法

　・ジョイントボックス（アウトレットボックス）の接続方法を確認する．

④ VVF用ジョイントボックス部分の接続方法

　・VVF用ジョイントボックスの接続方法を確認する．

《 想定した材料等の確認 》

作業開始前に準備した材料等を下記の材料表と必ず照合し，材料の不足があれば，必要分を揃えて下さい．

想定した使用材料

	材　　料	
1.	高圧絶縁電線（KIP），8mm²，長さ約500mm	1本
2.	600V ビニル絶縁ビニルシースケーブル平形（シース青色），2.0mm，3心，長さ約400mm	1本
3.	600V ビニル絶縁ビニルシースケーブル平形（シース青色），2.0mm，2心，長さ約450mm	1本
4.	600V ビニル絶縁ビニルシースケーブル平形，1.6mm，3心，長さ約450mm	1本
5.	600V ビニル絶縁ビニルシースケーブル平形，1.6mm，2心，長さ約1650mm	1本
6.	600V ビニル絶縁電線，5.5mm²，緑色，長さ約200mm	1本
7.	600V ビニル絶縁電線，1.6mm，緑色，長さ約150mm	1本
8.	端子台（変圧器の代用），2P，大	1個
9.	端子台（変圧器の代用），3P，大	1個
10.	ランプレセプタクル（カバーなし）	1個
11.	引掛シーリングローゼット（ボディのみ）	1個
12.	埋込連用タンブラスイッチ（片切）	2個
13.	埋込連用接地極付コンセント	1個
14.	埋込連用取付枠	1枚
15.	ジョイントボックス（アウトレットボックス 19mm 4箇所ノックアウト打抜き済み）	1個
16.	ゴムブッシング（19）	4個
17.	リングスリーブ（小）	3個
18.	リングスリーブ（中）	1個
19.	差込形コネクタ（2本用）	4個

（注）上記の想定した材料表のリングスリーブの個数には予備品の数は含まれていません．実際の試験では，材料表には予備品を含んだリングスリーブの総数が示され，材料箱内にはリングスリーブの予備品もセットされて支給されます．

材料の写真

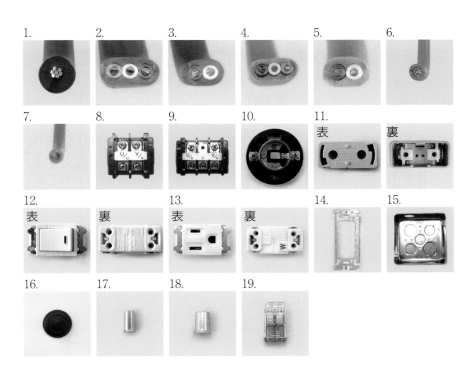

159

候補問題 No.3 問題例 ［試験時間 60分］

図1に示す配線工事を想定した材料を使用し，「施工条件」に従って完成させなさい．なお，

1. 変圧器は端子台で代用する．
2. ―・―・― で示した部分は施工を省略する．
3. VVF用ジョイントボックス及びスイッチボックスは準備していないので，その取り付けは省略する．
4. 電線接続箇所のテープ巻きや絶縁キャップによる絶縁処理は省略する．
5. ジョイントボックス（アウトレットボックス）の接地工事は省略する．
6. 作品は保護板（板紙）に取り付けないものとする．

図1. 配線図

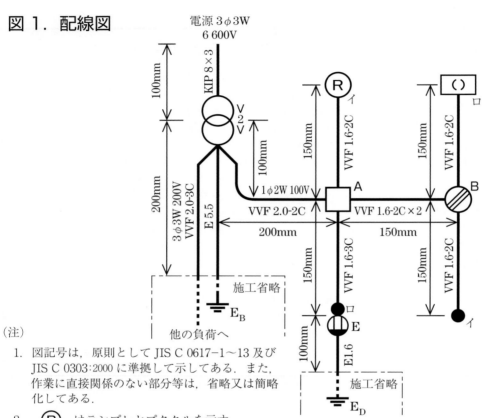

（注）

1. 図記号は，原則として JIS C 0617-1〜13 及び JIS C 0303：2000 に準拠して示してある．また，作業に直接関係のない部分等は，省略又は簡略化してある．

2. ⓡ はランプレセプタクルを示す．

図2. 変圧器代用の端子台説明図

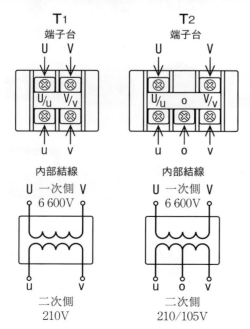

図3. 変圧器結線図

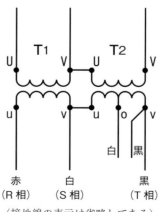

160

■想定した施工条件

1. 配線及び器具の配置は，図1に従って行うこと．
2. 変圧器代用の端子台は，図2に従って使用すること．
3. 変圧器代用の端子台の結線及び配置は，図3に従い，かつ，次のように行うこと．
    ① 変圧器二次側の単相負荷回路は，変圧器 T2 の o，v の端子に結線する．
    ② 接地線は，変圧器 T2 の o 端子に結線する．
    ③ 変圧器代用の端子台の二次側端子の**渡り線**は，太さ 2.0mm（白色）を使用する．
4. 電線の色別（ケーブルの場合は絶縁被覆の色）は，次によること．
    ① 接地線は，**緑色**を使用する．
    ② 接地側電線は，すべて**白色**を使用する．
    ③ 変圧器二次側から点滅器及びコンセントに至る非接地側電線は，すべて**黒色**を使用する．
    ④ 三相負荷回路の配線は，R 相に**赤色**，S 相に**白色**，T 相に**黒色**を使用する．
    ⑤ 次の器具の端子には，**白色**の電線を結線する．
        ・ランプレセプタクルの受金ねじ部の端子
        ・コンセントの接地側極端子（W と表示）
        ・引掛シーリングローゼットの接地側極端子（W 又は接地側と表示）
5. ジョイントボックス A 及び VVF 用ジョイントボックス B 部分を経由する電線は，その部分ですべて接続箇所を設け，その接続方法は，次によること．
    ① A 部分は，リングスリーブによる接続とする．
    ② B 部分は，差込形コネクタによる接続とする．
6. ジョイントボックスは，**打抜き済みの穴だけ**をすべて使用すること．
7. 埋込連用取付枠は，点滅器（ロ）及びコンセント部分に使用すること．

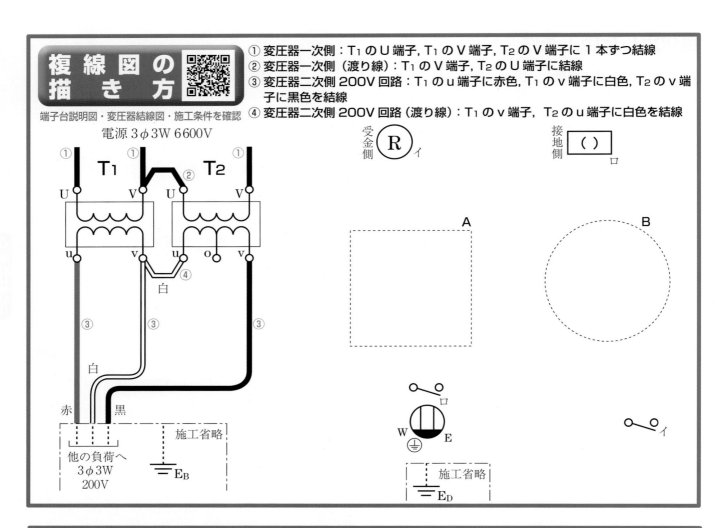

複線図の描き方
端子台説明図・変圧器結線図・施工条件を確認

① 変圧器一次側：T₁のU端子, T₁のV端子, T₂のV端子に1本ずつ結線
② 変圧器一次側（渡り線）：T₁のV端子, T₂のU端子に結線
③ 変圧器二次側200V回路：T₁のu端子に赤色, T₁のv端子に白色, T₂のv端子に黒色を結線
④ 変圧器二次側200V回路（渡り線）：T₁のv端子, T₂のu端子に白色を結線

電源 3φ3W 6600V

受金側 R イ

接地側 （ ） ロ

施工省略 E_B
他の負荷へ
3φ3W
200V

A

B

W E

施工省略 E_D

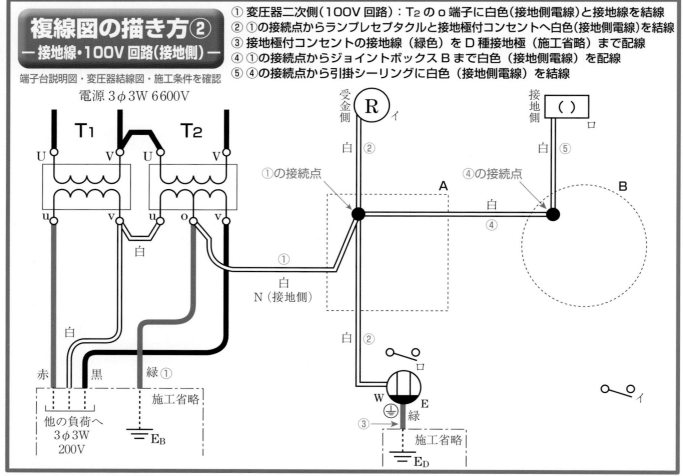

複線図の描き方②
― 接地線・100V回路（接地側）―
端子台説明図・変圧器結線図・施工条件を確認

① 変圧器二次側（100V回路）：T₂のo端子に白色（接地側電線）と接地線を結線
② ①の接続点からランプレセプタクルと接地極付コンセントへ白色（接地側電線）を結線
③ 接地極付コンセントの接地線（緑色）をD種接地極（施工省略）まで配線
④ ①の接続点からジョイントボックスBまで白色（接地側電線）を配線
⑤ ④の接続点から引掛シーリングに白色（接地側電線）を結線

電源 3φ3W 6600V

受金側 R イ

接地側 （ ） ロ

①の接続点

④の接続点

A

B

白 N（接地側）

W E

施工省略 E_D

緑

他の負荷へ
3φ3W
200V

施工省略 E_B

緑①

複線図の描き方③
―変圧器～100V回路（非接地側）―

① 変圧器二次側（100V回路）：T₂のv端子に黒色（非接地側電線）を結線
② ①の接続点から点滅器ロへ黒色（非接地側電線）を結線
③ 点滅器ロから接地極付コンセントへ黒色の渡り線（非接地側電線）を結線
④ ①の接続点からジョイントボックスBまで黒色（非接地側電線）を配線
⑤ ④の接続点から点滅器イへ黒色（非接地側電線）を結線

端子台説明図・変圧器結線図・施工条件を確認

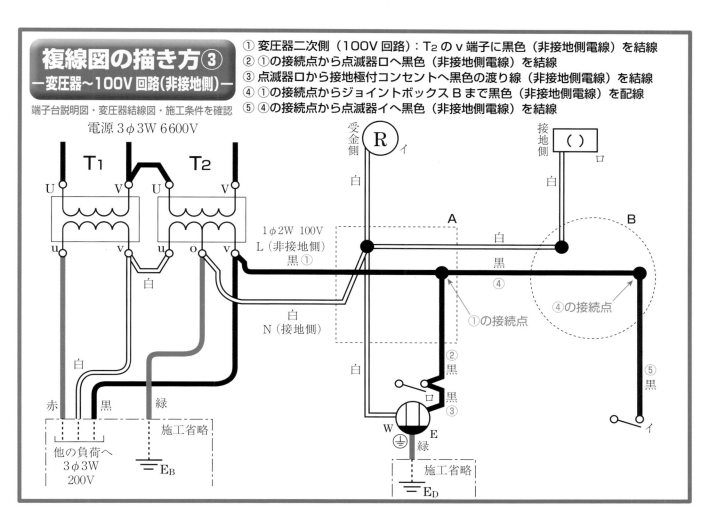

複線図の描き方④
―点滅回路―

① 点滅器イに白色を結線し，その接続点からジョイントボックスAまで白色を配線
② ①の接続点からランプレセプタクルに黒色を配線
③ 点滅器ロに赤色を結線し，その接続点からジョイントボックスBまで黒色を配線
④ ③の接続点から引掛シーリングに黒色を結線

施工条件を確認

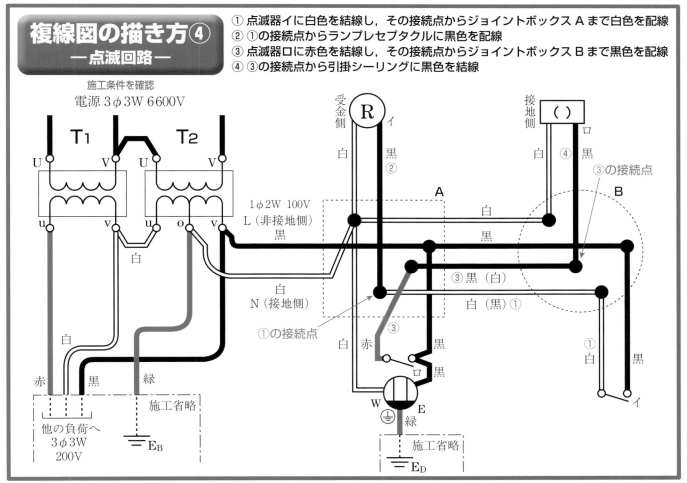

163

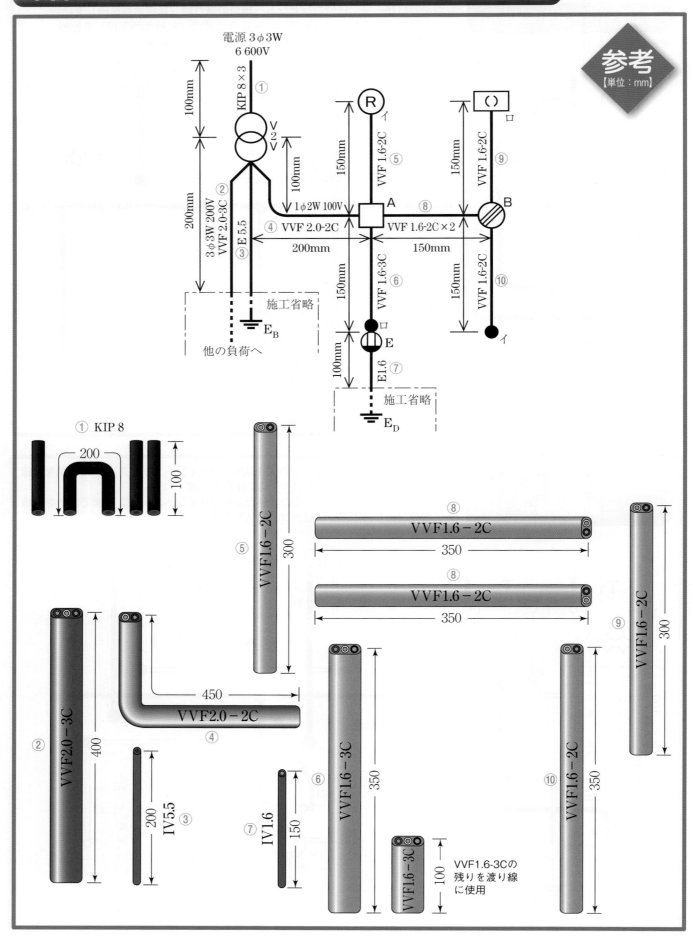

参考
【単位：mm】

電源 3φ3W
6 600V

100mm
KIP 8×3 ①

V 2 V

200mm
3φ3W 200V
VVF 2.0-3C ②

100mm
1φ2W 100V

E 5.5 ③

④ VVF 2.0-2C
200mm

A

⑧ VVF 1.6-2C×2
150mm

B

150mm
VVF 1.6-2C ⑤

R イ

150mm
VVF 1.6-2C ⑨

（ ） ロ

150mm
VVF 1.6-3C ⑥

ロ
E
100mm
E1.6 ⑦

施工省略
E_D

150mm
VVF 1.6-2C ⑩

イ

施工省略

他の負荷へ

E_B

① KIP 8
200
100

⑤ VVF1.6－2C
300

⑧ VVF1.6－2C
350

⑧ VVF1.6－2C
350

⑨ VVF1.6－2C
300

② VVF2.0－3C
400

③ IV5.5
200

④ VVF2.0－2C
450

⑥ VVF1.6－3C
350

⑦ IV1.6
150

VVF1.6－3C
100
VVF1.6-3Cの
残りを渡り線
に使用

⑩ VVF1.6－2C
350

164

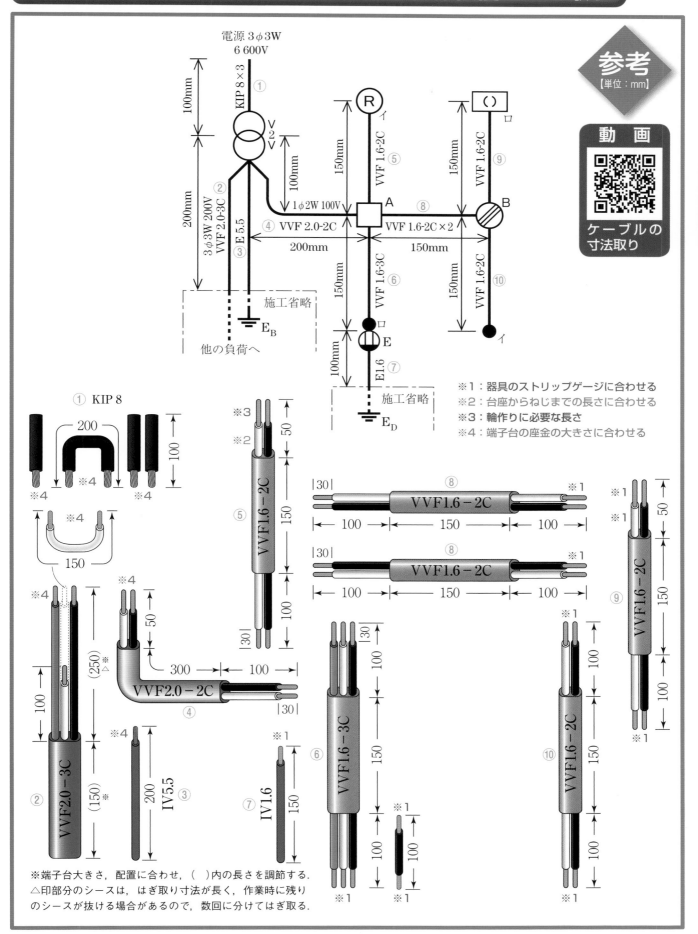

※1：器具のストリップゲージに合わせる
※2：台座からねじまでの長さに合わせる
※3：輪作りに必要な長さ
※4：端子台の座金の大きさに合わせる

※端子台大きさ，配置に合わせ，（ ）内の長さを調節する.
△印部分のシースは，はぎ取り寸法が長く，作業時に残り
のシースが抜ける場合があるので，数回に分けてはぎ取る.

動画
変圧器代用端子台
への結線作業

【一次側】

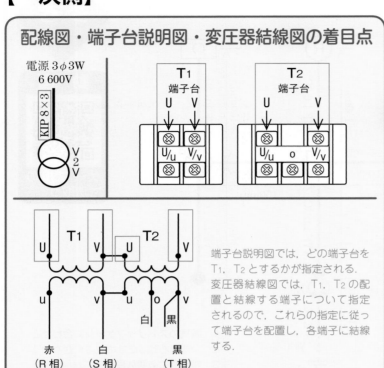

配線図・端子台説明図・変圧器結線図の着目点

端子台説明図では，どの端子台をT₁，T₂とするかが指定される．変圧器結線図では，T₁，T₂の配置と結線する端子について指定されるので，これらの指定に従って端子台を配置し，各端子に結線する．

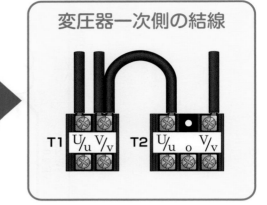

変圧器一次側の結線

配線図には，変圧器一次側に「KIP8 × 3」と示されているので，変圧器一次側に結線するKIPは3本と判別する．結線する端子は変圧器結線図より，T₁のU，V端子，T₂のV端子に結線すると判別する．また，変圧器結線図を見るとT₁のV端子とT₂のU端子が結ばれているので，これらの端子間にKIPの渡り線を結線することも判別する．

【二次側200V回路】

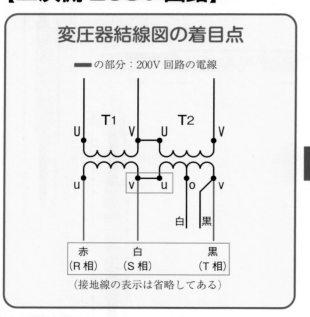

変圧器結線図の着目点

■の部分：200V回路の電線

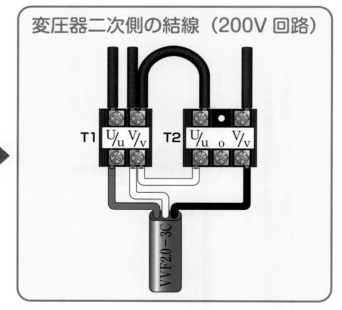

変圧器二次側の結線（200V回路）

変圧器結線図について，二次側の200V回路に色を付けると左図のようになる．変圧器結線図には各相の電線色別が示されるので，これらからT₁のu端子に赤色，T₁のv端子に白色，T₂のv端子に黒色を結線する．また，T₁のv端子とT₂のu端子が結ばれているので，これらの端子間には渡り線を結線する．渡り線に使用する電線の太さと電線色別は施工条件で指定されるので，その指定に従う．

【二次側 100V 回路】

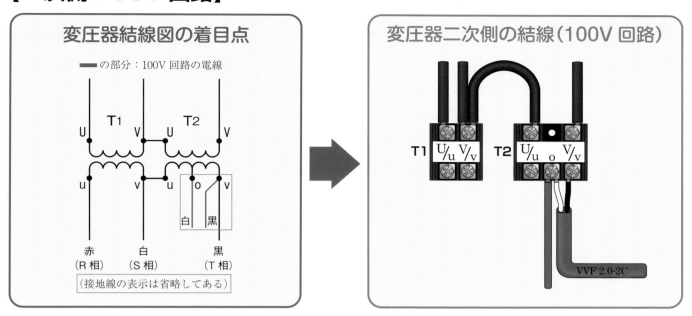

変圧器結線図について，二次側の 100V 回路に色を付けると左図のようになる．この指定に従い，T₂ の v 端子に 100V 回路の非接地側電線（黒色），T₂ の o 端子に 100V 回路の接地側電線（白色）を結線する．また，変圧器結線図では接地線の表示は省略されるため，施工条件において接地側電線（白色）を結線する o 端子に接地線を結線することが指定される．見落とさないように注意すること．

動画
埋込器具連用箇所
への結線作業

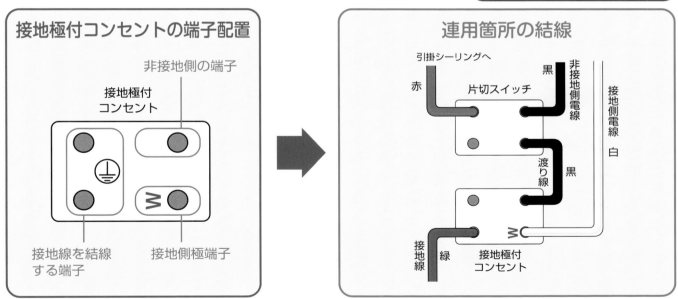

この候補問題の連用箇所では，片切スイッチと接地極付コンセントに非接地側電線（黒色）を結線する必要がある．接地極付コンセントの端子配置は左図のようになっており，非接地側の端子が 1 つのみ（送り端子がない）であるため，電源からの非接地側電線（黒色）は片切スイッチに結線し，片切スイッチと接地極付コンセントに黒色の渡り線を結線する．接地側電線（白色）は，接地極付コンセントの W 表記のある端子に結線し，赤色は引掛シーリングとつながる電線になる．接地線（緑色）は，接地極付コンセントの裏面左側の端子に結線する．この端子は上下とも接地線を結線する端子なので，上下どちらに結線してもよい．

動画
電線の接続作業

この候補問題では，「点滅器イ」，「点滅器ロ」の片切スイッチが２箇所に配置されているので，電線接続の際に点滅器の電線と照明器具の電線の組み合わせを間違えないように注意する．点滅器イとランプレセプタクル，点滅器ロと引掛シーリングローゼットの組み合わせが正しい接続となる．

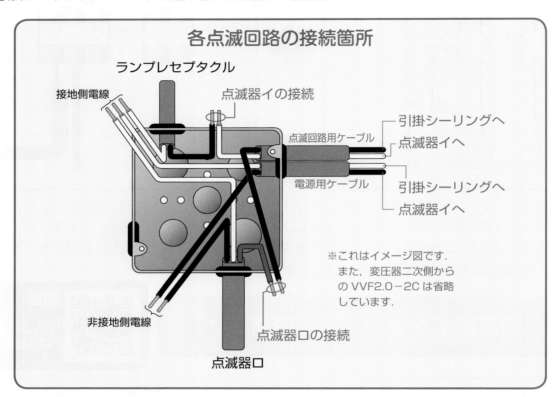

各点滅回路の接続箇所

ランプレセプタクル
接地側電線
点滅器イの接続
引掛シーリングへ
点滅回路用ケーブル
点滅器イへ
電源用ケーブル
引掛シーリングへ
点滅器イへ
非接地側電線
※これはイメージ図です．また，変圧器二次側からのVVF2.0－2Cは省略しています．
点滅器ロの接続
点滅器ロ

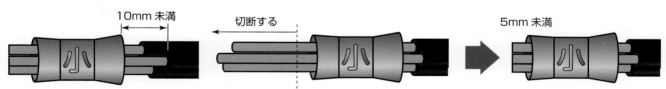

作業ポイント４：電線接続 2

【リングスリーブ接続】

リングスリーブ接続では，充電部の露出が10mm未満であれば，絶縁被覆の端が多少不揃いでもよい．また，リングスリーブ上端から出ている心線が5mm未満になるように端末処理を必ず行うこと．

10mm未満
切断する
5mm未満

【差込形コネクタ接続】

差込形コネクタ接続では，差込形コネクタの先端から心線が見えるまで電線を差し込む．心線が先端から見えていないと欠陥になるので，電線を差し込む際に確認する．

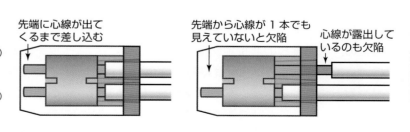

先端に心線が出てくるまで差し込む
先端から心線が１本でも見えていないと欠陥
心線が露出しているのも欠陥

2024年度 第一種電気工事士技能試験
候補問題 No.3 完成参考写真

動画
作品の確認作業
と注意点

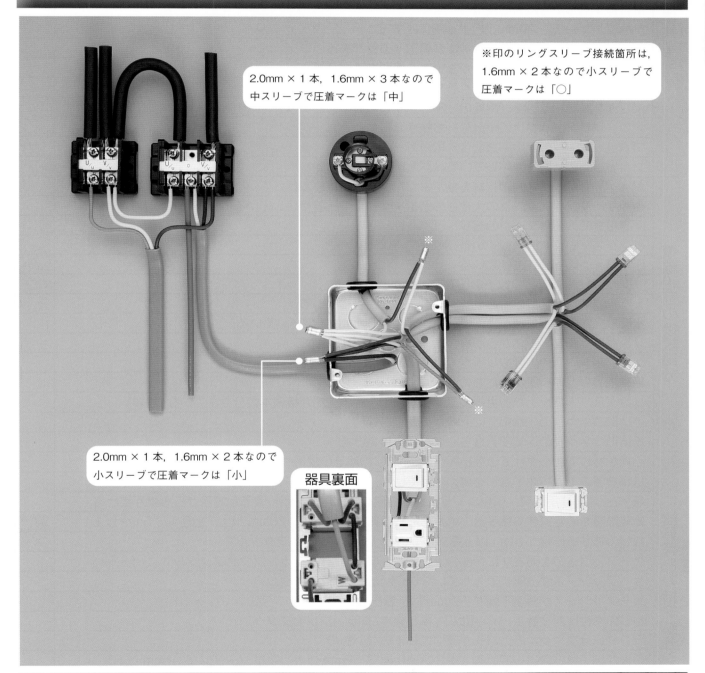

2.0mm × 1本，1.6mm × 3本なので中スリーブで圧着マークは「中」

※印のリングスリーブ接続箇所は，1.6mm × 2本なので小スリーブで圧着マークは「○」

2.0mm × 1本，1.6mm × 2本なので小スリーブで圧着マークは「小」

器具裏面

※複線図の描き方④（163ページ）の複線図に基づいた完成参考写真です．

注意！ 本年度公表された候補問題（本書5ページ参照）には，注記5.に「電源・機器・器具の配置については変更する場合がある.」とあるため，公表された候補問題の電源・機器・器具の配置が変更されて出題される可能性があります.

	欠陥の項目	✓
全体共通部分	未完成（未着手，未接続，未結線，取付枠の未取付）	
	配線・器具の配置・電線の種類が配線図と相違	
	配線図に示された寸法の 50％以下で完成させている	
	回路の誤り（誤結線，誤接続）	
	施工条件と電線色別が相違，接地側・非接地側電線の色別相違，器具の極性相違	
	取付枠を指定部分以外に使用	
	ケーブルシースに 20mm 以上の縦割れがある	
	ケーブルを折り曲げると絶縁被覆が露出する傷がある	
	絶縁被覆を折り曲げると心線が露出する傷がある	
	心線を折り曲げると心線が折れる程度の傷がある	
	より線を減線している（素線の一部を切断したもの）	
	アウトレットボックスに余分な打ち抜きをした	
	ゴムブッシングの使用不適切（未取付）	
	材料表以外の材料を使用している（試験時は支給品以外）	
電線相互の接続部分	ジョイントボックス内の接続を指定された接続方法以外で行っている	
	使用するリングスリーブの大きさの選択を間違えて圧着接続している	
	圧着接続での圧着マークの誤り	
	リングスリーブを破損している	
	圧着マークの一部が欠けている	
	リングスリーブに 2 つ以上の圧着マークがある	
	1 箇所の接続に 2 個以上のリングスリーブを使用している	
	接続部先端の端末処理が適切でない（心線が 5mm 以上露出している）	
	リングスリーブの下端から心線が 10mm 以上露出している	
	ケーブルシースのはぎ取り不足で絶縁被覆が 20mm 以下	
	絶縁被覆の上から圧着したもの	
	リングスリーブを上から目視して，接続する心線の先端が接続本数分見えていないもの	
	差込形コネクタの先端部分に心線が見えていない	
	差込形コネクタの下端部分から心線が露出している	
器具等との結線部分	心線をねじで締め付けていないもの（端子ねじのゆるい締め付け）	
	絶縁被覆の上から端子ねじを締め付けている，または，より線の素線の一部が未挿入	
	端子台，埋込連用器具，引掛シーリングへの結線で，電線を引っ張ると端子から心線が抜ける	
	絶縁被覆をむき過ぎて端子台の端から心線が露出（高圧側：20mm 以上，低圧側：5mm 以上）	
	ねじの端から心線が 5mm 以上露出している（※ランプレセプタクル）	
	ケーブル引込口を通さずに台座の上からケーブルを結線（※ランプレセプタクル）	
	ケーブルシースが台座まで入っていない（※ランプレセプタクル）	
	ケーブルシースが台座下端から 5mm 以上露出（※引掛シーリング）	
	ねじの巻付けが左巻き，3/4 周以下，重ね巻き（※ランプレセプタクル）	
	ランプレセプタクルのカバーが適切に締まらないもの	
	心線が端子から露出している（※埋込連用器具：2mm 以上，引掛シーリング：1mm 以上）	
	取付枠に器具の取付不適の場合（裏返し・器具を引っ張ると外れる・取付位置の誤り）	
	器具を破損させたまま使用	
	総合チェック	

主な欠陥例

★は特に多い欠陥例

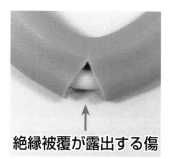
絶縁被覆が露出する傷

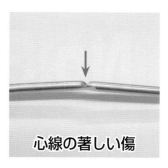
心線が露出する傷

心線の著しい傷

★

器具の極性相違

★

カバーが締まらない

★

シースが台座に入っていない

台座の上から結線

候補問題 No.3

輪が左巻き

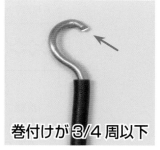
巻付けが 3/4 周以下

★
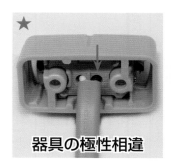
器具の極性相違

★

心線の露出

★

シースが台座に入っていない

より線の一部が未挿入

未結線

U/u　o　V/v
接地線が未結線

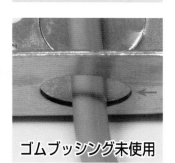
ゴムブッシング未使用

取付位置の誤り

心線の露出

★

心線の挿入不足

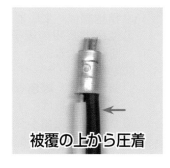
被覆の上から圧着

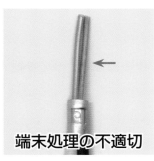
端末処理の不適切

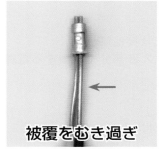
被覆をむき過ぎ

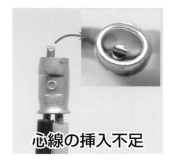
心線の挿入不足

被覆が 20mm 以下

171

※図2，図3，施工条件は 160～161 ページと同じです．

図1．配線図

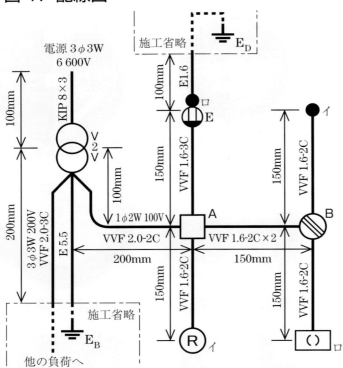

図2．変圧器代用の端子台説明図

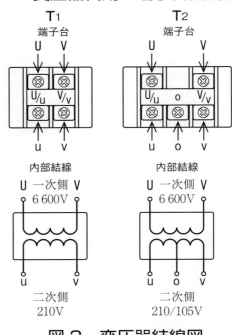

図3．変圧器結線図

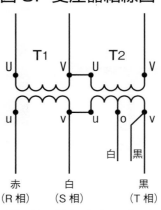

（接地線の表示は省略してある）

■想定した施工条件

1. 配線及び器具の配置は，図1に従って行うこと．
2. 変圧器代用の端子台は，図2に従って使用すること．
3. 変圧器代用の端子台の結線及び配置は，図3に従い，かつ，次のように行うこと．
   ① 変圧器二次側の単相負荷回路は，変圧器 T2 の o，v の端子に結線する．
   ② 接地線は，変圧器 T2 の o 端子に結線する．
   ③ 変圧器代用の端子台の二次側端子の渡り線は，太さ 2.0mm（白色）を使用する．
4. 電線の色別（ケーブルの場合は絶縁被覆の色）は，次によること．
   ① 接地線は，緑色を使用する．
   ② 接地側電線は，すべて白色を使用する．
   ③ 変圧器二次側から点滅器及びコンセントに至る非接地側電線は，すべて黒色を使用する．
   ④ 三相負荷回路の配線は，R相に赤色，S相に白色，T相に黒色を使用する．
   ⑤ 次の器具の端子には，白色の電線を結線する．
      ・ランプレセプタクルの受金ねじ部の端子
      ・コンセントの接地側極端子（Wと表示）
      ・引掛シーリングローゼットの接地側極端子（W又は接地側と表示）
5. ジョイントボックスA及びVVF用ジョイントボックスB部分を経由する電線は，その部分ですべて接続箇所を設け，その接続方法は，次によること．
   ① A部分は，リングスリーブによる接続とする．
   ② B部分は，差込形コネクタによる接続とする．
6. ジョイントボックスは，打抜き済みの穴だけをすべて使用すること．
7. 埋込連用取付枠は，点滅器（ロ）及びコンセント部分に使用すること．

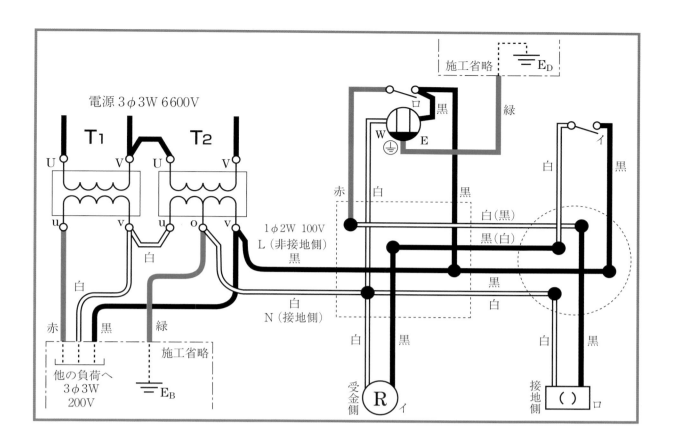

電源 3φ3W 6600V

T₁ T₂

1φ2W 100V
L（非接地側）
黒

1φ2W 100V
N（接地側）

他の負荷へ
3φ3W
200V

施工省略
E_B

施工省略
E_D

受金側 Ⓡ イ

接地側 （ ）ロ

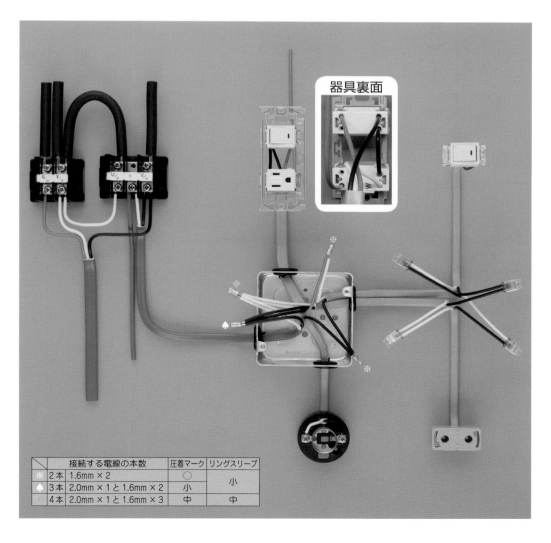

器具裏面

	接続する電線の本数	圧着マーク	リングスリーブ
※ 2本	1.6mm × 2	○	小
♠ 3本	2.0mm × 1 と 1.6mm × 2	小	小
▨ 4本	2.0mm × 1 と 1.6mm × 3	中	中

図1．配線図

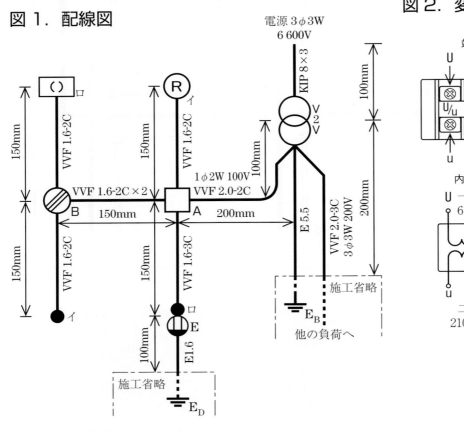

図2．変圧器代用の端子台説明図

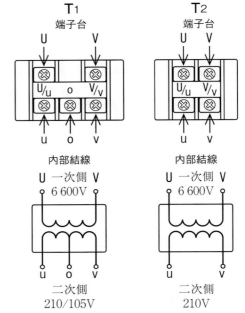

図3．変圧器結線図

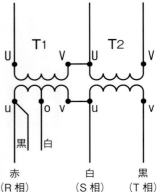

(接地線の表示は省略してある)

■想定した施工条件

1．配線及び器具の配置は，図1に従って行うこと．
2．変圧器代用の端子台は，図2に従って使用すること．
3．変圧器代用の端子台の結線及び配置は，図3に従い，かつ，次のように行うこと．
　① 変圧器二次側の単相負荷回路は，変圧器 T₁ の u, o の端子に結線する．
　② 接地線は，変圧器 T₁ の o 端子に結線する．
　③ 変圧器代用の端子台の二次側端子の渡り線は，太さ 2.0mm（白色）を使用する．
4．電線の色別（ケーブルの場合は絶縁被覆の色）は，次によること．
　① 接地線は，緑色を使用する．
　② 接地側電線は，すべて白色を使用する．
　③ 変圧器二次側から点滅器及びコンセントに至る非接地側電線は，すべて黒色を使用する．
　④ 三相負荷回路の配線は，R 相に赤色，S 相に白色，T 相に黒色を使用する．
　⑤ 次の器具の端子には，白色の電線を結線する．
　　・ランプレセプタクルの受金ねじ部の端子
　　・コンセントの接地側極端子（W と表示）
　　・引掛シーリングローゼットの接地側極端子（W 又は接地側と表示）
5．ジョイントボックスA 及び VVF 用ジョイントボックスB 部分を経由する電線は，その部分ですべて接続箇所を設け，その接続方法は，次によること．
　① A 部分は，リングスリーブによる接続とする．
　② B 部分は，差込形コネクタによる接続とする．
6．ジョイントボックスは，打抜き済みの穴だけをすべて使用すること．
7．埋込連用取付枠は，点滅器（ロ）及びコンセント部分に使用すること．

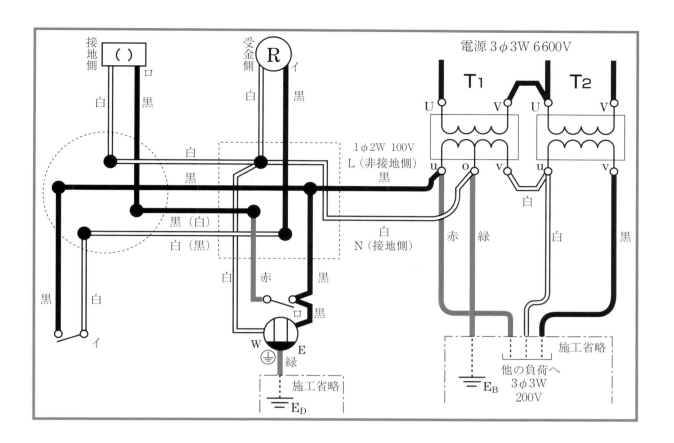

接地側　( )　ロ　黒

受金側　Ⓡ　イ

電源 3φ3W 6600V

T₁　T₂

白　黒

白　黒

U　V　U　V

白

黒　1φ2W 100V L（非接地側）

白

u　o　v　u　v

白

黒（白）

白（黒）

黒　白　N（接地側）

赤　緑　白　黒

黒　白　イ

白　赤　黒

ロ　黒

W　E

緑

施工省略

E_D

施工省略

他の負荷へ 3φ3W 200V

E_B

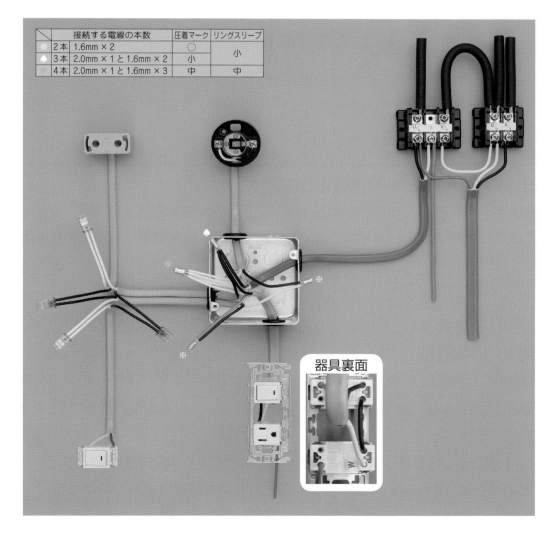

	接続する電線の本数	圧着マーク	リングスリーブ
※	2本	1.6mm × 2	○	小
♠	3本	2.0mm × 1 と 1.6mm × 2	小	
	4本	2.0mm × 1 と 1.6mm × 3	中	中

器具裏面

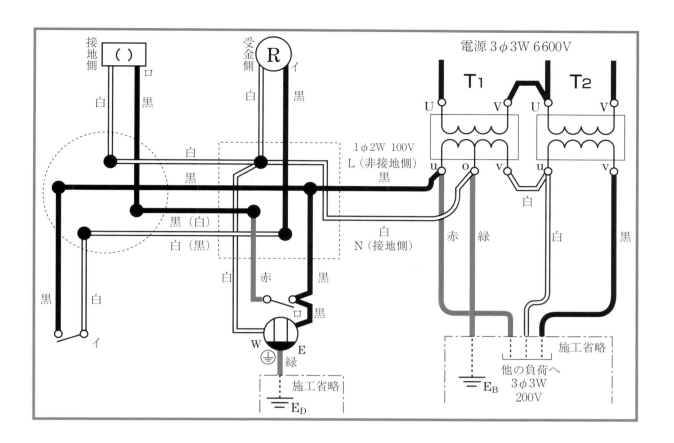

候補問題 No.3

　本書の各候補問題の解説は，あくまでも想定に基づいたものです．実際の試験で出題される問題と本書の解説は同一のものではないため，受験時には，下記の部分について問題用紙をよく読んだ上で作業してください．

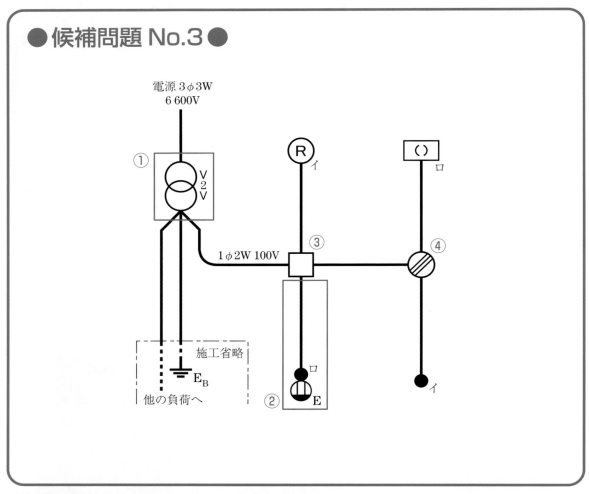

①単相変圧器2台のV－V結線の注意点

　・変圧器代用端子台をどのように配置するのか，変圧器結線図を確認する．
　・変圧器一次側の結線方法が「単相変圧器側の渡り線によるV結線」，「電源側の母線によるV結線」のどちらで指定されているのか，変圧器結線図を確認する．
　・変圧器二次側200V回路のR相，S相，T相の電線を結線する端子を変圧器結線図で確認する．
　・変圧器二次側100V回路の電線を結線する端子を変圧器結線図で確認する．
　・渡り線に使用する電線の太さと色別の指定について，施工条件を確認する．

②連用箇所の工事種別

　本書の想定では，点滅器ロと接地極付コンセントの連用箇所はVVF1.6－3CとIV1.6（接地線）を使用するとしたが，VVF1.6－4C，電線管工事（PF管）なども考えられるので，配線図，材料表，施工条件を確認する．

③ジョイントボックス（アウトレットボックス）部分の接続方法

　・ジョイントボックス（アウトレットボックス）の接続方法を確認する．

④VVF用ジョイントボックス部分の接続方法

　・VVF用ジョイントボックスの接続方法を確認する．

<< 想定した材料等の確認 >>

作業開始前に準備した材料等を下記の材料表と必ず照合し，材料の不足があれば，必要分を揃えて下さい．

想定した使用材料

(注) 下記の想定した材料表のリングスリーブの個数には予備品の数は含まれていません．実際の試験では，材料表には予備品を含んだリングスリーブの総数が示され，材料箱内にリングスリーブの予備品もセットされて支給されます．

材　料	
1. 高圧絶縁電線（KIP），8mm²，長さ約200mm	1本
2. 600V ビニル絶縁ビニルシースケーブル平形（シース青色），2.0mm，2心，長さ約500mm	1本
3. 600V ビニル絶縁ビニルシースケーブル平形，2.0mm，3心，長さ約300mm	1本
4. 600V ビニル絶縁ビニルシースケーブル平形，1.6mm，4心，長さ約450mm	1本
5. 600V ビニル絶縁ビニルシースケーブル平形，1.6mm，2心，長さ約1100mm	1本
6. 600V ビニル絶縁電線，5.5mm²，緑色，長さ約200mm	1本
7. 600V ビニル絶縁電線，2.0mm，緑色，長さ約200mm	1本
8. 端子台（変圧器の代用），3P，大	1個
9. 端子台（配線用遮断器及び接地端子の代用），3P，小	1個
10. ランプレセプタクル（カバーなし）	1個
11. 引掛シーリングローゼット（ボディのみ）	1個
12. 埋込連用取付枠	1枚
13. 埋込連用パイロットランプ	1個
14. 埋込連用タンブラスイッチ（片切）	1個
15. 埋込連用接地極付コンセント	1個
16. ジョイントボックス（アウトレットボックス 19mm 2箇所，25mm 3箇所 ノックアウト打抜き済み）	1個
17. ゴムブッシング（19）	2個
18. ゴムブッシング（25）	3個
19. リングスリーブ（小）	3個
20. リングスリーブ（中）	1個

材料の写真

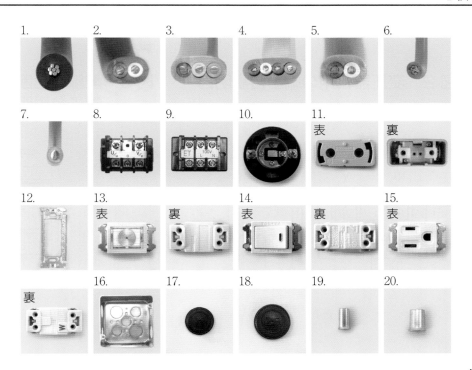

候補問題 No.4 問題例 ［試験時間　60分］

図1に示す配線工事を想定した材料を使用し，「施工条件」に従って完成させなさい．なお，

1. 変圧器，配線用遮断器及び接地端子は端子台で代用する．
2. ——・——・—— で示した部分は施工を省略する．
3. スイッチボックスは準備していないので，その取り付けは省略する．
4. 電線接続箇所のテープ巻きや絶縁キャップによる絶縁処理は省略する．
5. ジョイントボックス（アウトレットボックス）の接地工事は省略する．
6. 作品は保護板（板紙）に取り付けないものとする．

図1. 配線図

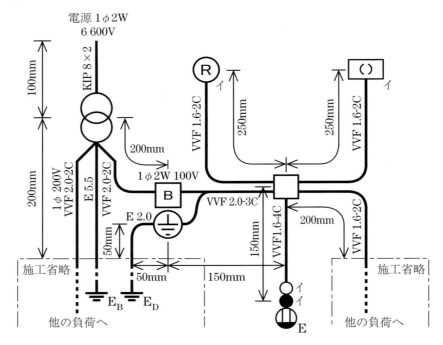

（注）

1. 図記号は，原則として JIS C 0617-1～13 及び JIS C 0303:2000 に準拠して示してある．
   また，作業に直接関係のない部分等は，省略又は簡略化してある．

2. ⓡ はランプレセプタクルを示す．

図2. 変圧器代用の端子台説明図

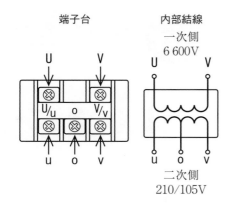

図3. 配線用遮断器及び接地端子代用の端子台説明図

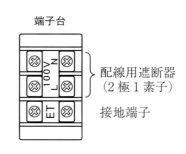

■想定した施工条件

1. 配線及び器具の配置は，図1に従って行うこと．
2. 変圧器代用の端子台は，図2に従って使用すること．
3. 配線用遮断器及び接地端子代用の端子台は，図3に従って使用すること．
4. **確認表示灯（パイロットランプ）は，引掛シーリングローゼット及びランプレセプタクルと同時点滅**とすること．
5. 電線の色別（ケーブルの場合は絶縁被覆の色）は，次によること．
   ① 接地線は，**緑色**を使用する．
   ② 接地側電線は，すべて**白色**を使用する．
   ③ 変圧器の二次側から点滅器，コンセント及び他の負荷(1φ2W100V)に至る非接地側電線は，すべて**黒色**を使用する．
   ④ 次の器具の端子には，**白色**の電線を結線する．
   ・配線用遮断器の接地側極端子（Nと表示）
   ・ランプレセプタクルの受金ねじ部の端子
   ・コンセントの接地側極端子（Wと表示）
   ・引掛シーリングローゼットの接地側極端子（W又は接地側と表示）
6. ジョイントボックスを経由する電線は，すべて接続箇所を設け，リングスリーブによる接続とすること．
7. ジョイントボックスは，**打抜き済みの穴だけをすべて使用すること**．

候補問題
No.4

179

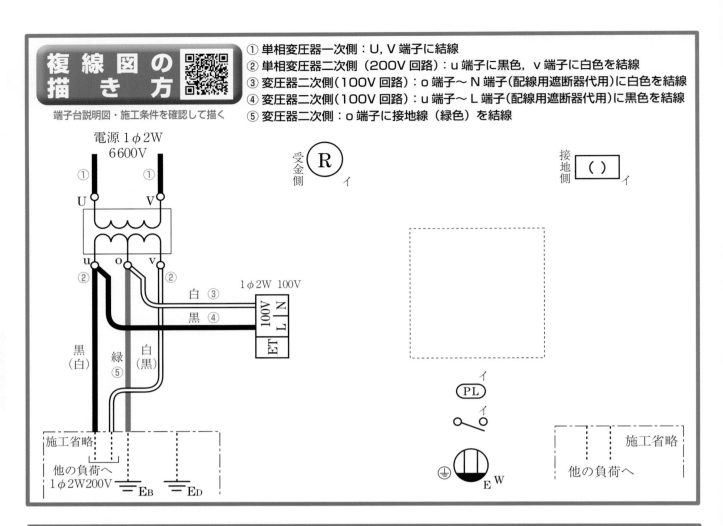

① 単相変圧器一次側：U, V 端子に結線
② 単相変圧器二次側（200V 回路）：u 端子に黒色，v 端子に白色を結線
③ 変圧器二次側（100V 回路）：o 端子〜N 端子（配線用遮断器代用）に白色を結線
④ 変圧器二次側（100V 回路）：u 端子〜L 端子（配線用遮断器代用）に黒色を結線
⑤ 変圧器二次側：o 端子に接地線（緑色）を結線

複線図の描き方②
― 100V 回路（接地側）―

端子台説明図・施工条件を確認して描く

① 配線用遮断器代用（右側）：N 端子に白色（接地側電線）を結線
② ①の接続点からランプレセプタクルに白色（接地側電線）を結線
③ ①の接続点から引掛シーリングに白色（接地側電線）を結線
④ ①の接続点からパイロットランプに白色（接地側電線）を結線
⑤ パイロットランプから接地極付コンセントに白色の渡り線（接地側電線）を結線
⑥ ①の接続点から他の負荷（施工省略）に白色（接地側電線）を配線

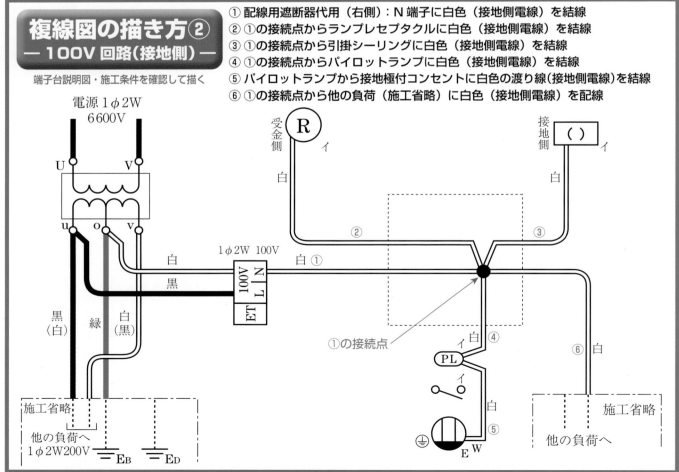

複線図の描き方③
―100V回路（非接地側）―

端子台説明図・施工条件を確認して描く

① 配線用遮断器代用（右側）：L端子に黒色（非接地側電線）を結線
② ①の接続点から点滅器イに黒色（非接地側電線）を結線
③ 点滅器イから接地極付コンセントに黒色の渡り線（非接地側電線）を結線
④ ①の接続点から他の負荷（施工省略）に黒色（非接地側電線）を配線

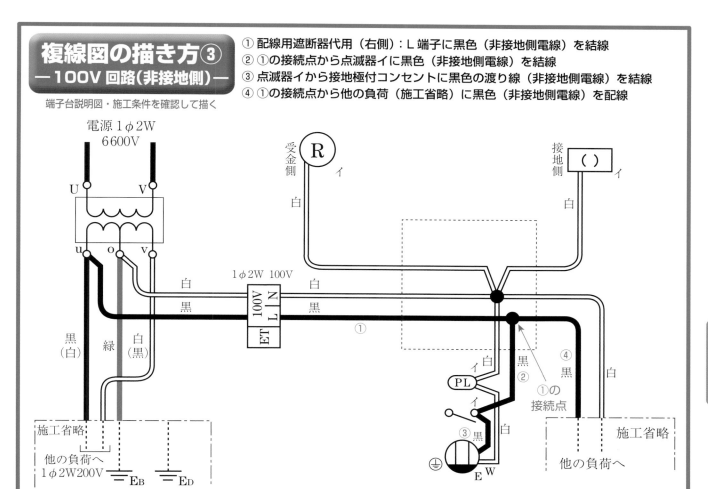

複線図の描き方④
―点滅回路・接地線―

端子台説明図・施工条件を確認して描く

① 点滅器イに赤色を結線
② ①の接続点からランプレセプタクルに黒色を結線
③ ①の接続点から引掛シーリングに黒色を結線
④ 点滅器イからパイロットランプに赤色の渡り線を結線
⑤ ETの左側端子に接地極 E_D からの接地線（緑色）を結線
⑥ ETの右側端子と接地極付コンセントに接地線（緑色）を結線し，接続する．

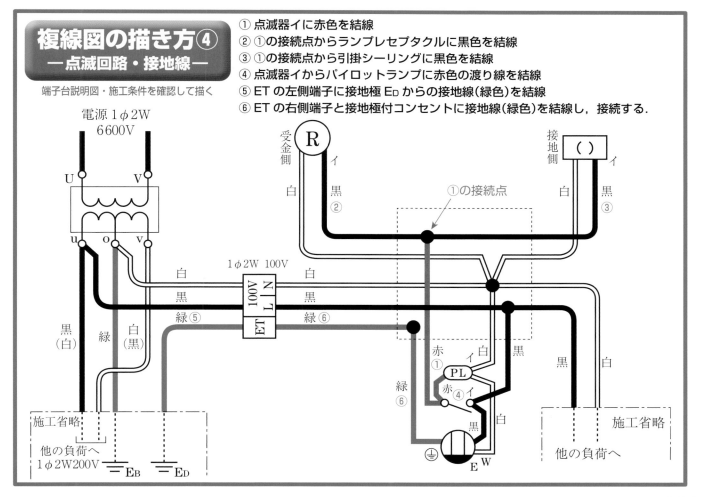

181

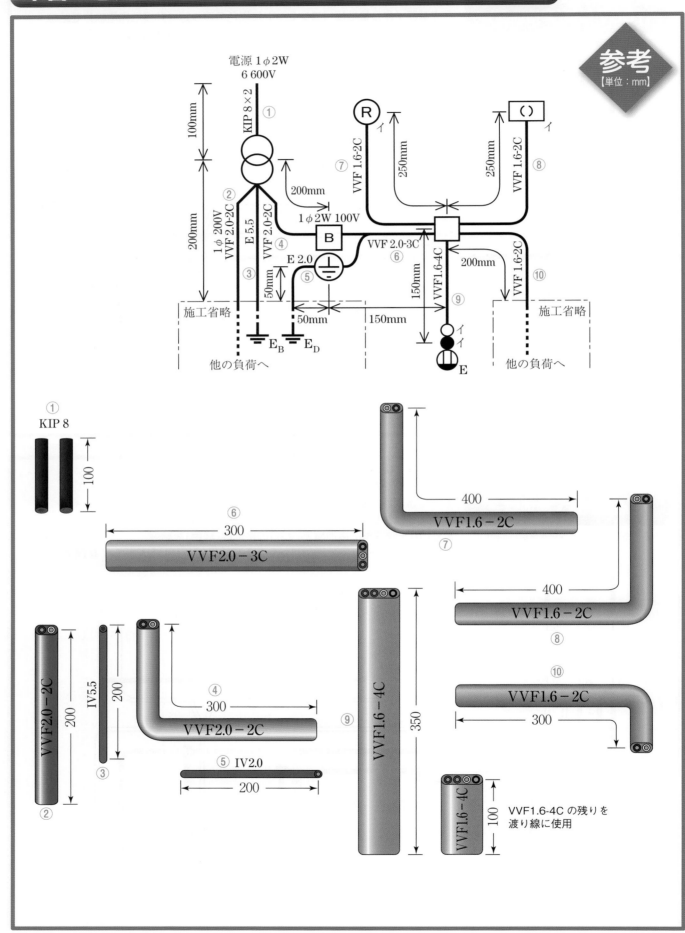

参考
【単位：mm】

182

本書の想定におけるケーブルシース・絶縁被覆のはぎ取り

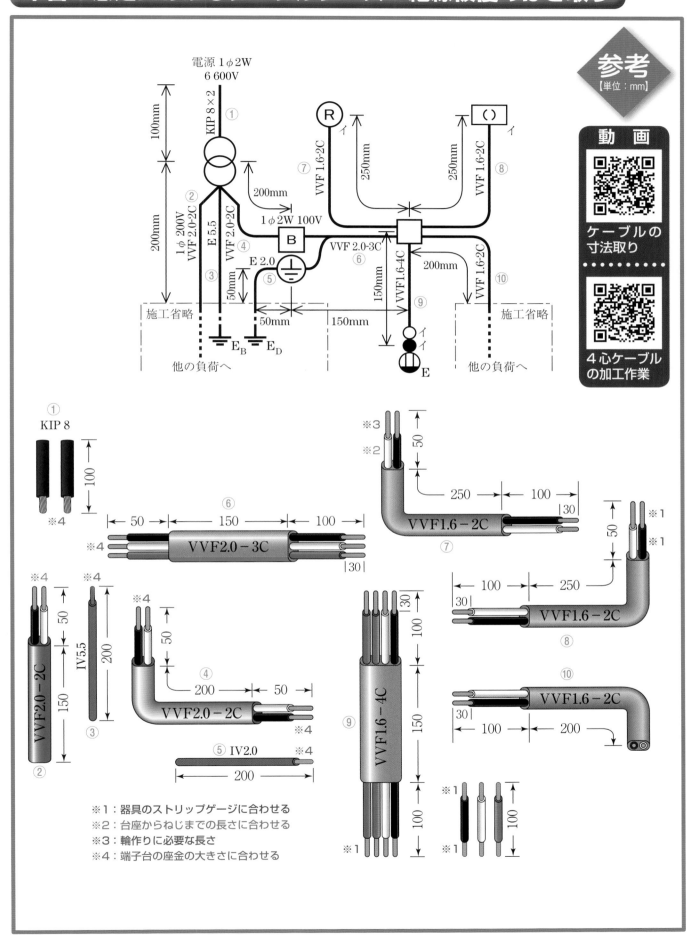

参考
【単位：mm】

動　画

ケーブルの
寸法取り

4心ケーブル
の加工作業

候補問題
No.4

※1：器具のストリップゲージに合わせる
※2：台座からねじまでの長さに合わせる
※3：輪作りに必要な長さ
※4：端子台の座金の大きさに合わせる

作業ポイント１：単相変圧器二次側部分

【二次側：200V回路】

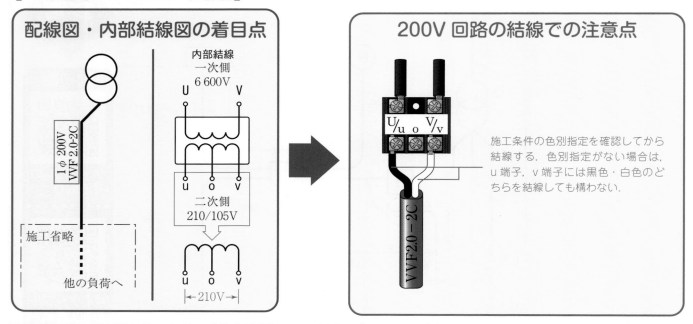

配線図・内部結線図の着目点

200V回路の結線での注意点

施工条件の色別指定を確認してから結線する．色別指定がない場合は，u端子，v端子には黒色・白色のどちらを結線しても構わない．

配線図には，二次側の他の負荷へ（省略部分）に至る部分に「1φ200V」と示されているので，この部分が200V回路となり，「VVF2.0−2C」を使用することが示されている．また内部結線図では，二次側の電圧が「210/105V」とあるので，u−v端子間が200Vと判別する．

【二次側：100V回路】

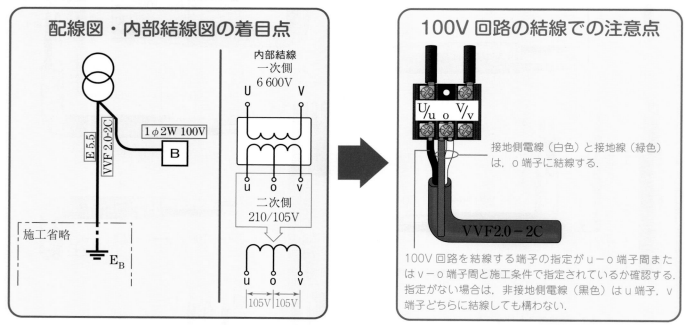

配線図・内部結線図の着目点

100V回路の結線での注意点

接地側電線（白色）と接地線（緑色）は，o端子に結線する．

100V回路を結線する端子の指定がu−o端子間またはv−o端子間と施工条件で指定されているか確認する．指定がない場合は，非接地側電線（黒色）はu端子，v端子どちらに結線しても構わない．

配線図には，二次側の配線用遮断器の上部に，「1φ2W 100V」と示されている．このことから配線用遮断器代用部分に至るのが100V回路となる．内部結線図には，二次側の電圧が「210/105V」とあるので，u−o間，v−o間がそれぞれ100Vと判別する．100V回路の場合は，u端子，v端子が非接地側，o端子が接地側となるので，o端子には接地側電線（白色）と接地線（緑色）を結線する．非接地側電線（黒色）の結線は，施工条件の指定に従う．指定がない場合，u，v端子どちらでもよい．

作業ポイント２：配線用遮断器及び 接地端子代用部分

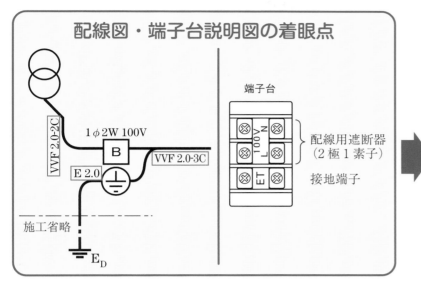

配線図・端子台説明図の着眼点

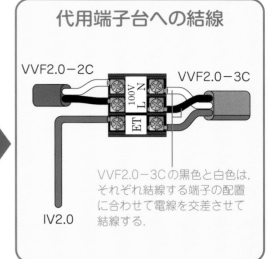

代用端子台への結線

VVF2.0−2C　VVF2.0−3C

IV2.0

VVF2.0−3Cの黒色と白色は，それぞれ結線する端子の配置に合わせて電線を交差させて結線する.

候補問題 No.4

代用端子台の配線用遮断器部分では，N端子に接地側電線（白色），L端子には非接地側電線（黒色）を必ず結線する. また，接地端子部分では，ET端子に接地線（緑色）を結線する. 端子台説明図の記号と色別を間違えないように注意すること. 代用端子台の左側端子には変圧器に結線した100V回路のVVF2.0−2CとIV2.0（緑）を結線し，右側端子にはVVF2.0−3C（黒・白・緑）を結線する. このVVF2.0−3Cの黒色と白色は，交差させないと端子台の配置と色別指定が合わないので，結線する際に電線を交差させること忘れないように注意する.

作業ポイント３：連用箇所

【接地側・非接地側電線】

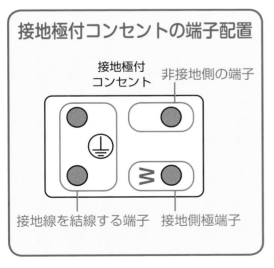

接地極付コンセントの端子配置

接地極付コンセント　非接地側の端子

接地線を結線する端子　接地側極端子

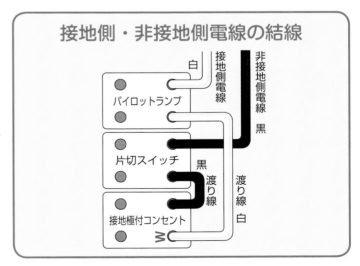

接地側・非接地側電線の結線

白　接地側電線　非接地側電線 黒

パイロットランプ

片切スイッチ　黒　渡り線　渡り線 白

接地極付コンセント

この候補問題の連用箇所では，非接地側電線（黒色）は片切スイッチと接地極付コンセントに，接地側電線（白色）はパイロットランプと接地極付コンセントに結線する必要がある. 接地極付コンセントの裏面は左図のように端子が配置されていて，非接地側・接地側の端子がそれぞれ１つのみ（送り端子がない）であるため，電源からの非接地側電線（黒色）は片切スイッチに結線し，片切スイッチと接地極付コンセントに黒色の渡り線を結線する. 接地側電線（白色）はパイロットランプに結線し，パイロットランプと接地極付コンセントに白色の渡り線を結線する.

185

【パイロットランプ回路】

この候補問題の連用箇所のパイロットランプの点灯方法について，本書では点滅器イとの「同時点滅」と想定している．この場合，片切スイッチとパイロットランプに渡り線を結線する．この渡り線に色別指定はないが，接地側電線：白色，非接地側電線：黒色，接地線：緑色の指定があるため，赤色を使用するのが望ましい．また，接地線（緑色）については，接地極付コンセントの裏面左側の端子に結線する．この端子は上下とも接地線を結線する端子なので，上下どちらに結線してもよい．

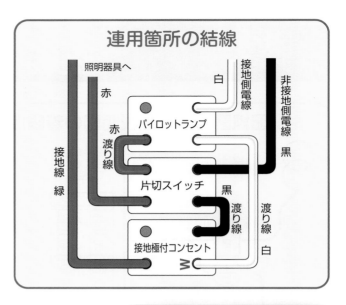

連用箇所の結線

照明器具へ
赤
接地側電線 白
非接地側電線 黒
赤 パイロットランプ
渡り線
接地線 緑
片切スイッチ 黒 渡り線
接地極付コンセント 白 渡り線

作業ポイント4：電線接続

動画
電線接続の作業

この候補問題の想定では，配線用遮断器及び接地端子代用の端子台に結線した接地線と接地極付コンセントの接地線を圧着接続する．接続箇所の詳細は以下のようになる．

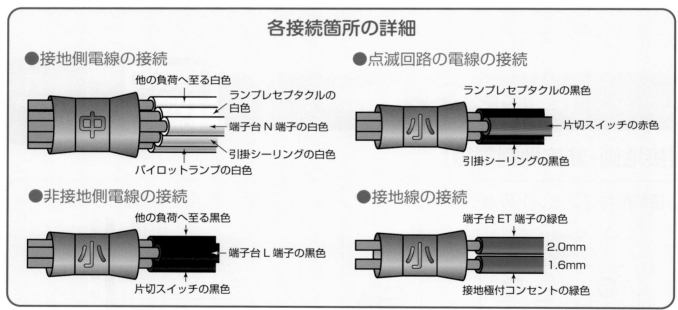

各接続箇所の詳細

● 接地側電線の接続
他の負荷へ至る白色
ランプレセプタクルの白色
端子台N端子の白色
引掛シーリングの白色
パイロットランプの白色

● 点滅回路の電線の接続
ランプレセプタクルの黒色
片切スイッチの赤色
引掛シーリングの黒色

● 非接地側電線の接続
他の負荷へ至る黒色
端子台L端子の黒色
片切スイッチの黒色

● 接地線の接続
端子台ET端子の緑色
2.0mm
1.6mm
接地極付コンセントの緑色

リングスリーブ接続では，充電部の露出が10mm未満であれば，絶縁被覆の端が多少不揃いでもよい．

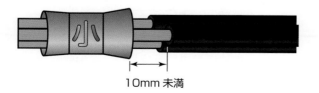

10mm 未満

リングスリーブ上端から出ている心線が5mm未満になるように端末処理を必ず行うこと．心線が5mm以上出ている場合は欠陥となるので注意．

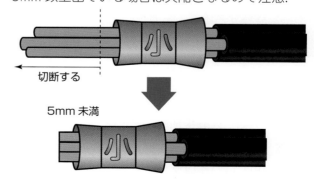

切断する

5mm 未満

2024年度 第一種電気工事士技能試験
候補問題 No.4 完成参考写真

動画
作品の確認作業
と注意点

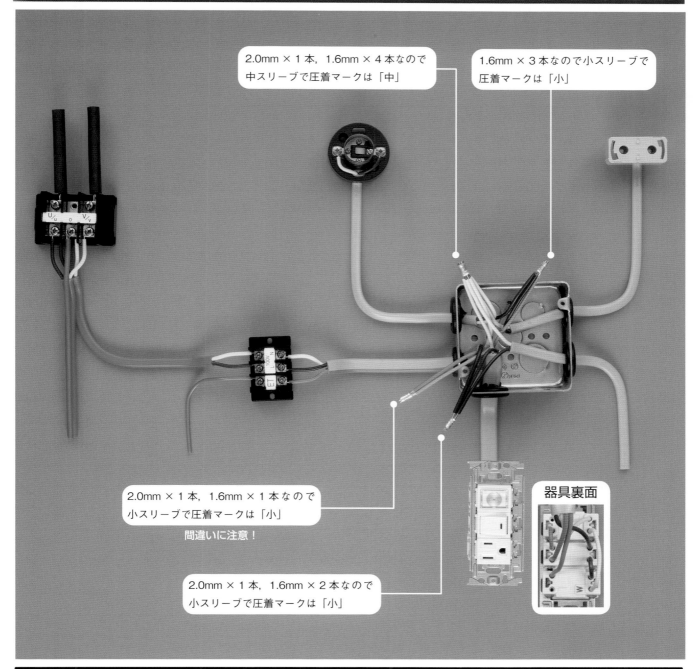

2.0mm × 1本，1.6mm × 4本なので
中スリーブで圧着マークは「中」

1.6mm × 3本なので小スリーブで
圧着マークは「小」

2.0mm × 1本，1.6mm × 1本なので
小スリーブで圧着マークは「小」
間違いに注意！

2.0mm × 1本，1.6mm × 2本なので
小スリーブで圧着マークは「小」

器具裏面

※複線図の描き方④（181ページ）の複線図に基づいた完成参考写真です．

 注意！ 本年度公表された候補問題（本書5ページ参照）には，注記5.に「電源・機器・器具の配置については変更する場合がある.」
とあるため，公表された候補問題の電源・機器・器具の配置が変更されて出題される可能性があります．

候補問題 No.4　欠陥チェック

	欠陥の項目	✓
全体共通部分	未完成（未着手，未接続，未結線，取付枠の未取付）	
	配線・器具の配置・電線の種類が配線図と相違	
	配線図に示された寸法の 50%以下で完成させている	
	回路の誤り（誤結線，誤接続）	
	施工条件と電線色別が相違，接地側・非接地側電線の色別相違，器具の極性相違	
	ケーブルシースに 20mm 以上の縦割れがある	
	ケーブルを折り曲げると絶縁被覆が露出する傷がある	
	絶縁被覆を折り曲げると心線が露出する傷がある	
	心線を折り曲げると心線が折れる程度の傷がある	
	より線を減線している（素線の一部を切断したもの）	
	アウトレットボックスに余分な打ち抜きをした	
	ゴムブッシングの使用不適切（未取付・穴の径と異なる）	
	材料表以外の材料を使用している（試験時は支給品以外）	
電線相互の接続部分	使用するリングスリーブの大きさの選択を間違えて圧着接続している	
	圧着接続での圧着マークの誤り	
	リングスリーブを破損している	
	圧着マークの一部が欠けている	
	リングスリーブに 2 つ以上の圧着マークがある	
	1 箇所の接続に 2 個以上のリングスリーブを使用している	
	接続部先端の端末処理が適切でない（心線が 5mm 以上露出している）	
	リングスリーブの下端から心線が 10mm 以上露出している	
	ケーブルシースのはぎ取り不足で絶縁被覆が 20mm 以下	
	絶縁被覆の上から圧着したもの	
	リングスリーブを上から目視して，接続する心線の先端が接続本数分見えていないもの	
器具等との結線部分	心線をねじで締め付けていないもの（端子ねじのゆるい締め付け）	
	絶縁被覆の上から端子ねじを締め付けている，または，より線の素線の一部が未挿入	
	端子台，埋込連用器具，引掛シーリングへの結線で，電線を引っ張ると端子から心線が抜ける	
	絶縁被覆をむき過ぎて端子台の端から心線が露出（高圧側：20mm 以上，低圧側：5mm 以上）	
	ねじの端から心線が 5mm 以上露出している（※ランプレセプタクル）	
	ケーブル引込口を通さずに台座の上からケーブルを結線（※ランプレセプタクル）	
	ケーブルシースが台座まで入っていない（※ランプレセプタクル）	
	ケーブルシースが台座下端から 5mm 以上露出（※引掛シーリング）	
	ねじの巻付けが左巻き，3/4 周以下，重ね巻き（※ランプレセプタクル）	
	ランプレセプタクルのカバーが適切に締まらないもの	
	心線が端子から露出している（※埋込連用器具：2mm 以上，引掛シーリング：1mm 以上）	
	取付枠に器具の取付不適の場合（裏返し・器具を引っ張ると外れる・取付位置の誤り）	
	器具を破損させたまま使用	
	総合チェック	

188

主な欠陥例

★は特に多い欠陥例

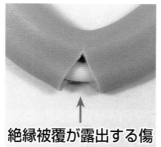

絶縁被覆が露出する傷

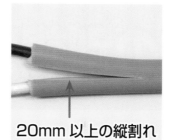

20mm以上の縦割れ

心線が露出する傷

心線の著しい傷

★

器具の極性相違

★

カバーが締まらない

★

シースが台座に入っていない

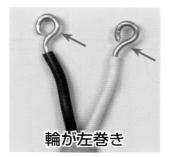

台座の上から結線

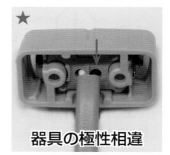

ねじ締めがゆるい

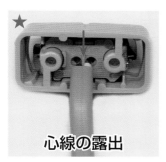

輪が左巻き

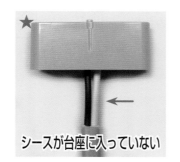

★

器具の極性相違

★

心線の露出

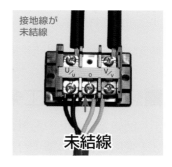

★

シースが台座に入っていない

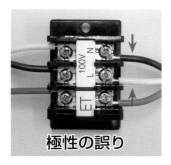

より線の一部が未挿入

接地線が
未結線

未結線

極性の誤り

ゴムブッシング未使用

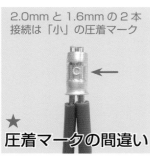

径を間違えて使用

取付位置の誤り

2.0mmと1.6mmの2本
接続は「小」の圧着マーク

★

圧着マークの間違い

被覆の上から圧着

端末処理の不適切

被覆をむき過ぎ

候補問題 No.4

189

※図2，図3，施工条件は178〜179ページと同じです．

図1．配線図

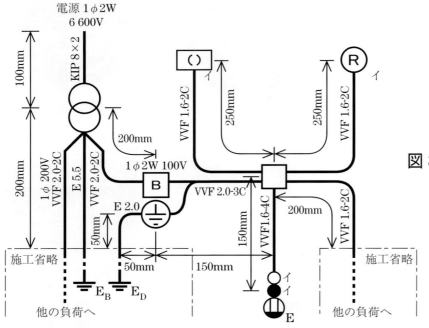

※ランプレセプタクルと引掛シーリングローゼットの位置が入れ替わっています．

図2．変圧器代用の端子台説明図

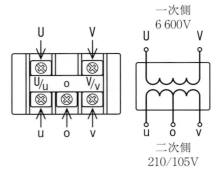

図3．配線用遮断器及び接地端子代用の端子台説明図

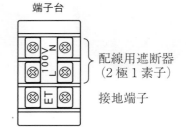

■想定した施工条件

1．配線及び器具の配置は，図1に従って行うこと．

2．変圧器代用の端子台は，図2に従って使用すること．

3．配線用遮断器及び接地端子代用の端子台は，図3に従って使用すること．

4．**確認表示灯（パイロットランプ）**は，引掛シーリングローゼット及びランプレセプタクルと**同時点滅**とすること．

5．電線の色別（ケーブルの場合は絶縁被覆の色）は，次によること．

　①接地線は，**緑色**を使用する．

　②接地側電線は，すべて**白色**を使用する．

　③変圧器の二次側から点滅器，コンセント及び他の負荷(1φ2W100V)に至る非接地側電線は，すべて**黒色**を使用する．

　④次の器具の端子には，**白色**の電線を結線する．

　　・配線用遮断器の接地側極端子（Nと表示）

　　・ランプレセプタクルの受金ねじ部の端子

　　・コンセントの接地側極端子（Wと表示）

　　・引掛シーリングローゼットの接地側極端子（W又は接地側と表示）

6．ジョイントボックスを経由する電線は，すべて接続箇所を設け，リングスリーブによる接続とすること．

7．ジョイントボックスは，**打抜き済みの穴だけ**をすべて使用すること．

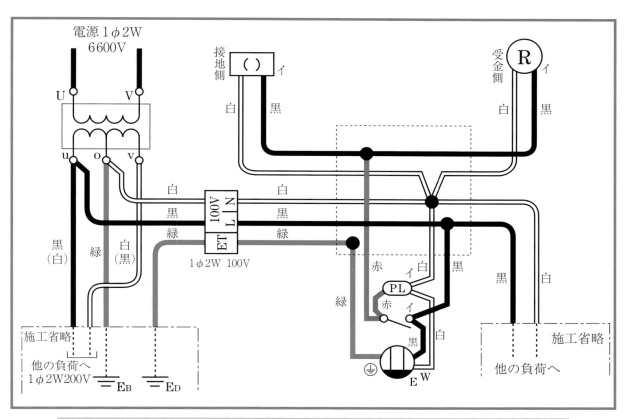

		接続する電線の本数	圧着マーク	リングスリーブ
★	2本	2.0mm×1と1.6mm×1	小	小
♣	3本	1.6mm×3		
♠	3本	2.0mm×1と1.6mm×2		
	5本	2.0mm×1と1.6mm×4	中	中

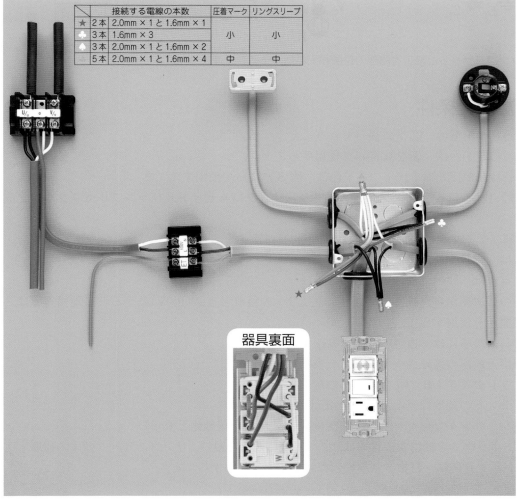

器具裏面

※図2，図3，施工条件は 178 ～ 179 ページと同じです．

図1．配線図

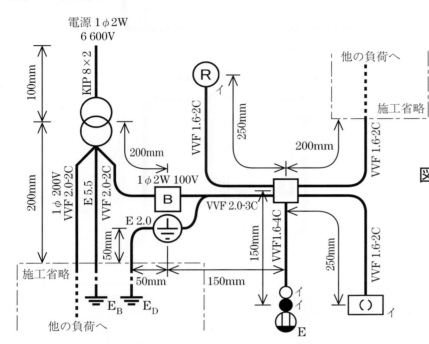

※引掛シーリングローゼットと施工省略部の位置が入れ替わっています．

図2．変圧器代用の端子台説明図

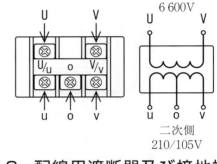

図3．配線用遮断器及び接地端子代用の端子台説明図

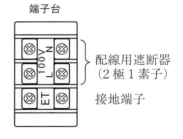

■想定した施工条件

1．配線及び器具の配置は，図1に従って行うこと．

2．変圧器代用の端子台は，図2に従って使用すること．

3．配線用遮断器及び接地端子代用の端子台は，図3に従って使用すること．

4．確認表示灯（パイロットランプ）は，引掛シーリングローゼット及びランプレセプタクルと同時点滅とすること．

5．電線の色別（ケーブルの場合は絶縁被覆の色）は，次によること．

　①接地線は，緑色を使用する．

　②接地側電線は，すべて白色を使用する．

　③変圧器の二次側から点滅器，コンセント及び他の負荷(1φ2W100V)に至る非接地側電線は，すべて黒色を使用する．

　④次の器具の端子には，白色の電線を結線する．

　　・配線用遮断器の接地側極端子（Nと表示）

　　・ランプレセプタクルの受金ねじ部の端子

　　・コンセントの接地側極端子（Wと表示）

　　・引掛シーリングローゼットの接地側極端子（W又は接地側と表示）

6．ジョイントボックスを経由する電線は，すべて接続箇所を設け，リングスリーブによる接続とすること．

7．ジョイントボックスは，打抜き済みの穴だけをすべて使用すること．

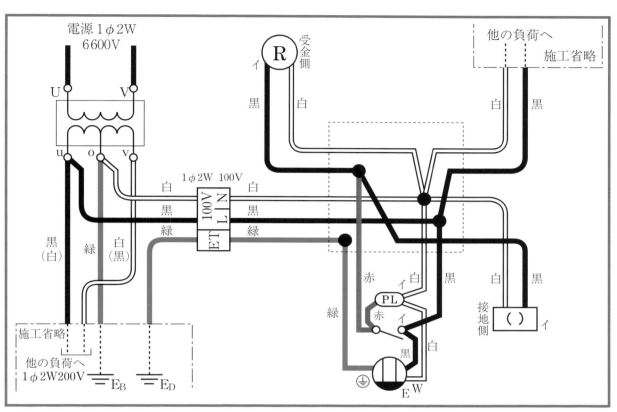

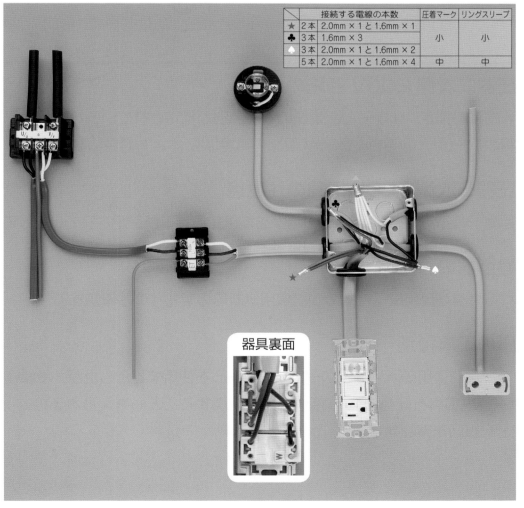

	接続する電線の本数		圧着マーク	リングスリーブ
★	2本	2.0mm × 1 と 1.6mm × 1		
♣	3本	1.6mm × 3	小	小
♠	3本	2.0mm × 1 と 1.6mm × 2		
	5本	2.0mm × 1 と 1.6mm × 4	中	中

器具裏面

本書の各候補問題の解説は，あくまでも想定に基づいたものです．実際の試験で出題される問題と本書の解説は同一のものではないため，受験時には，下記の部分について問題用紙をよく読んだ上で作業してください．

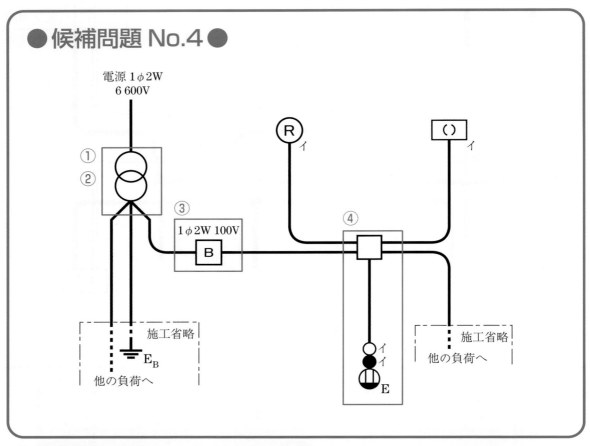

●候補問題 No.4 ●

①単相変圧器二次側 200V 回路の注意点

・結線する端子の指定：u 端子と v 端子の電線色別が指定されているか確認する．

・支給材料が IV（黒）の場合：200V 回路の電線は 2 本とも黒色になる．

②単相変圧器二次側 100V 回路の注意点

・結線する端子の指定：100V 回路の電線を結線する端子が指定されているか確認する．

③配線用遮断器の注意点

・支給される材料が代用端子台なのか配線用遮断器の実物なのか確認する．

④連用箇所の工事種別

本書の想定では，連用箇所には VVF ケーブル 4 心を使用するとしたが，電線管工事（PF 管）やケーブル工事と緑色の IV（接地線）を使用することも考えられるので，試験問題の材料表と配線図を確認する．

《 想定した材料等の確認 》

作業開始前に準備した材料等を下記の材料表と必ず照合し，材料の不足があれば，必要分を揃えて下さい．

想定した使用材料

材　料	
1. 高圧絶縁電線（KIP），8mm², 長さ約 500mm ·································	1本
2. 600V ビニル絶縁ビニルシースケーブル平形（シース青色），2.0mm，3 心，長さ約 600mm ······	1本
3. 600V ビニル絶縁ビニルシースケーブル平形，1.6mm，3 心，長さ約 1000mm ·············	1本
4. 600V ビニル絶縁ビニルシースケーブル平形，1.6mm，2 心，長さ約 1000mm ·············	1本
5. 600V ビニル絶縁電線，5.5mm²，緑色，長さ約 200mm ·······················	1本
6. 600V ビニル絶縁電線，1.6mm，緑色，長さ約 150mm ·······················	1本
7. 端子台（変圧器の代用），2P，大 ·······································	2個
8. 端子台（開閉器の代用），6P ···	1個
9. 埋込コンセント，3P，接地極付 15A ·····································	1個
10. 埋込連用取付枠 ··	1枚
11. 埋込連用パイロットランプ（赤） ······································	1個
12. 埋込連用パイロットランプ（白） ······································	1個
13. ジョイントボックス（アウトレットボックス 19mm 3 箇所，25mm 3 箇所 ノックアウト打抜き済み） ····	1個
14. ゴムブッシング（19） ···	3個
15. ゴムブッシング（25） ···	3個
16. リングスリーブ（小） ···	4個
17. リングスリーブ（中） ···	2個

（注）上記の想定した材料表のリングスリーブの個数には予備品の数は含まれていません．実際の試験では，材料表には予備品を含んだリングスリーブの総数が示され，材料箱内にはリングスリーブの予備品もセットされて支給されます．

材料の写真

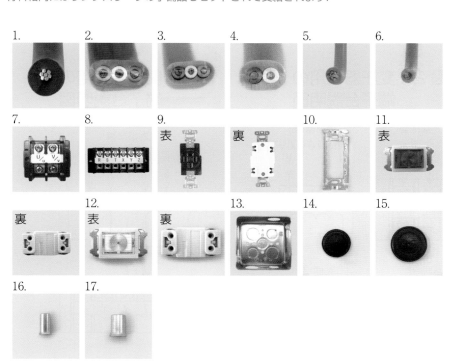

候補問題 No.5 問題例 [試験時間 60分]

図1に示す配線工事を想定した材料を使用し,「施工条件」に従って完成させなさい.なお,

1. 変圧器及び開閉器は端子台で代用する.
2. ――・――・―― で示した部分は施工を省略する.
3. スイッチボックスは準備していないので,その取り付けは省略する.
4. 電線接続箇所のテープ巻きや絶縁キャップによる絶縁処理は省略する.
5. ジョイントボックス(アウトレットボックス)の接地工事は省略する.
6. 作品は保護板(板紙)に取り付けないものとする.

図1. 配線図

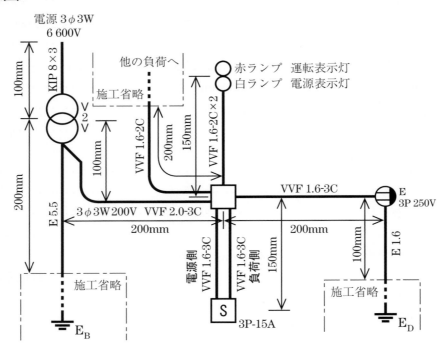

(注)

1. 図記号は,原則として JIS C 0617-1～13 及び JIS C 0303:2000 に準拠して示してある.
   また,作業に直接関係のない部分等は,省略又は簡略化してある.

図2. 変圧器代用の端子台説明図

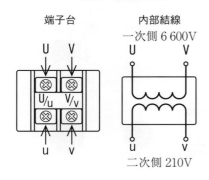

図3. 開閉器代用の端子台説明図

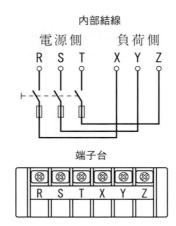

図4. 変圧器結線図

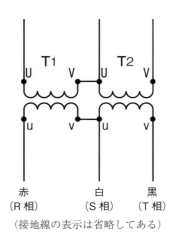

196

■想定した施工条件

1. 配線及び器具の配置は，図1に従って行うこと．
2. 変圧器代用の端子台は，図2に従って使用すること．
3. 開閉器代用の端子台は，図3に従って使用すること．
4. 変圧器代用の端子台の結線及び配置は，図4に従い，かつ，次のように行うこと．
   ① 接地線は，変圧器 T₁ の v 端子に結線する．
   ② 変圧器代用の端子台の二次側端子の渡り線は，太さ2.0mm（白色）を使用する．
5. 他の負荷はS相とT相間に接続すること．
6. 電源表示灯はS相とT相間に，運転表示灯はY相とZ相間に接続すること．
7. ジョイントボックスから電源表示灯及び運転表示灯に至る電線には，2心ケーブル1本をそれぞれ使用すること．
8. 電線の色別（ケーブルの場合は絶縁被覆の色）は，次によること．
   ① 接地線は，緑色を使用する．
   ② 接地側電線は，すべて白色を使用する．
   ③ 変圧器の二次側の配線は，R相に赤色，S相に白色，T相に黒色を使用する．
   ④ 開閉器の負荷側から動力用コンセントに至る配線は，X相に赤色，Y相に白色，Z相に黒色を使用する．
9. ジョイントボックスを経由する電線は，すべて接続箇所を設け，リングスリーブによる接続とすること．
10. ジョイントボックスは，打抜き済みの穴だけをすべて使用すること．

候補問題 No.5

197

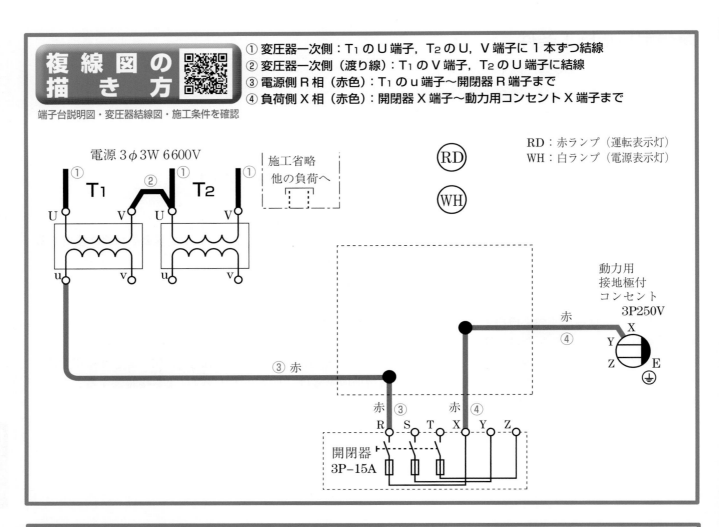

① 変圧器一次側：T₁のU端子，T₂のU，V端子に1本ずつ結線
② 変圧器一次側（渡り線）：T₁のV端子，T₂のU端子に結線
③ 電源側R相（赤色）：T₁のu端子〜開閉器R端子まで
④ 負荷側X相（赤色）：開閉器X端子〜動力用コンセントX端子まで

複線図の描き方

端子台説明図・変圧器結線図・施工条件を確認

RD：赤ランプ（運転表示灯）
WH：白ランプ（電源表示灯）

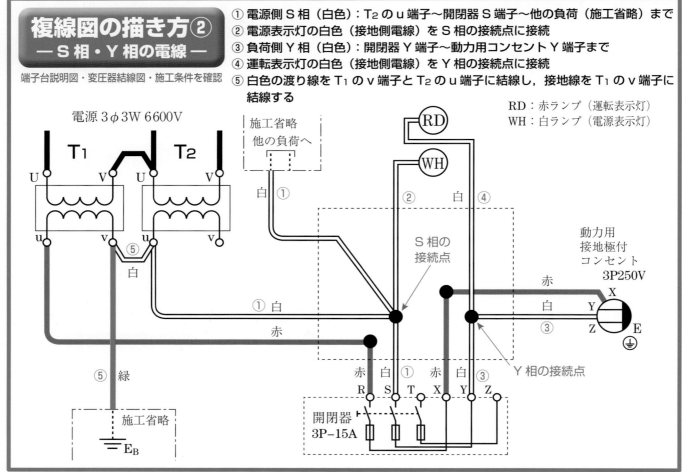

① 電源側S相（白色）：T₂のu端子〜開閉器S端子〜他の負荷（施工省略）まで
② 電源表示灯の白色（接地側電線）をS相の接続点に接続
③ 負荷側Y相（白色）：開閉器Y端子〜動力用コンセントY端子まで
④ 運転表示灯の白色（接地側電線）をY相の接続点に接続
⑤ 白色の渡り線をT₁のv端子とT₂のu端子に結線し，接地線をT₁のv端子に結線する

複線図の描き方②
― S相・Y相の電線 ―

端子台説明図・変圧器結線図・施工条件を確認

RD：赤ランプ（運転表示灯）
WH：白ランプ（電源表示灯）

複線図の描き方③
―T相・Z相の電線―
端子台説明図・変圧器結線図・施工条件を確認

① 電源側T相（黒色）：T₂のv端子〜開閉器T端子〜他の負荷（施工省略）まで
② 電源表示灯の黒色（非接地側電線）をT相の接続点に接続
③ 負荷側Z相（黒色）：開閉器Z端子〜動力用コンセントZ端子まで
④ 運転表示灯の黒色（非接地側電線）をZ相の接続点に接続

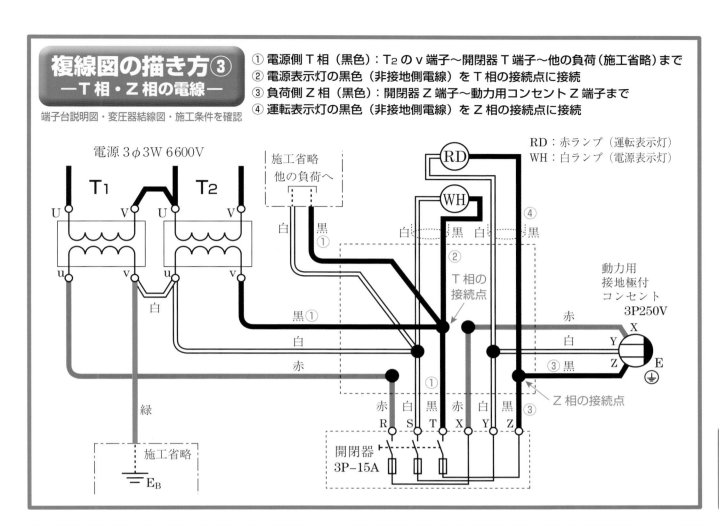

RD：赤ランプ（運転表示灯）
WH：白ランプ（電源表示灯）

電源 3φ3W 6600V

複線図の描き方④
―接地線―
施工条件を確認して描く

① 動力用コンセントに接地線（緑色）を結線

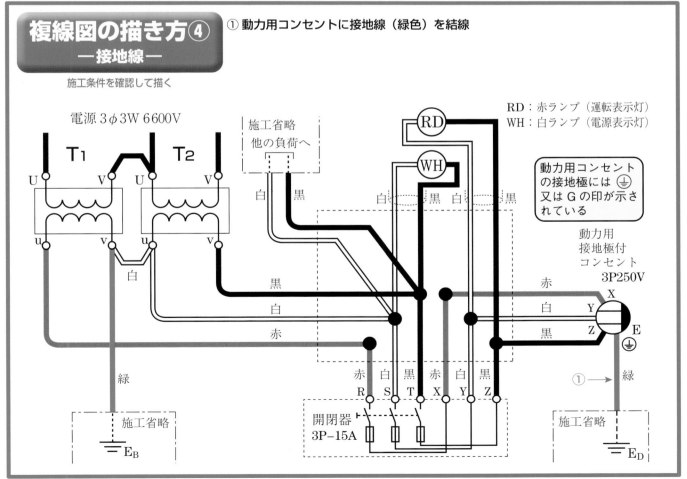

RD：赤ランプ（運転表示灯）
WH：白ランプ（電源表示灯）

電源 3φ3W 6600V

動力用コンセントの接地極には ⏚ 又はGの印が示されている

199

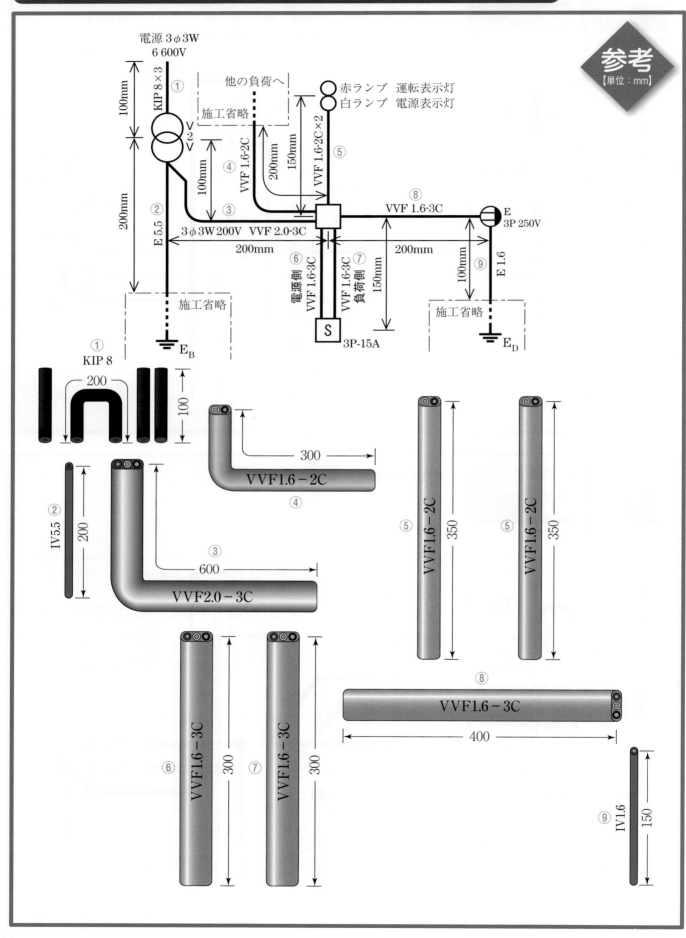

参考
【単位：mm】

電源 3φ3W
6 600V

KIP 8×3　①

100mm

他の負荷へ

施工省略

赤ランプ　運転表示灯
白ランプ　電源表示灯

VVF 1.6-2C×2

VVF 1.6-2C　⑤

VVF 1.6-2C　④

150mm

200mm

100mm

200mm

E 5.5

②

③

VVF 1.6-3C　⑧

E
3P 250V

3φ3W 200V　VVF 2.0-3C

200mm

200mm

100mm

E 1.6

電源側　⑥

VVF 1.6-3C　⑦

負荷側

150mm

⑨

施工省略

施工省略

E_B

S
3P-15A

E_D

① KIP 8

200

100

② IV5.5

200

③ VVF2.0 − 3C

600

④ VVF1.6 − 2C

300

⑤ VVF1.6 − 2C

350

⑤ VVF1.6 − 2C

350

⑧ VVF1.6 − 3C

400

⑥ VVF1.6 − 3C

300

⑦ VVF1.6 − 3C

300

⑨ IV1.6

150

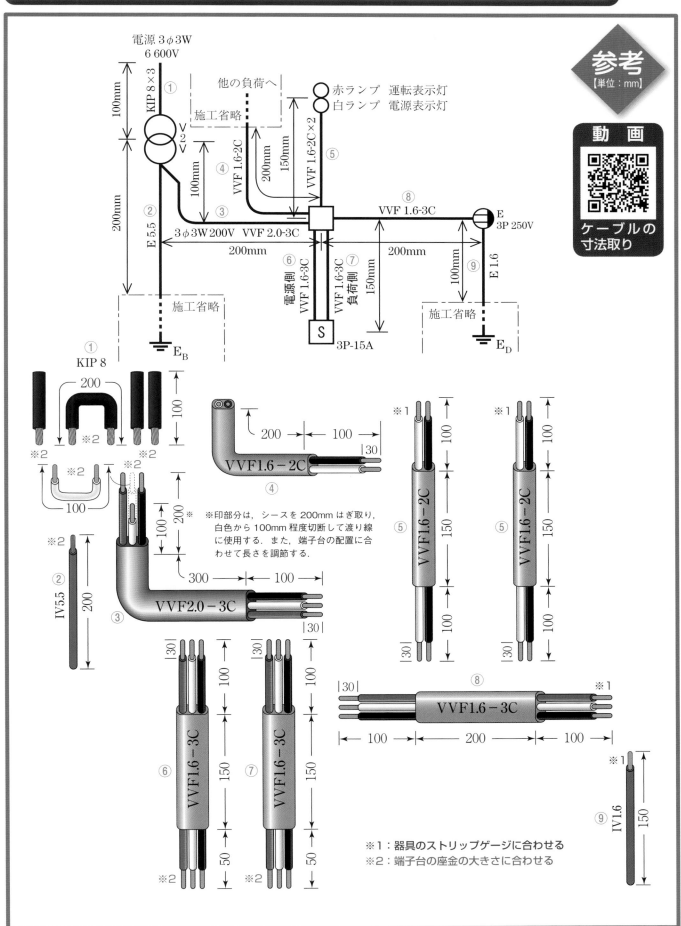

【一次側】

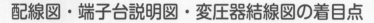

配線図・端子台説明図・変圧器結線図の着目点

電源3φ3W
6 600V

KIP 8×3

端子台

U　V

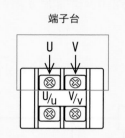

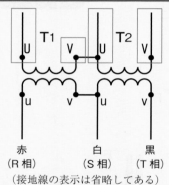

赤　　　　白　　　　黒
（R相）　（S相）　（T相）
（接地線の表示は省略してある）

変圧器結線図では，T₁，T₂の配置と結線する端子について指定されるので，これらの指定に従って端子台を配置し，各端子に結線する．

変圧器一次側の結線

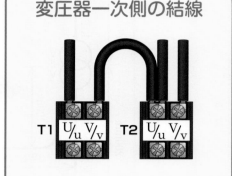

配線図には，変圧器一次側に「KIP8 × 3」と示されているので，変圧器一次側に結線するKIPは3本と判別する．結線する端子は変圧器結線図より，T₁のU端子，T₂のU，V端子に結線すると判別する．また，変圧器結線図を見るとT₁のV端子とT₂のU端子が結ばれているので，これらの端子間にKIPの渡り線を結線することも判別する．

【二次側】

変圧器結線図の着目点

━━ の部分：200V回路の電線

T1　　　　T2

U　　V　U　　V

u　　v　u　　v

赤　　　　白　　　　黒
（R相）　（S相）　（T相）
（接地線の表示は省略してある）

変圧器二次側の結線（200V回路）

VVF 2.0-3C

変圧器結線図について，二次側の200V回路に色を付けると左図のようになる．変圧器結線図には各相の電線色別が示されるので，これらからT₁のu端子に赤色，T₂のu端子に白色，T₂のv端子に黒色を結線する．また，T₁のv端子とT₂のu端子が結ばれているので，これらの端子間には渡り線を結線する．渡り線に使用する電線の太さと電線色別は施工条件で指定されるので，その指定に従う．また，施工条件の指定により，T₁のv端子には緑色（接地線）も結線するが，v端子に結線する白色（2.0mm）と緑色（5.5mm²）とは径が異なるので，電線が抜けないようにねじをしっかり締め付ける．

作業ポイント２：連用箇所

動画
パイロットランプ連用箇所への結線作業

パイロットランプの連用箇所では，赤ランプを運転表示灯，白ランプを電源表示灯として用いる．各パイロットランプへ結線する電線に色別指定はないが，電源表示灯と運転表示灯を接続する相が施工条件で指定されるので，電線接続の際は，その指定に従って接続作業を行う．

連用箇所の結線

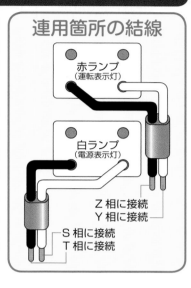

赤ランプ
（運転表示灯）

白ランプ
（電源表示灯）

Z 相に接続
Y 相に接続

S 相に接続
T 相に接続

作業ポイント３：開閉器部分

動画
開閉器代用端子台への結線作業

開閉器の内部結線図に色を付けると，図のようになる．Ｒ−Ｘ端子間，Ｓ−Ｙ端子間，Ｔ−Ｚ端子間が内部でつながっていることからＲ，Ｘ端子，Ｓ，Ｙ端子，Ｔ，Ｚ端子には，それぞれ同色の電線を結線する．各端子に結線する電線色別は，施工条件の指定に従って作業を行う．

開閉器の結線

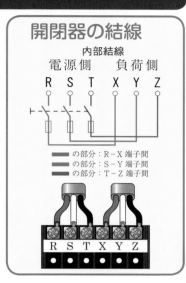

内部結線
電源側　　負荷側
R　S　T　X　Y　Z

■■■ の部分：R−X端子間
■■■ の部分：S−Y端子間
■■■ の部分：T−Z端子間

R　S　T　X　Y　Z

候補問題
No.5

作業ポイント４：動力用コンセント

動画
動力用コンセントへの結線作業

動力用コンセントの端子配置

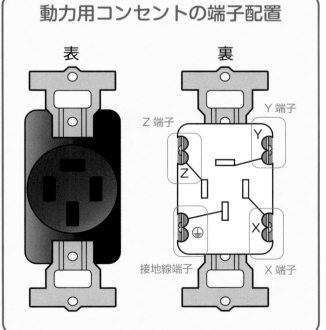

表　　裏

Ｚ端子
Ｙ端子

Ｚ

Ｘ端子

接地線端子
Ｘ端子

動力用コンセントの結線

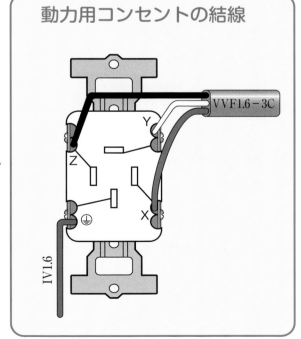

VVF1.6−3C

Y

Z

X

IV1.6

動力用コンセントの裏面の端子にはアルファベットでＸ，Ｙ，Ｚと表記され，メーカによって各端子の配置が異なるので注意する．また接地線を結線する端子には，接地マークの表記がある．結線する際は，施工条件で指定された電線色別に従って結線する．また，動力用コンセントの接地線は，そのまま下部へ延ばしておけばよい．

作業ポイント５：電線接続（相合わせ）

この候補問題は三相電源（３φ３W）のため，電線接続の際に電源側と負荷側の相を合わせて接続する．変圧器二次側，開閉器電源側，開閉器負荷側，動力用コンセントの各相については，下記のように対応している．

対応する相	変圧器二次側 （電線色別の指定）	開閉器電源側 （電線色別の指定）	開閉器負荷側 （電線色別の指定）	動力用コンセント （電線色別の指定）
	R相（赤色）	R相（赤色）	X相（赤色）	X相（赤色）
	S相（白色）	S相（白色）	Y相（白色）	Y相（白色）
	T相（黒色）	T相（黒色）	Z相（黒色）	Z相（黒色）

※施工条件に従って，電源表示灯は電源側のS相とT相間，運転表示灯は負荷側のY相とZ相間に接続する．また，他の負荷についても施工条件に従って，電源側のS相とT相間に接続する．他の負荷の電線色別も各相に指定されている電線色別に合わせて接続すればよい．

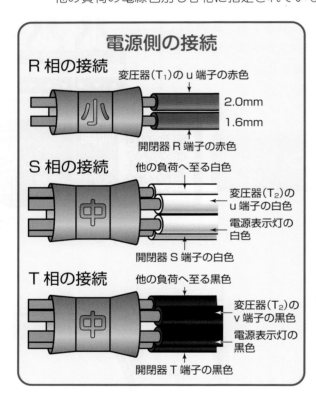

電源側の接続

R相の接続　変圧器(T₁)のu端子の赤色　2.0mm　1.6mm　開閉器R端子の赤色

S相の接続　他の負荷へ至る白色　変圧器(T₂)のu端子の白色　電源表示灯の白色　開閉器S端子の白色

T相の接続　他の負荷へ至る黒色　変圧器(T₂)のv端子の黒色　電源表示灯の黒色　開閉器T端子の黒色

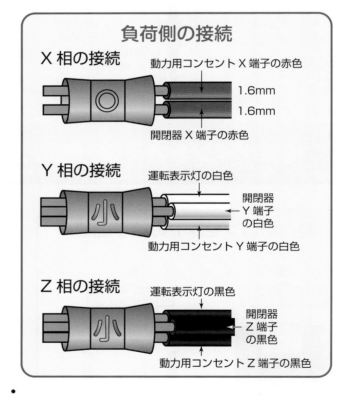

負荷側の接続

X相の接続　動力用コンセントX端子の赤色　1.6mm　1.6mm　開閉器X端子の赤色

Y相の接続　運転表示灯の白色　開閉器Y端子の白色　動力用コンセントY端子の白色

Z相の接続　運転表示灯の黒色　開閉器Z端子の黒色　動力用コンセントZ端子の黒色

リングスリーブ接続では，充電部の露出が10mm未満であれば，絶縁被覆の端が多少不揃いでもよい．

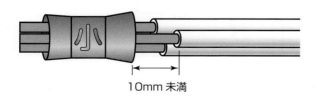

10mm未満

リングスリーブ上端から出ている心線が5mm未満になるように端末処理を必ず行うこと．心線が5mm以上出ている場合は欠陥となるので注意．

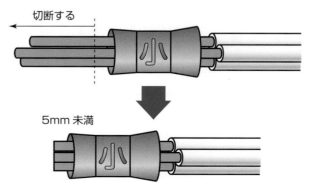

切断する

5mm未満

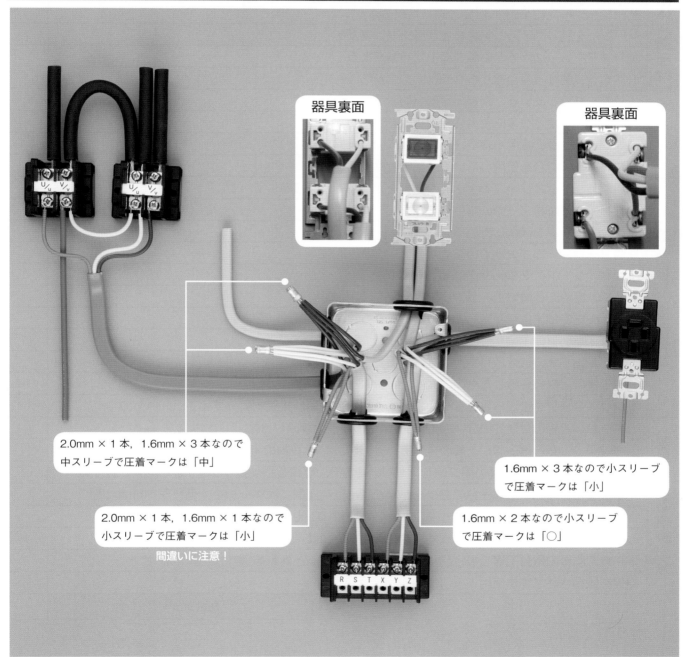

器具裏面

器具裏面

2.0mm × 1本，1.6mm × 3本なので
中スリーブで圧着マークは「中」

2.0mm × 1本，1.6mm × 1本なので
小スリーブで圧着マークは「小」
間違いに注意！

1.6mm × 3本なので小スリーブ
で圧着マークは「小」

1.6mm × 2本なので小スリーブ
で圧着マークは「○」

R S T X Y Z

※複線図の描き方④（199 ページ）の複線図に基づいた完成参考写真です.

 注意！ 本年度公表された候補問題（本書 5 ページ参照）には，注記 5. に「電源・機器・器具の配置については変更する場合がある.」とあるため，公表された候補問題の電源・機器・器具の配置が変更されて出題される可能性があります.

候補問題 No.5　欠陥チェック

	欠 陥 の 項 目	✓
全体共通部分	未完成（未着手，未接続，未結線，取付枠の未取付）	
	配線・器具の配置・電線の種類が配線図と相違	
	配線図に示された寸法の 50％以下で完成させている	
	回路の誤り（誤結線，誤接続）	
	施工条件と電線色別が相違している	
	ケーブルシースに 20mm 以上の縦割れがある	
	ケーブルを折り曲げると絶縁被覆が露出する傷がある	
	絶縁被覆を折り曲げると心線が露出する傷がある	
	心線を折り曲げると心線が折れる程度の傷がある	
	より線を減線している（素線の一部を切断したもの）	
	アウトレットボックスに余分な打ち抜きをした	
	ゴムブッシングの使用不適切（未取付・穴の径と異なる）	
	材料表以外の材料を使用している（試験時は支給品以外）	
電線相互の接続部分	使用するリングスリーブの大きさの選択を間違えて圧着接続している	
	圧着接続での圧着マークの誤り	
	リングスリーブを破損している	
	圧着マークの一部が欠けている	
	リングスリーブに 2 つ以上の圧着マークがある	
	1 箇所の接続に 2 個以上のリングスリーブを使用している	
	接続部先端の端末処理が適切でない（心線が 5mm 以上露出している）	
	リングスリーブの下端から心線が 10mm 以上露出している	
	ケーブルシースのはぎ取り不足で絶縁被覆が 20mm 以下	
	絶縁被覆の上から圧着したもの	
	リングスリーブを上から目視して，接続する心線の先端が接続本数分見えていないもの	
器具等との結線部分	心線をねじで締め付けていないもの（端子ねじのゆるい締め付け）	
	絶縁被覆の上から端子ねじを締め付けている，または，より線の素線の一部が未挿入	
	端子台，埋込連用器具，動力用コンセントへの結線で，電線を引っ張ると端子から心線が抜ける	
	絶縁被覆をむき過ぎて端子台の端から心線が露出（高圧側：20mm 以上，低圧側：5mm 以上）	
	器具の端から心線が 5mm 以上露出している（※動力用コンセント）	
	心線が端子から露出している（※埋込連用器具：2mm 以上）	
	取付枠に器具の取付不適の場合（裏返し・器具を引っ張ると外れる・取付位置の誤り）	
	器具を破損させたまま使用	
	総合チェック	

206

主な欠陥例

★は特に多い欠陥例

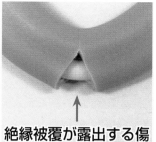
絶縁被覆が露出する傷

20mm 以上の縦割れ

心線が露出する傷

心線の著しい傷

より線の一部が未挿入

未結線
接地線が未結線

被覆の上からねじ締め

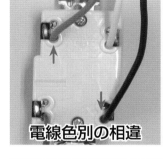
締め付けがゆるい

電線色別の相違
R S T X Y Z

ゴムブッシング未使用

径を間違えて使用

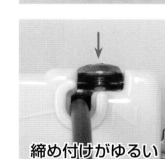
電線色別の相違

締め付けがゆるい

被覆の上からねじ締め

心線の露出

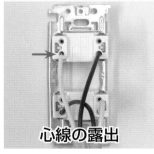
心線の露出

取付位置の誤り

2.0mm と 1.6mm の 2 本
接続は「小」の圧着マーク
★
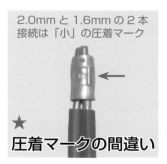
圧着マークの間違い

1.6mm × 2 本の接続箇所
には小スリーブを使用する

選択の誤り

被覆の上から圧着

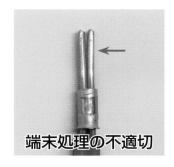
端末処理の不適切

被覆をむき過ぎ

被覆が 20mm 以下

図1．配線図

※図2，図4，施工条件は 196 ～ 197 ページと同じです．

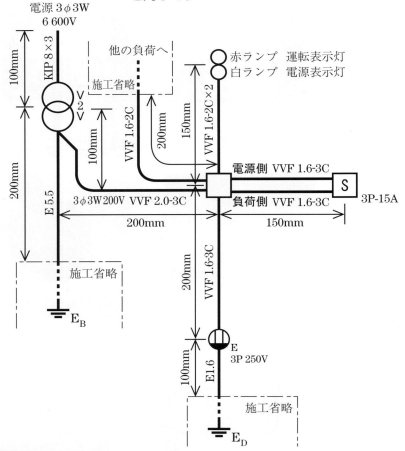

図2．変圧器代用の端子台説明図

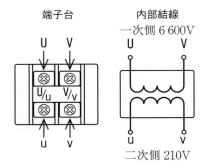

図3．開閉器代用の端子台説明図

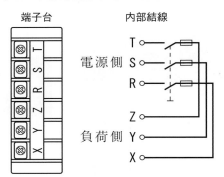

図4．変圧器結線図

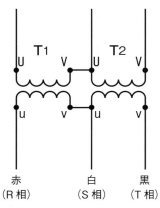

（接地線の表示は省略してある）

■想定した施工条件

1．配線及び器具の配置は，図1に従って行うこと．
2．変圧器代用の端子台は，図2に従って使用すること．
3．開閉器代用の端子台は，図3に従って使用すること．
4．変圧器代用の端子台の結線及び配置は，図4に従い，かつ，次のように行うこと．
 ① 接地線は，変圧器 T₁ の v 端子に結線する．
 ② 変圧器代用の端子台の二次側端子の渡り線は，太さ 2.0mm（白色）を使用する．
5．他の負荷は S 相と T 相間に接続すること．
6．電源表示灯は S 相と T 相間に，運転表示灯は Y 相と Z 相間に接続すること．
7．電線の色別（ケーブルの場合は絶縁被覆の色）は，次によること．
 ① 接地線は，緑色を使用する．
 ② 接地側電線は，すべて白色を使用する．
 ③ 変圧器の二次側の配線は，R 相に赤色，S 相に白色，T 相に黒色を使用する．
 ④ 開閉器の負荷側から動力用コンセントに至る配線は，X 相に赤色，Y 相に白色，Z 相に黒色を使用する．
8．ジョイントボックスを経由する電線は，すべて接続箇所を設け，リングスリーブによる接続とすること．
9．ジョイントボックスは，打抜き済みの穴だけをすべて使用すること．

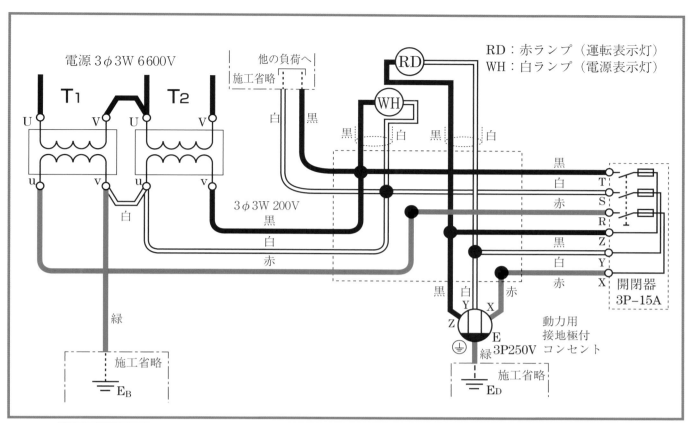

電源 3φ3W 6600V

T₁ T₂

U V U V

U V U V

白

3φ3W 200V

黒

白

赤

緑

施工省略

E_B

他の負荷へ
施工省略

白 黒

黒 白 黒 白

RD：赤ランプ（運転表示灯）
WH：白ランプ（電源表示灯）

RD

WH

黒

白   T

赤   S

R

黒   Z

白   Y

赤   X

黒 白   黒 Y X
赤

Z   E
緑

動力用
接地極付
コンセント

開閉器
3P-15A

3P250V

施工省略

E_D

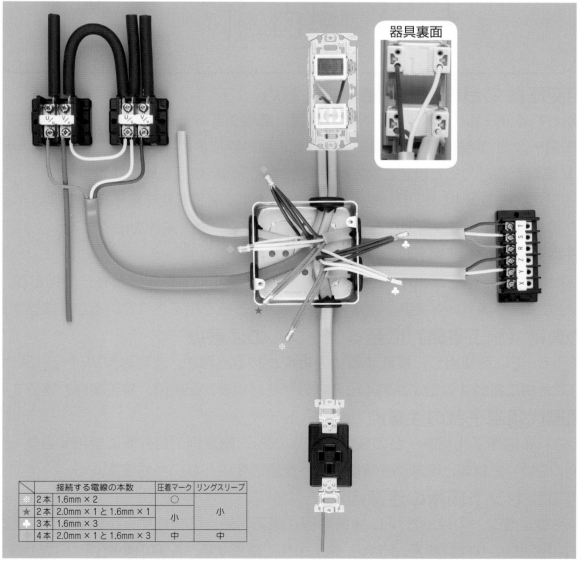

器具裏面

		接続する電線の本数	圧着マーク	リングスリーブ
※	2本	1.6mm × 2	○	
★	2本	2.0mm × 1 と 1.6mm × 1	小	小
♣	3本	1.6mm × 3	小	
	4本	2.0mm × 1 と 1.6mm × 3	中	中

　本書の各候補問題の解説は，あくまでも想定に基づいたものです．実際の試験で出題される問題と本書の解説は同一のものではないため，受験時には，下記の部分について問題用紙をよく読んだ上で作業してください．

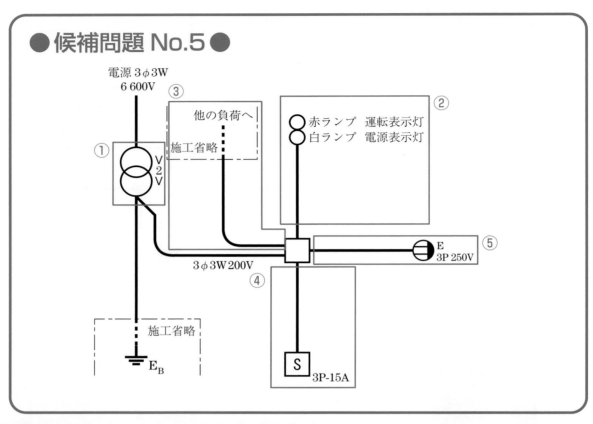

①単相変圧器2台のV−V結線の注意点

・支給される変圧器代用端子台の極数，配置，結線する端子を変圧器結線図で確認する．

・変圧器一次側の結線方法が「単相変圧器側の渡り線によるV結線」，「電源側の母線によるV結線」のどちらで指定されているのか，変圧器結線図を確認する．

・変圧器二次側のR相，S相，T相の電線を結線する端子を変圧器結線図で確認する．

・渡り線に使用する電線の太さと色別の指定について，施工条件を確認する．

②電源表示灯・運転表示灯の接続の注意点

施工条件で，電源表示灯の接続がR相−S相間，S相−T相間のどちらの指定か，運転表示灯の接続がX相−Y相間，Y相−Z相間のどちらで指定されているかを確認する．

③他の負荷（施工省略）に至るケーブルの注意点

VVF1.6−2Cを使用し，接続する相の指定がある出題か，またはVVF1.6−3Cが支給されて各相に接続する指定がある出題なのかを材料表，配線図，施工条件で確認する．

④開閉器代用端子台の注意点

支給される開閉器代用端子台の極数（3P，6P），電源側・負荷側に使用するケーブルの種類について材料表と配線図を確認する．配置の変更がないかも確認する．

⑤動力コンセント箇所の注意点

動力用コンセントの接地線がD種接地極（施工省略）に結線する指定なのか，その他の方法の指定なのかを材料表，配線図，施工条件で確認する．配置の変更がないかも確認する．

《《 想定した材料等の確認 》》

作業開始前に準備した材料等を下記の材料表と必ず照合し，材料の不足があれば，必要分を揃えて下さい．

想定した使用材料

	材　　料	
1.	高圧絶縁電線（KIP），8mm²，長さ約600mm	1本
2.	600V ビニル絶縁ビニルシースケーブル丸形，2.0mm，3心，長さ約400mm	1本
3.	600V ビニル絶縁ビニルシースケーブル平形，1.6mm，3心，長さ約500mm	1本
4.	600V ビニル絶縁ビニルシースケーブル平形，1.6mm，2心，長さ約850mm	1本
5.	600V ビニル絶縁電線，5.5mm²，黒色，長さ約600mm	1本
6.	600V ビニル絶縁電線，5.5mm²，緑色，長さ約200mm	1本
7.	600V ビニル絶縁電線，1.6mm，黒色，長さ約300mm	1本
8.	600V ビニル絶縁電線，1.6mm，白色，長さ約300mm	1本
9.	端子台（変圧器の代用），2P，大	3個
10.	端子台（開閉器の代用），3P，大	1個
11.	ランプレセプタクル（カバーなし）	1個
12.	ジョイントボックス（アウトレットボックス 19mm 3箇所，25mm 2箇所　　　　　　　　　　　　　　　　　　　ノックアウト打抜き済み）	1個
13.	ねじなし電線管（E19），長さ約90mm（端口処理済み）	1本
14.	ねじなしボックスコネクタ（E19）ロックナット付，接地用端子は省略	1個
15.	絶縁ブッシング（19）	1個
16.	ゴムブッシング（19）	2個
17.	ゴムブッシング（25）	2個
18.	リングスリーブ（小）	6個

（注）上記の想定した材料表のリングスリーブの個数には予備品の数は含まれていません．実際の試験では，材料表には予備品を含んだ
　　　リングスリーブの総数が示され，材料箱内にはリングスリーブの予備品もセットされて支給されます．

材料の写真

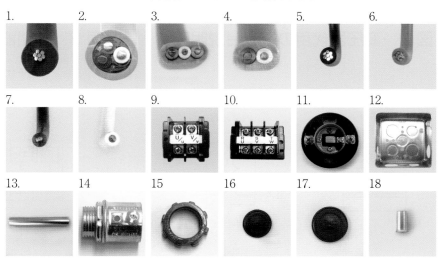

211

候補問題 No.6 問題例［試験時間　60分］

図1に示す配線工事を想定した材料を使用し，「施工条件」に従って完成させなさい．なお，

1. 変圧器及び開閉器は端子台で代用する．
2. —・—・— で示した部分は施工を省略する．
3. 電線接続箇所のテープ巻きや絶縁キャップによる絶縁処理は省略する．
4. 金属管とジョイントボックス（アウトレットボックス）とを電気的に接続することは省略する．
5. ジョイントボックス（アウトレットボックス）の接地工事は省略する．
6. 作品は保護板（板紙）に取り付けないものとする．

図1．配線図

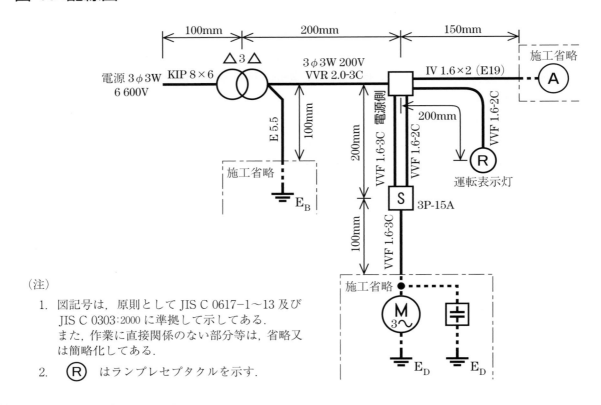

(注)

1. 図記号は，原則として JIS C 0617-1〜13 及び
   JIS C 0303:2000 に準拠して示してある．
   また，作業に直接関係のない部分等は，省略又
   は簡略化してある．

2. Ⓡ はランプレセプタクルを示す．

図2．変圧器代用の端子台説明図

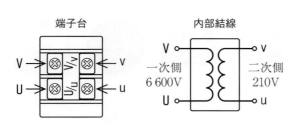

図3．開閉器代用の端子台説明図

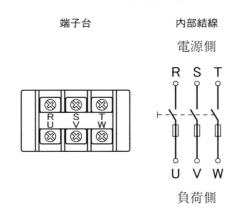

212

図4. 変圧器結線図

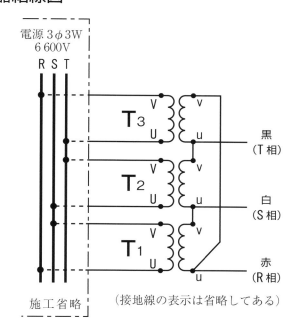

電源 3φ3W
6 600V

R S T

T₃ V U v u

T₂ V U v u

T₁ V U v u

黒 (T相)

白 (S相)

赤 (R相)

施工省略

（接地線の表示は省略してある）

■想定した施工条件

1. 配線及び器具の配置は，**図1**に従って行うこと．
2. 変圧器代用の端子台は，**図2**に従って使用すること．
3. 開閉器代用の端子台は，**図3**に従って使用すること．
4. 変圧器代用の端子台の結線及び配置は，**図4**に従い，かつ，次のように行うこと．
   ① 接地線は，変圧器 T₁ の **v** 端子に結線する．
   ② 変圧器代用の端子台の二次側端子の**渡り線**は，IV5.5mm²（黒色）を使用する．
5. **電流計は，変圧器二次側のS相に接続すること．**
6. 運転表示灯は，開閉器負荷側のU相とV相間に接続すること．
7. 電線の色別（ケーブルの場合は絶縁被覆の色）は，次によること．
   ① 接地線は，**緑色**を使用する．
   ② 接地側電線は，電流計の回路及び渡り線を除きすべて**白色**を使用する．
   ③ 変圧器の二次側の配線は，渡り線を除きR相に**赤色**，S相に**白色**，T相に**黒色**を使用する．
   ④ 開閉器の負荷側から電動機に至る配線は，U相に**赤色**，V相に**白色**，W相に**黒色**を使用する．
   ⑤ ランプレセプタクルの受金ねじ部の端子には，**白色**の電線を結線する．
8. ジョイントボックスを経由する電線は，すべて接続箇所を設け，リングスリーブによる接続とすること．
9. ジョイントボックスは，**打抜き済みの穴だけをすべて使用すること．**
10. ねじなしボックスコネクタは，ジョイントボックス側に取り付けること．

候補問題 No.6

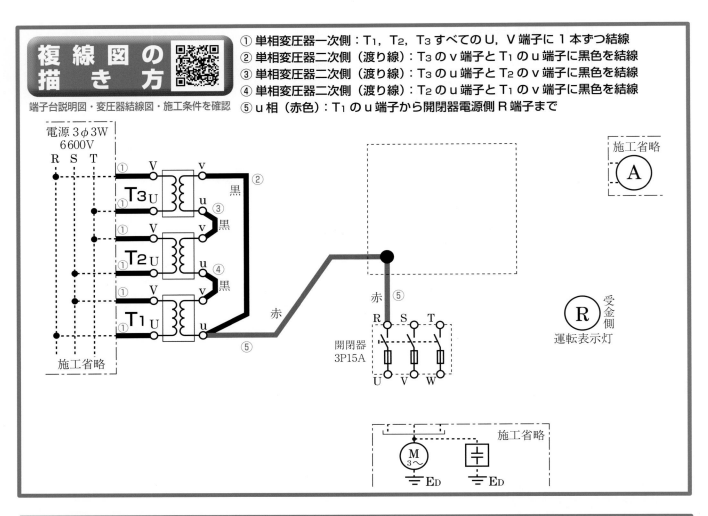

① 単相変圧器一次側：T₁，T₂，T₃ すべての U，V 端子に 1 本ずつ結線
② 単相変圧器二次側（渡り線）：T₃ の v 端子と T₁ の u 端子に黒色を結線
③ 単相変圧器二次側（渡り線）：T₃ の u 端子と T₂ の v 端子に黒色を結線
④ 単相変圧器二次側（渡り線）：T₂ の u 端子と T₁ の v 端子に黒色を結線
⑤ u 相（赤色）：T₁ の u 端子から開閉器電源側 R 端子まで

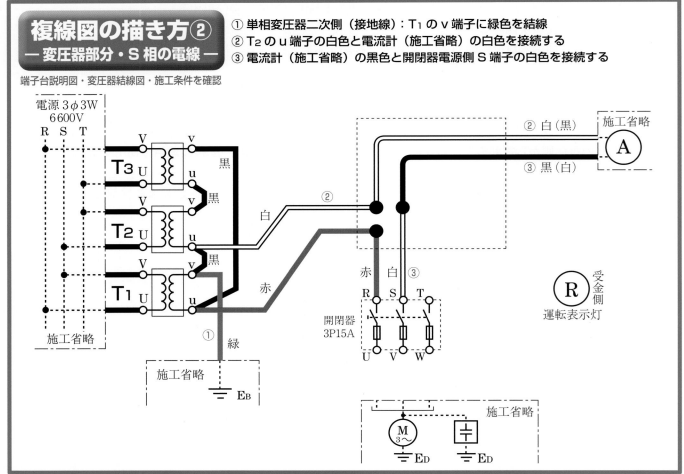

① 単相変圧器二次側（接地線）：T₁ の v 端子に緑色を結線
② T₂ の u 端子の白色と電流計（施工省略）の白色を接続する
③ 電流計（施工省略）の黒色と開閉器電源側 S 端子の白色を接続する

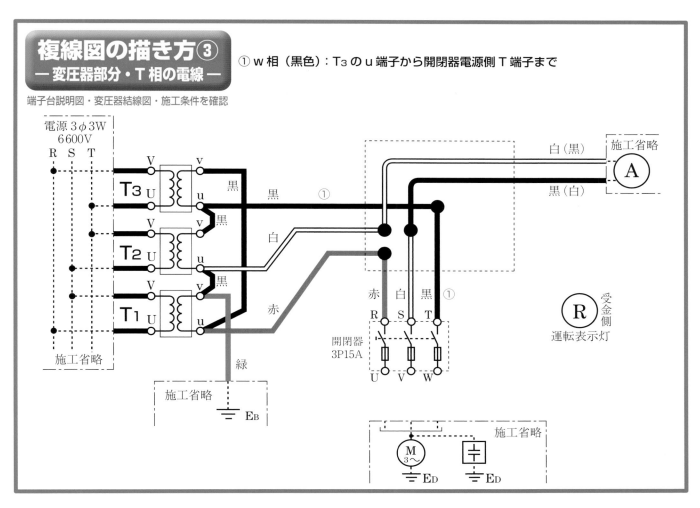

複線図の描き方③
― 変圧器部分・T相の電線 ―

端子台説明図・変圧器結線図・施工条件を確認

① w相（黒色）：T₃のu端子から開閉器電源側T端子まで

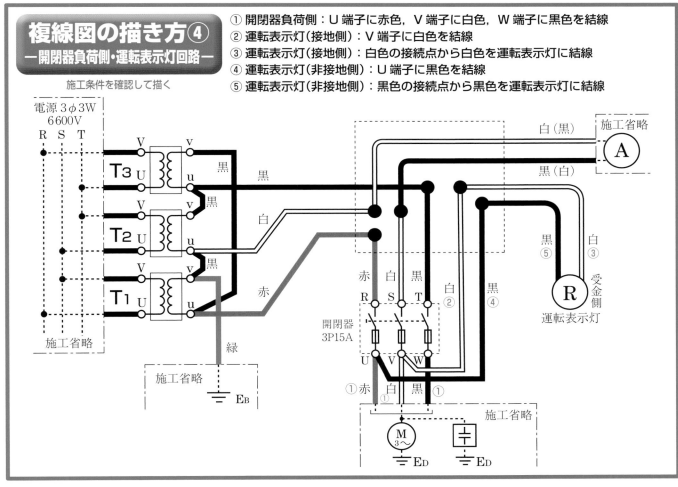

複線図の描き方④
― 開閉器負荷側・運転表示灯回路 ―

施工条件を確認して描く

① 開閉器負荷側：U端子に赤色，V端子に白色，W端子に黒色を結線
② 運転表示灯（接地側）：V端子に白色を結線
③ 運転表示灯（接地側）：白色の接続点から白色を運転表示灯に結線
④ 運転表示灯（非接地側）：U端子に黒色を結線
⑤ 運転表示灯（非接地側）：黒色の接続点から黒色を運転表示灯に結線

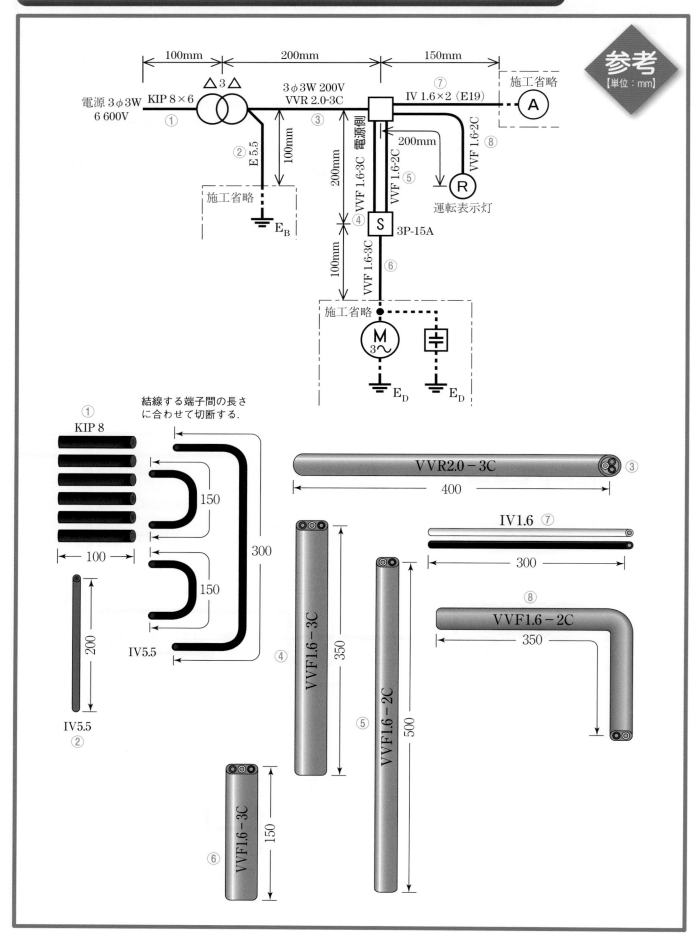

参考
【単位：mm】

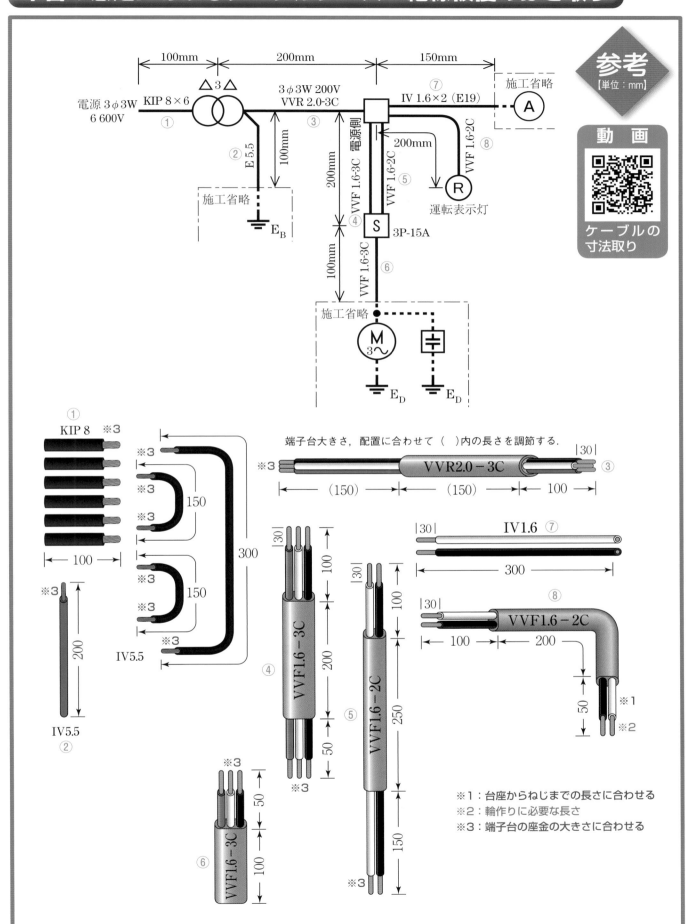

参考 【単位：mm】

動 画

ケーブルの
寸法取り

電源 3φ3W
6 600V
①

KIP 8×6

△3△

② E 5.5

100mm

施工省略

E_B

3φ3W 200V
VVR 2.0-3C
③

200mm

VVR 2.0-3C ③
端子台大きさ，配置に合わせて（ ）内の長さを調節する．
※3 |30|
(150) (150) 100

VVF 1.6-3C 電源側 ④

VVF 1.6-2C ⑤

200mm

S 3P-15A

IV 1.6×2（E19）
⑦

施工省略

A

VVF 1.6-2C
⑧

R
運転表示灯

100mm

VVF 1.6-3C ⑥

施工省略

M 3~

E_D E_D

① KIP 8 ※3

← 100 →

※3
IV5.5
②

200

※3
※3

150

※3
※3

150

300

IV5.5

※3
※3

※3

④ VVF1.6－3C

|30|
100
200
50

※3

⑤ VVF1.6－2C

|30|
100
250
150

※3

⑥ VVF1.6－3C

※3
50
100

IV1.6 ⑦
|30|
← 300 →

⑧ VVF1.6－2C
|30|
← 100 →← 200 →
50
※1
※2

※1：台座からねじまでの長さに合わせる
※2：輪作りに必要な長さ
※3：端子台の座金の大きさに合わせる

候補問題 No.6

217

作業ポイント1：変圧器一次側・二次側部分

動画
変圧器へのデルタ
結線の作業

【一次側】

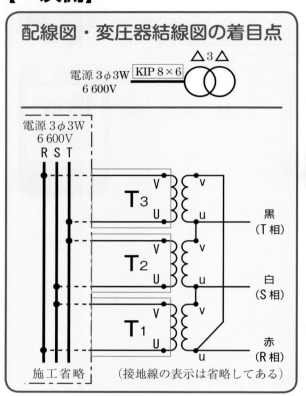

配線図・変圧器結線図の着目点

電源3φ3W 6 600V KIP 8×6 △3△

電源3φ3W
6 600V
R S T

T₃ v v
    U u   黒（T相）

T₂ v v
    U u   白（S相）

T₁ v v
    U u   赤（R相）

施工省略

（接地線の表示は省略してある）

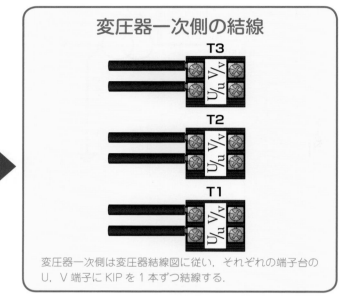

変圧器一次側の結線

T3

T2

T1

変圧器一次側は変圧器結線図に従い，それぞれの端子台の U，V 端子に KIP を 1 本ずつ結線する．

配線図には変圧器一次側に「KIP8×6」と示されているので，変圧器一次側に結線する KIP は 6 本と判別する．結線する端子は変圧器結線図に従い，T₁, T₂, T₃ のそれぞれの端子台の U, V 端子に 1 本ずつ結線する．

【二次側】

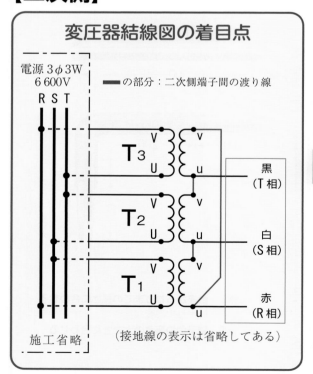

変圧器結線図の着目点

電源3φ3W
6 600V   ■の部分：二次側端子間の渡り線
R S T

T₃ v v
    U u   黒（T相）

T₂ v v
    U u   白（S相）

T₁ v v
    U u   赤（R相）

施工省略

（接地線の表示は省略してある）

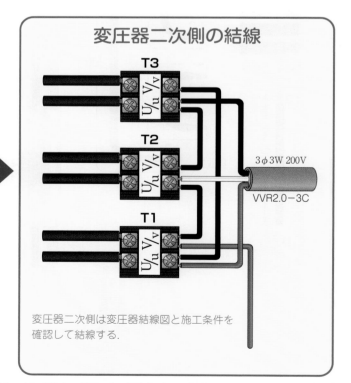

変圧器二次側の結線

T3

T2   3φ3W 200V
         VVR2.0-3C

T1

変圧器二次側は変圧器結線図と施工条件を確認して結線する．

変圧器結線図を見ると，変圧器二次側に「赤（R相）」，「白（S相）」，「黒（T相）」と示されている．この部分が VVR2.0-3C を結線する端子となる．また，上図の青色で示した部分が二次側の端子間に結線する渡り線となる．変圧器結線図では接地線の表示が省略され，施工条件で結線する端子が指定されるので，施工条件に注意する．

【運転表示灯へ至るケーブル】

配線図・端子台説明図の着目点

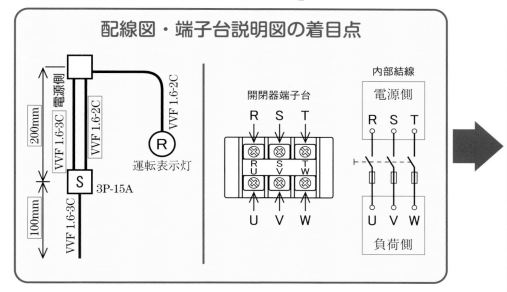

ケーブルの寸法

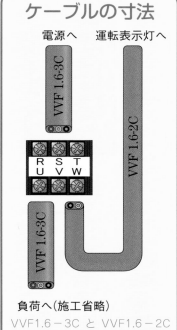

負荷へ（施工省略）

VVF1.6－3C と VVF1.6－2C
は寸法取りが異なるので切断時に
注意する．

配線図を見ると，ジョイントボックス（アウトレットボックス）から開閉器電源側間に「VVF1.6－3C」，「VVF1.6－2C」と示され，端子台説明図には，開閉器代用端子台が3端子とある．よって，「VVF1.6－3C」を開閉器電源側のケーブル，「VVF1.6－2C」は開閉器より運転表示灯に至るケーブルと判別する．運転表示灯は，負荷の運転状態を示す表示灯で，開閉器の負荷側につながるため，「VVF1.6－2C」の方が長くなる．

【開閉器代用端子台の結線】

端子台説明図の着目点

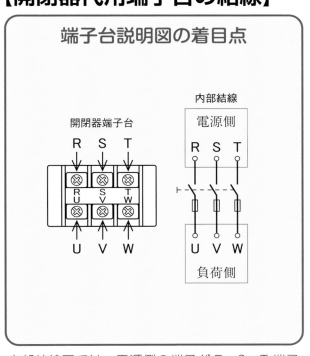

開閉器代用端子台の結線

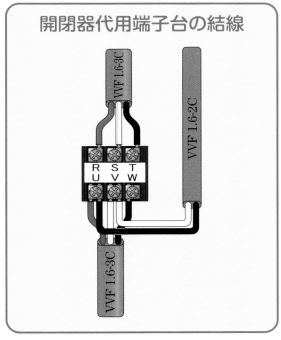

内部結線図では，電源側の端子がR，S，T端子，負荷側の端子がU，V，W端子と示されている．電源側・負荷側の各端子に結線する電線色別は，施工条件で指定されるので，その指定に従う．また，運転表示灯に至るケーブルを結線する端子も施工条件で指定されるので，その指定に従って結線する．

この候補問題は三相電源（3φ3W）のため，電線接続の際に電源側と負荷側の相を合わせて接続する．変圧器二次側の相と開閉器電源側，負荷側の相については，下記のように対応している．

	変圧器二次側 （電線色別の指定）	開閉器電源側 （電線色別の指定）	開閉器負荷側 （電線色別の指定）
対応する相	R相（赤色）	R相（赤色）	U相（赤色）
	S相（白色）	S相（白色）	V相（白色）
	T相（黒色）	T相（黒色）	W相（黒色）

※施工条件に従って，電流計（施工省略）は変圧器二次側のS相に接続する．運転表示灯は負荷側のU相とV相間に接続する．

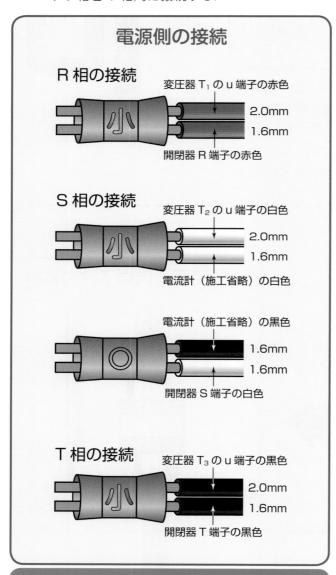

電源側の接続

R相の接続
変圧器T₁のu端子の赤色
2.0mm
1.6mm
開閉器R端子の赤色

S相の接続
変圧器T₂のu端子の白色
2.0mm
1.6mm
電流計（施工省略）の白色

電流計（施工省略）の黒色
1.6mm
1.6mm
開閉器S端子の白色

T相の接続
変圧器T₃のu端子の黒色
2.0mm
1.6mm
開閉器T端子の黒色

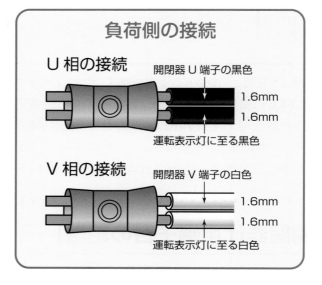

負荷側の接続

U相の接続
開閉器U端子の黒色
1.6mm
1.6mm
運転表示灯に至る黒色

V相の接続
開閉器V端子の白色
1.6mm
1.6mm
運転表示灯に至る白色

リングスリーブ接続では，充電部の露出が10mm未満であれば，絶縁被覆の端が多少不揃いでもよい．

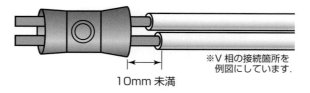

10mm未満
※V相の接続箇所を例図にしています．

リングスリーブ上端から出ている心線が5mm未満になるように端末処理を必ず行うこと．心線が5mm以上出ている場合は欠陥となるので注意．

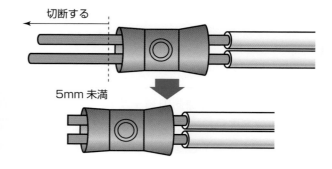

切断する
5mm未満

候補問題 No.6 完成参考写真

動画
作品の確認作業
と注意点

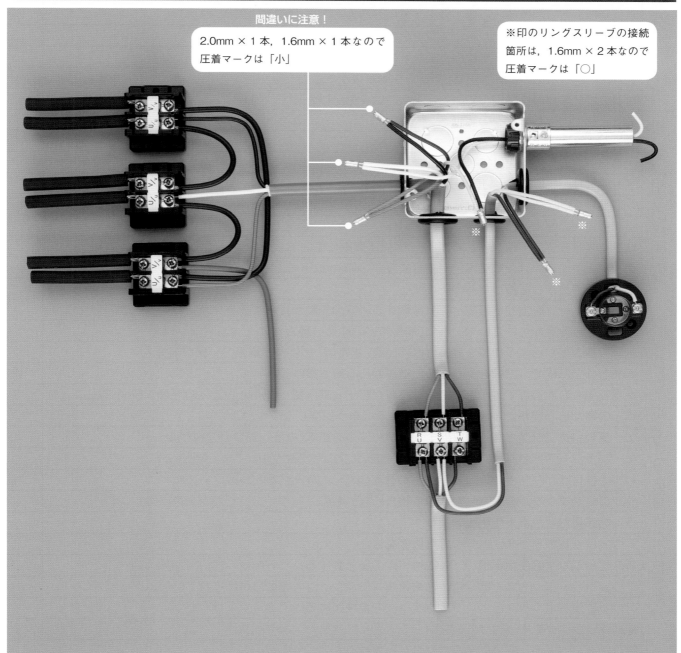

間違いに注意！
2.0mm × 1本, 1.6mm × 1本なので圧着マークは「小」

※印のリングスリーブの接続箇所は, 1.6mm × 2本なので圧着マークは「○」

候補問題 No.6

※複線図の描き方④（215ページ）の複線図に基づいた完成参考写真です.

 注意！ 本年度公表された候補問題（本書5ページ参照）には, 注記5. に「電源・機器・器具の配置については変更する場合がある.」とあるため, 公表された候補問題の電源・機器・器具の配置が変更されて出題される可能性があります.

候補問題 No.6 欠陥チェック

	欠 陥 の 項 目	✓
全体共通部分	未完成（未着手，未接続，未結線）	
	配線・器具の配置・電線の種類が配線図と相違	
	配線図に示された寸法の50％以下で完成させている	
	回路の誤り（誤結線，誤接続）	
	施工条件と電線色別が相違，接地側・非接地側電線の色別相違，器具の極性相違	
	ケーブルシースに20mm以上の縦割れがある	
	ケーブルを折り曲げると絶縁被覆が露出する傷がある	
	絶縁被覆を折り曲げると心線が露出する傷がある	
	心線を折り曲げると心線が折れる程度の傷がある	
	より線を減線している（素線の一部を切断したもの）	
	VVRのケーブルシースの内側にある介在物が抜けたもの	
	材料表以外の材料を使用している（試験時は支給品以外）	
電線相互の接続部分	圧着接続での圧着マークの誤り	
	リングスリーブを破損している	
	圧着マークの一部が欠けている	
	リングスリーブに2つ以上の圧着マークがある	
	1箇所の接続に2個以上のリングスリーブを使用している	
	接続部先端の端末処理が適切でない（心線が5mm以上露出している）	
	リングスリーブの下端から心線が10mm以上露出している	
	ケーブルシースのはぎ取り不足で絶縁被覆が20mm以下	
	絶縁被覆の上から圧着したもの	
	リングスリーブを上から目視して，接続する心線の先端が接続本数分見えていないもの	
ボックス・器具等との結線部分	心線をねじで締め付けていないもの（端子ねじのゆるい締め付け）	
	絶縁被覆の上から端子ねじを締め付けている，または，より線の素線の一部が未挿入	
	端子台への結線で，電線を引っ張ると端子から心線が抜ける	
	絶縁被覆をむき過ぎて端子台の端から心線が露出（高圧側：20mm以上，低圧側：5mm以上）	
	ねじの端から心線が5mm以上露出している（※ランプレセプタクル）	
	ケーブル引込口を通さずに台座の上からケーブルを結線（※ランプレセプタクル）	
	ケーブルシースが台座まで入っていない（※ランプレセプタクル）	
	ねじの巻付けが左巻き，3/4周以下，重ね巻き（※ランプレセプタクル）	
	ランプレセプタクルのカバーが適切に締まらないもの	
	器具を破損させたまま使用	
	アウトレットボックスに余分な打ち抜きをした	
	ゴムブッシングの使用不適切（未取付・穴の径と異なる）	
	アウトレットボックスと電線管との未接続（ロックナットが取り付けられていない）	
	アウトレットボックスとボックスコネクタの接続がゆるい	
	絶縁ブッシングを取り付けていない	
	電線管を引っ張るとボックスコネクタから外れるもの	
	アウトレットボックスの外側にロックナットを取り付けている	
	ねじなしボックスコネクタの止めねじをねじ切っていない	

総合チェック	

222

主な欠陥例

★は特に多い欠陥例

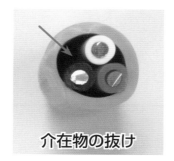
介在物の抜け

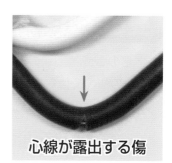
20mm 以上の縦割れ

心線が露出する傷

★

器具の極性相違

★

シースが台座に入っていない

★

カバーが締まらない

被覆の上からねじ締め

台座の上から結線

輪が左巻き

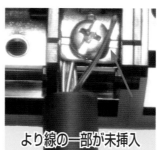
より線の一部が未挿入

接地線が未結線
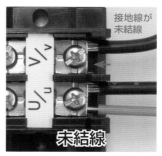
未結線

ねじ切っていない

絶縁ブッシング未使用

ロックナット未使用

ロックナットの取付箇所の誤り

ゴムブッシング未使用

径を間違えて使用

2.0mm と 1.6mm の 2 本
接続は「小」の圧着マーク
★
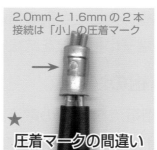
圧着マークの間違い

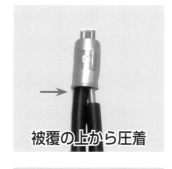
被覆の上から圧着

端末処理の不適切

被覆をむき過ぎ

絶縁被覆が短い

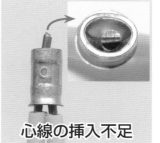
心線の挿入不足

　本書の各候補問題の解説は，あくまでも想定に基づいたものです．実際の試験で出題される問題と本書の解説は同一のものではないため，受験時には，下記の部分について問題用紙をよく読んだ上で作業してください．

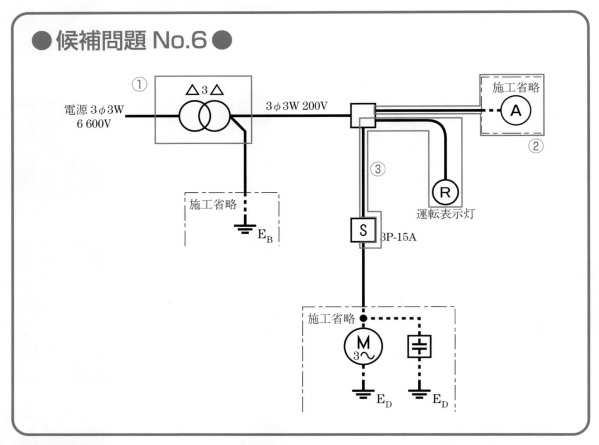

● 候補問題 No.6 ●

①単相変圧器３台の△ー△結線の注意点

　・変圧器一次側の結線方法が「電源側の母線による△結線」，「単相変圧器側の渡り線による△結線」のどちらで指定されているのか，変圧器結線図を確認する．

　・変圧器二次側のＲ相，Ｓ相，Ｔ相の電線を結線する端子を変圧器結線図で確認する．

　・渡り線に使用する電線の太さと色別の指定について，施工条件を確認する．

　・変圧器二次側のどの端子に接地線を結線する指定なのか，施工条件を確認する．

②電流計を接続する相の注意点

　三相３線式回路で各相電流を１つの電流計で想定する場合，通常は電流計切換スイッチを用いて電流の測定相を切り換えるが，この問題では，電流の測定相が指定されることがある．そのため，どの相の電流を測定すると指定されているか，施工条件を確認する．

③運転表示灯へ至るケーブルの注意点

　運転表示灯へ至るケーブルの接続は，開閉器負荷側の「Ｕ相とＶ相間」，「Ｖ相とＷ相間」のどちらで指定されているか，施工条件を確認する．

《 想定した材料等の確認 》

作業開始前に準備した材料等を下記の材料表と必ず照合し，材料の不足があれば，必要分を揃えて下さい．

想定した使用材料

材　料	
1. 高圧絶縁電線（KIP），8mm²，長さ約750mm ………………………………………	1本
2. 制御用ビニル絶縁ビニルシースケーブル，2mm²，3心，長さ約500mm ………………………	1本
3. 制御用ビニル絶縁ビニルシースケーブル，2mm²，2心，長さ約850mm ………………………	1本
4. 600Vビニル絶縁ビニルシースケーブル平形（シース青色），2.0mm，3心，長さ約300mm ……	1本
5. 600Vビニル絶縁電線，5.5mm²，緑色，長さ約300mm ………………………………	1本
6. 600Vビニル絶縁電線，2mm²，緑色，長さ約200mm ………………………………	1本
7. 端子台（変圧器の代用），3P，大 ……………………………………………	1個
8. 端子台（CTの代用），2P，大 ……………………………………………	2個
9. 端子台（過電流継電器の代用），4P ………………………………………	1個
10. ジョイントボックス（アウトレットボックス 19mm 2箇所，25mm 2箇所 ノックアウト打抜き済み） ……	1個
11. ゴムブッシング（19）…………………………………………………………	2個
12. ゴムブッシング（25）…………………………………………………………	2個
13. リングスリーブ（小）…………………………………………………………	4個

（注）上記の想定した材料表のリングスリーブの個数には予備品の数は含まれていません．実際の試験では，材料表には予備品を含んだ
リングスリーブの総数が示され，材料箱内にはリングスリーブの予備品もセットされて支給されます．

材料の写真

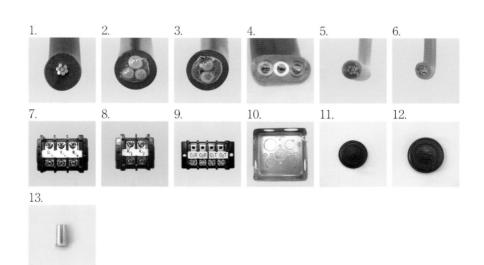

候補問題 No.7 問題例 ［試験時間　60分］

図1に示す配線工事を想定した材料を使用し,「施工条件」に従って完成させなさい. なお,
1. 変圧器, CT 及び過電流継電器は端子台で代用する.
2. ―・―・― で示した部分は施工を省略する.
3. 電線接続箇所のテープ巻きや絶縁キャップによる絶縁処理は省略する.
4. ジョイントボックス（アウトレットボックス）の接地工事は省略する.
5. 作品は保護板（板紙）に取り付けないものとする.

図1. 配線図

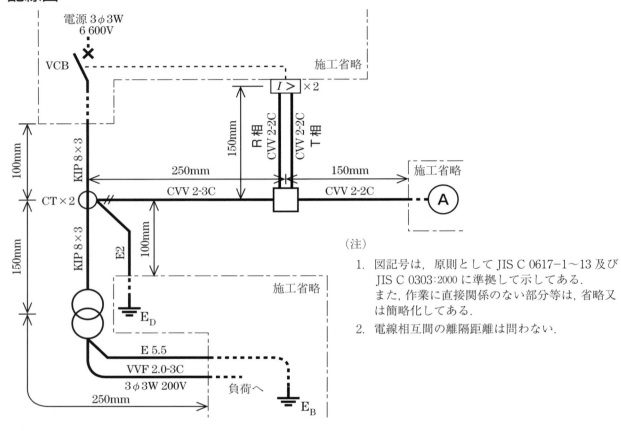

（注）
1. 図記号は, 原則として JIS C 0617-1〜13 及び
   JIS C 0303:2000 に準拠して示してある.
   また, 作業に直接関係のない部分等は, 省略又
   は簡略化してある.
2. 電線相互間の離隔距離は問わない.

図2. 変圧器, CT 及び過電流継電器代用の端子台説明図

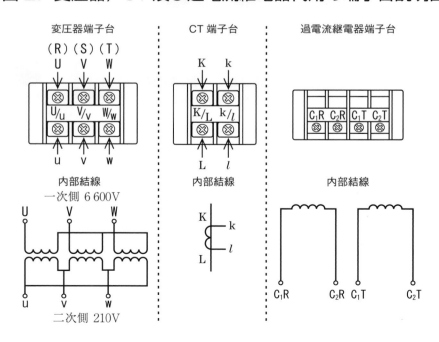

図3. CT 結線図

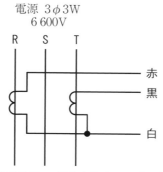

電源 3φ3W
6 600V

（接地線の表示は省略してある）

■想定した施工条件

1．配線及び器具の配置は，**図1**に従って行うこと．
2．変圧器，CT 及び過電流継電器代用の端子台は，**図2**に従って使用すること．
3．CT の結線は，**図3**に従い，かつ，次のように行うこと．
　　①CT の K 側を高圧の電源側として使用する．
　　②CT の 1 端子に結線できる電線本数は 2 本以下とする．
　　③CT の接地線は，CT の二次側 l 端子に結線する．
　　④CT の二次側の渡り線は，太さ $2mm^2$（白色）を使用する．
　　⑤CT の k 端子からは，R 相，T 相それぞれ過電流継電器の C_1R，C_1T 端子に結線する．
4．**電流計は，S 相の電流を測定するように，接続すること．**
5．**変圧器の接地線は，v 端子に結線すること．**
6．電線の色別（ケーブルの場合は絶縁被覆の色）は，次によること．
　　① 接地線は，**緑色**を使用する．
　　②CT の二次側からジョイントボックスに至る配線は，R 相に**赤色**，T 相に**黒色**を使用する．
　　③ 変圧器の二次側の配線は，u 相に**赤色**，v 相に**白色**，w 相に**黒色**を使用する．
7．ジョイントボックスを経由する電線は，すべて接続箇所を設け，リングスリーブによる接続とすること．
8．ジョイントボックスは，**打抜き済みの穴だけをすべて使用すること**．

候補問題 No.7

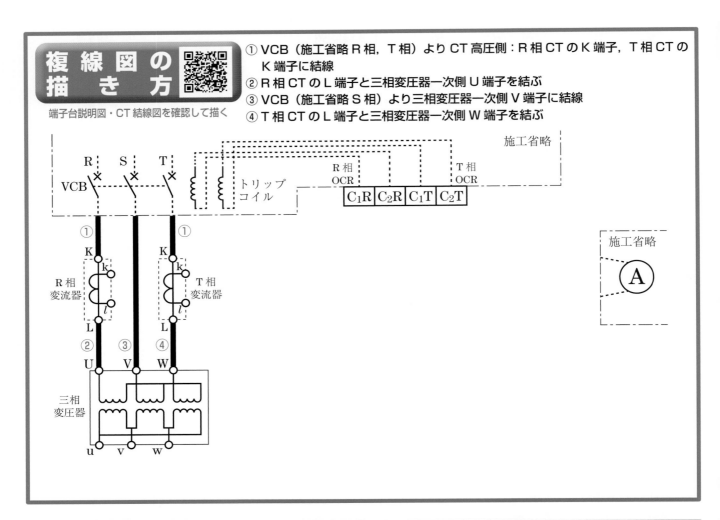

複線図の描き方

端子台説明図・CT結線図を確認して描く

① VCB（施工省略 R 相，T 相）より CT 高圧側：R 相 CT の K 端子，T 相 CT の K 端子に結線
② R 相 CT の L 端子と三相変圧器一次側 U 端子を結ぶ
③ VCB（施工省略 S 相）より三相変圧器一次側 V 端子に結線
④ T 相 CT の L 端子と三相変圧器一次側 W 端子を結ぶ

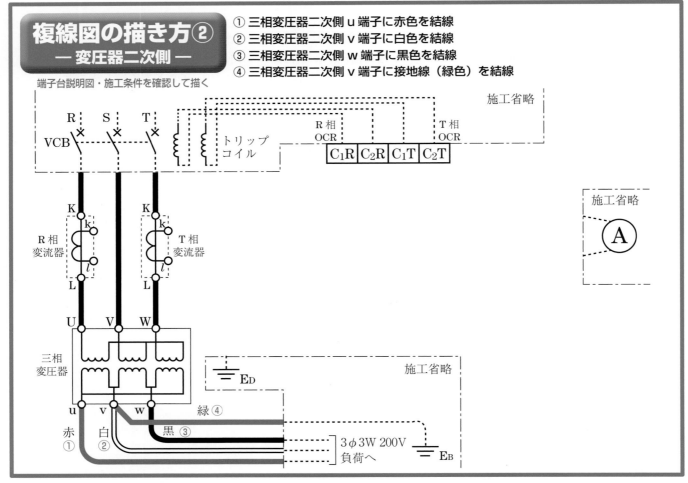

複線図の描き方②
― 変圧器二次側 ―

端子台説明図・施工条件を確認して描く

① 三相変圧器二次側 u 端子に赤色を結線
② 三相変圧器二次側 v 端子に白色を結線
③ 三相変圧器二次側 w 端子に黒色を結線
④ 三相変圧器二次側 v 端子に接地線（緑色）を結線

複線図の描き方③
―CT 二次側（各相その1）―

① R相CT「k」端子に赤色を結線し，接続点からR相OCR「C₁R」端子に黒色を結線
② T相CT「k」端子に黒色を結線し，接続点からT相OCR「C₁T」端子に黒色を結線
③ T相・R相CT「ℓ」端子間に白色の渡り線を結線
④ T相CT「ℓ」端子に白色を結線し，接続点から電流計に白色を結線

※ OCR「C₁R」，「C₁T」に結線する電線と電流計へ配線する電線は色別を問わない

CT結線図・施工条件を確認して描く

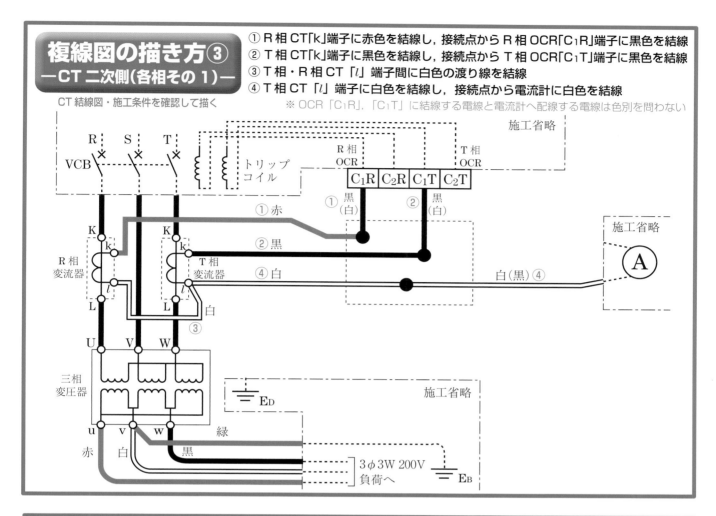

複線図の描き方④
―CT 二次側（各相その2）―

① R相OCR「C₂R」端子とT相OCR「C₂T」端子にそれぞれ白色を結線し，接続点から電流計に黒色を結線
② R相CT「ℓ」端子に接地線（緑色）を結線

※ OCR「C₂R」，「C₂T」に結線する電線と電流計へ配線する電線は色別を問わない

CT結線図・施工条件を確認して描く

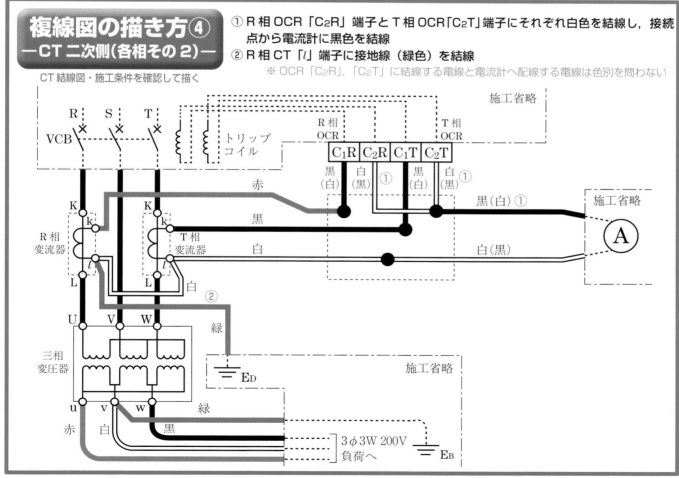

229

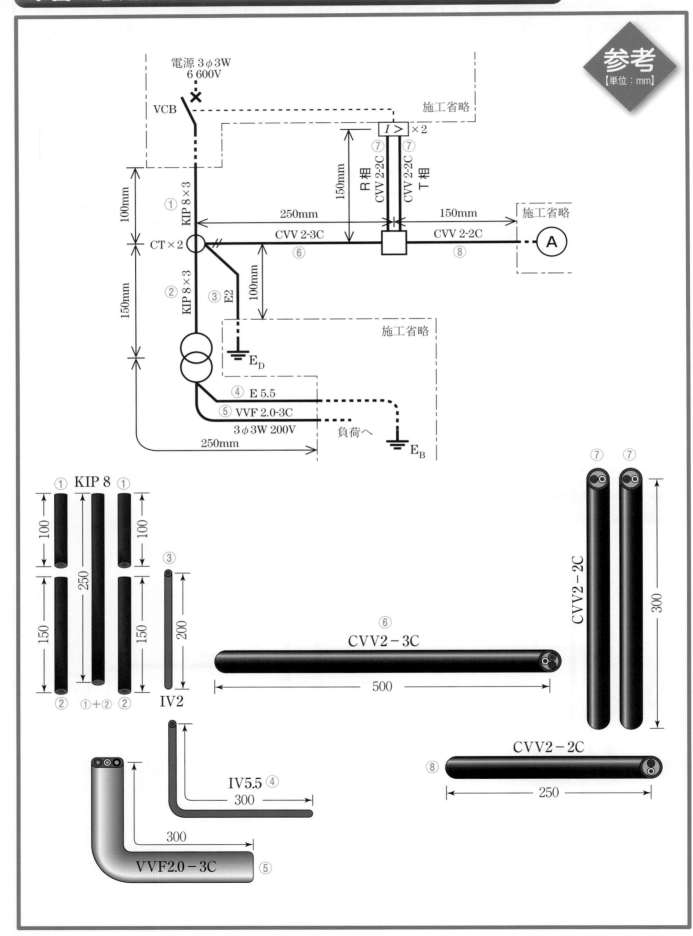

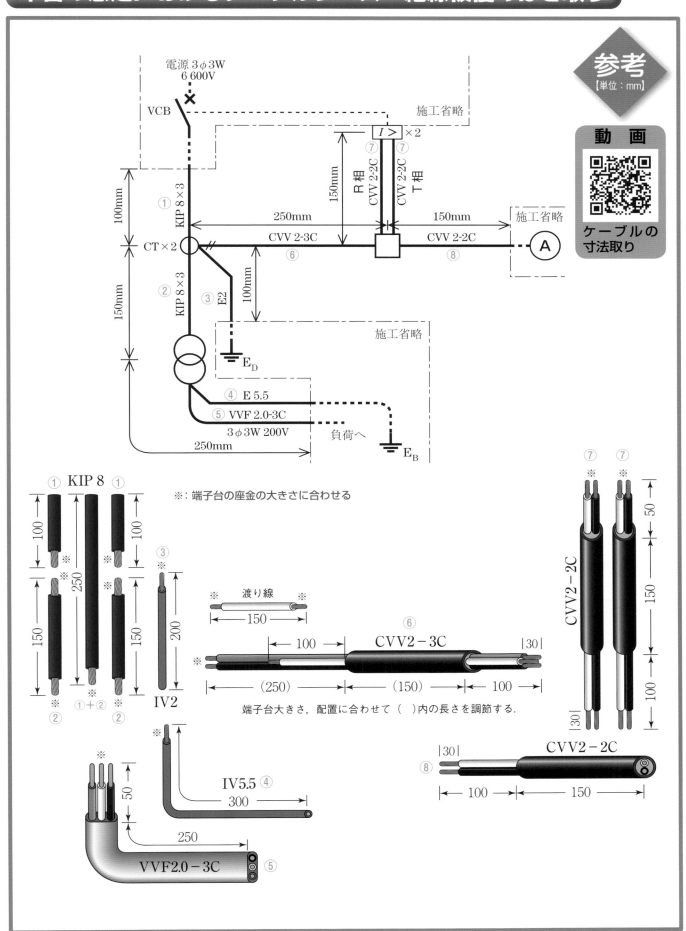

参考
【単位：mm】

動画

ケーブルの
寸法取り

※：端子台の座金の大きさに合わせる

端子台大きさ，配置に合わせて（ ）内の長さを調節する．

作業ポイント1：CT～三相変圧器一次側

【KIPの寸法取り】

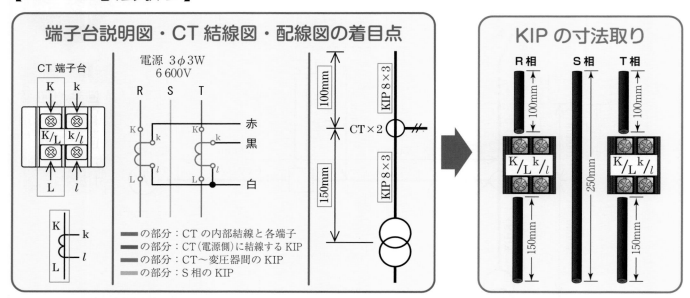

端子台説明図・CT結線図・配線図の着目点

CT端子台

電源 3φ3W
6 600V

━━の部分：CTの内部結線と各端子
━━の部分：CT（電源側）に結線するKIP
━━の部分：CT～変圧器間のKIP
━━の部分：S相のKIP

KIPの寸法取り

R相　S相　T相

CTの内部結線図を展開接続図に重ね合わせ，CTの端子配置と結線するKIPを色分けすると上図のようになり，配線図の電源～CT間とCT～変圧器間に「KIP8×3」と示されているのは，R相，S相，T相に結線するKIPのことと判別できる．また，上図からR相・T相の電源～CT間，R相・T相のCT～変圧器間に結線するKIPとS相のKIPは寸法が異なることも判別できる．KIPの寸法取りを100mmを3本，150mmを3本と切断すると間違いなので注意する．

【変圧器一次側】

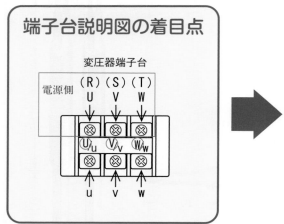

端子台説明図の着目点

変圧器端子台

電源側　（R）（S）（T）

端子台説明図より，U端子がR相，V端子がS相，W端子がT相と対応することがわかる．CTはR相とT相に配置されるので，2台のCTのL端子に結線したKIPをそれぞれ変圧器のU端子とW端子に結線し，V端子には寸法が250mmのKIP結線する．

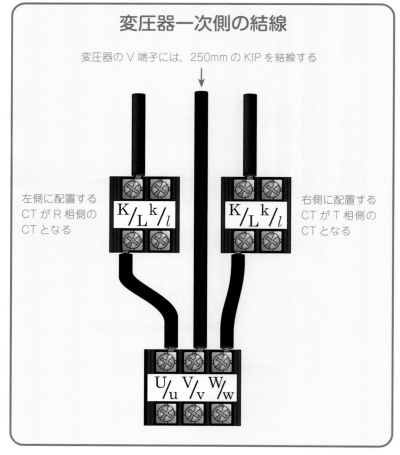

変圧器一次側の結線

変圧器のV端子には，250mmのKIPを結線する

左側に配置する
CTがR相側の
CTとなる

右側に配置する
CTがT相側の
CTとなる

動画
CT二次側への結線
作業

【CT二次側】

端子台説明図・CT結線図の着目点

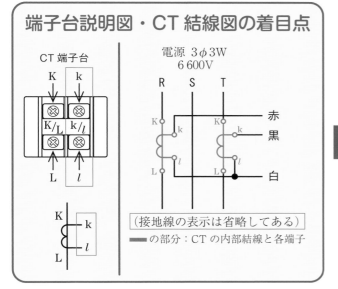

CT端子台

電源 3φ3W
6 600V

（接地線の表示は省略してある）
■ の部分：CTの内部結線と各端子

CT二次側の結線

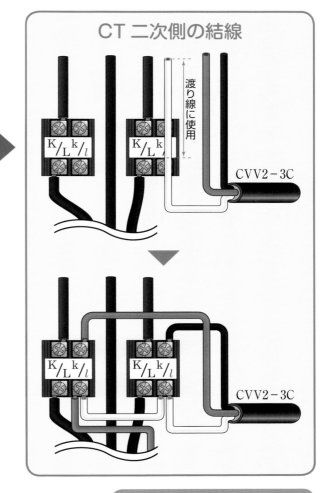

渡り線に使用

CVV2－3C

CTの内部結線図を展開接続図に重ねると上図のように
なり，CVV2－3Cの赤色をR相側CTのk端子，黒色を
T相側CTのk端子に結線すると判別できる．CVV2－
3Cの白色はR相側・T相側CTのl端子間に白色の渡
り線を結線し，そのどちらかの端子に結線する．接地線も
R相側・T相側CTのl端子のどちらかに結線すればよ
いが，支給されるケーブルの長さを考慮してCVV2－3C
の白色はT相側，接地線はR相側に結線する．渡り線は，
CVVの白色を端子台に結線できる長さを残して切り出す．

動画
変圧器二次側への
結線作業

【変圧器二次側】

端子台説明図・内部結線図の着目点

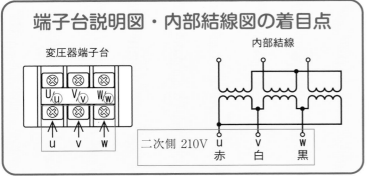

変圧器端子台

内部結線

二次側 210V

変圧器二次側の結線

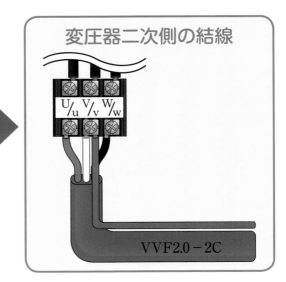

VVF2.0－2C

変圧器端子台説明図の内部結線図では，二次側のu端子に赤
色，v端子に白色，w端子に黒色を結線すると指定されてい
るので，この指定に従って結線すればよい．接地線を結線す
る端子は，施工条件の指定に従ってv端子に結線する．

233

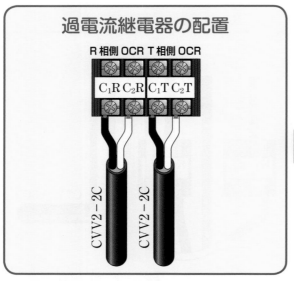

過電流継電器の配置

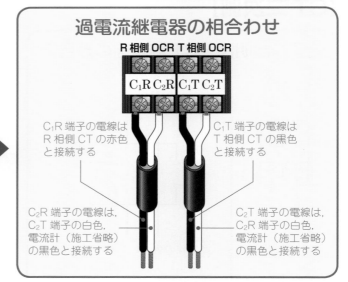

過電流継電器の相合わせ

C_1R 端子の電線は R 相側 CT の赤色と接続する

C_1T 端子の電線は T 相側 CT の黒色と接続する

C_2R 端子の電線は，C_2T 端子の白色，電流計（施工省略）の黒色と接続する

C_2T 端子の電線は，C_2R 端子の白色，電流計（施工省略）の黒色と接続する

過電流継電器代用端子台の端子には電線色別の指定がないため，各端子には CVV2 － 2C の黒色，白色のどちらを結線しても構わない．過電流継電器代用端子台は 4 端子あるため，左側配置の端子が R 相側，右側配置の端子が T 相側となり，電線接続時に相合わせの必要がある．

作業ポイント５：電線接続

動画
電線接続の作業

より線 $2mm^2$ は単線 1.6mm と同等とされ，$2mm^2$ の 2 本接続は 1.6mm の 2 本接続と同様に「○」のマークで圧着する．また，$2mm^2$ の 3 本接続は「小」の圧着マークで圧着するので，刻印間違いに注意する．

$2mm^2$ の 2 本接続

$2mm^2$ の 2 本接続は，「○」の圧着マークで圧着する．この接続は間違いが多い箇所なので注意する．

【該当箇所】

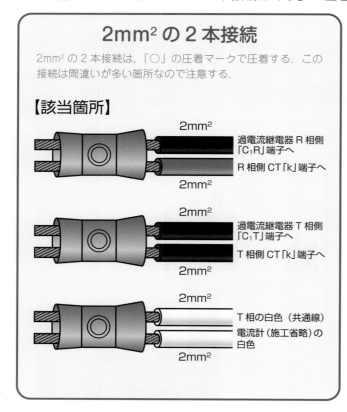

$2mm^2$ 過電流継電器 R 相側「C_1R」端子へ

R 相側 CT「k」端子へ $2mm^2$

$2mm^2$ 過電流継電器 T 相側「C_1T」端子へ

T 相側 CT「k」端子へ $2mm^2$

$2mm^2$ T 相の白色（共通線）

電流計（施工省略）の白色 $2mm^2$

$2mm^2$ の 3 本接続

$2mm^2 \times 3$ 本の接続は，「小」の圧着マークで圧着する．

【該当箇所】

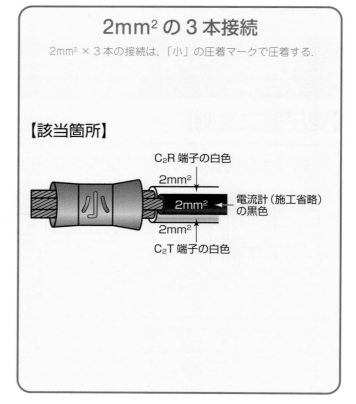

C_2R 端子の白色
$2mm^2$

$2mm^2$ 電流計（施工省略）の黒色

$2mm^2$
C_2T 端子の白色

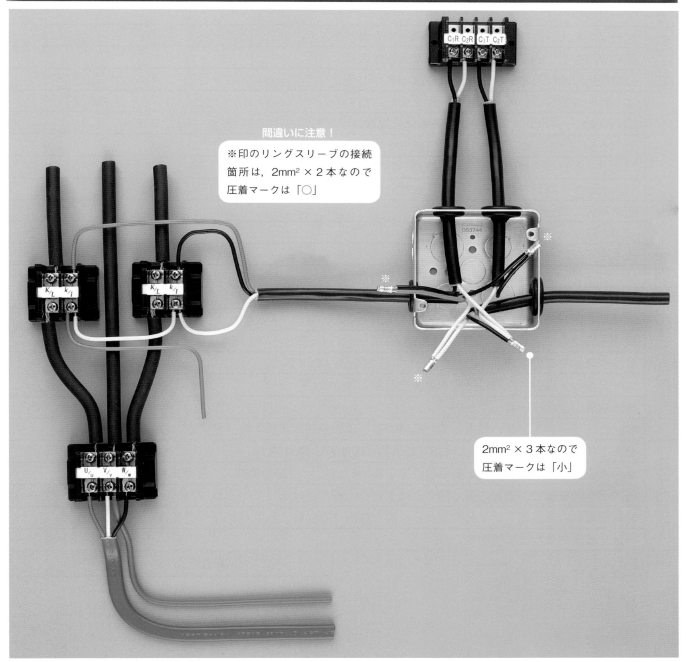

間違いに注意！

※印のリングスリーブの接続
箇所は，2mm² × 2 本なので
圧着マークは「○」

2mm² × 3 本なので
圧着マークは「小」

※複線図の描き方④（229 ページ）の複線図に基づいた完成参考写真です.

 注意！ 本年度公表された候補問題（本書 5 ページ参照）には，注記 5. に「電源・機器・器具の配置については変更する場合がある.」
とあるため，公表された候補問題の電源・機器・器具の配置が変更されて出題される可能性があります.

	欠 陥 の 項 目	✓
全体共通部分	未完成（未着手，未接続，未結線）	
	配線・器具の配置・電線の種類が配線図と相違	
	配線図に示された寸法の 50％以下で完成させている	
	回路の誤り（誤結線，誤接続）	
	施工条件と電線色別が相違している	
	ケーブルシースに 20mm 以上の縦割れがある	
	ケーブルを折り曲げると絶縁被覆が露出する傷がある	
	絶縁被覆を折り曲げると心線が露出する傷がある	
	心線を折り曲げると心線が折れる程度の傷がある	
	より線を減線している（素線の一部を切断したもの）	
	CVV のケーブルシースの内側にある介在物が抜けたもの	
	アウトレットボックスに余分な打ち抜きをした	
	ゴムブッシングの使用不適切（未取付・穴の径と異なる）	
	材料表以外の材料を使用している（試験時は支給品以外）	
電線相互の接続部分	圧着接続での圧着マークの誤り	
	リングスリーブを破損している	
	圧着マークの一部が欠けている	
	リングスリーブに 2 つ以上の圧着マークがある	
	1 箇所の接続に 2 個以上のリングスリーブを使用している	
	より線の素線の一部がリングスリーブに挿入されていない	
	接続部先端の端末処理が適切でない（心線が 5mm 以上露出している）	
	リングスリーブの下端から心線が 10mm 以上露出している	
	ケーブルシースのはぎ取り不足で絶縁被覆が 20mm 以下	
	絶縁被覆の上から圧着したもの	
	リングスリーブを上から目視して，接続する心線の先端が接続本数分見えていないもの	
端子台部分	心線をねじで締め付けていないもの（端子ねじのゆるい締め付け）	
	絶縁被覆の上から端子ねじを締め付けている，または，より線の素線の一部が未挿入	
	端子台への結線で，電線を引っ張ると端子から心線が抜ける	
	絶縁被覆をむき過ぎて端子台の端から心線が露出（高圧側：20mm 以上，低圧側：5mm 以上）	
	器具を破損させたまま使用	

	総合チェック	

★は特に多い欠陥例

絶縁被覆が露出する傷

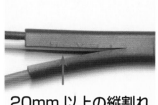

20mm 以上の縦割れ

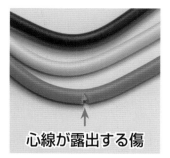

心線が露出する傷

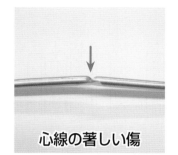

心線の著しい傷

介在物の抜け

より線の一部が未挿入

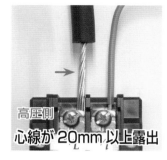

心線が 20mm 以上露出

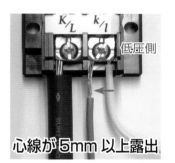

心線が 5mm 以上露出

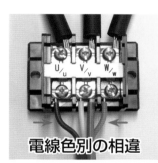

電線色別の相違

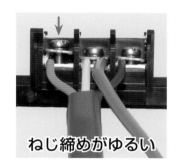

ねじ締めがゆるい

被覆の上からねじ締め

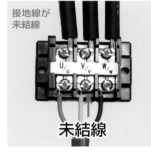

未結線

5mm 以上露出

ねじ締めがゆるい

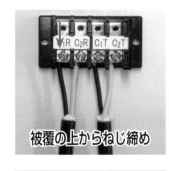

被覆の上からねじ締め

径を間違えて使用

ゴムブッシング未使用

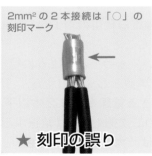

★ 刻印の誤り

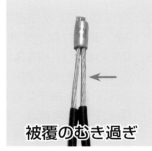

被覆のむき過ぎ

被覆の上から圧着

より線の一部が未挿入

端末処理の不適切

絶縁被覆が短い

※図 1，図 2，図 3 は 226 〜 227 ページと同じです．

図 1．配線図

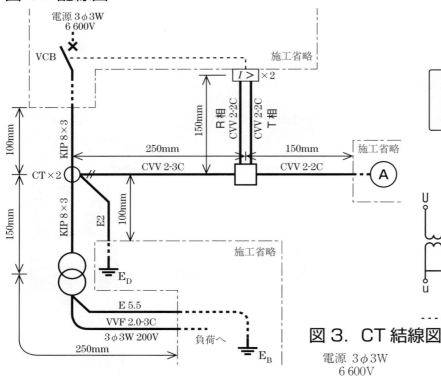

図 2．変圧器，CT 及び過電流継電器代用の端子台説明図

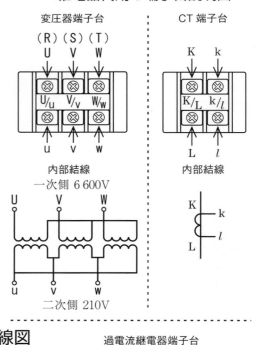

図 3．CT 結線図

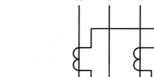

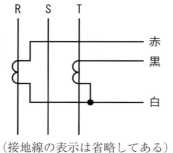

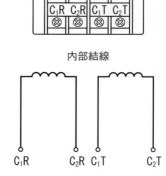

（接地線の表示は省略してある）

■別想定の施工条件

1. 配線及び器具の配置は，図1に従って行うこと．

2. 変圧器，CT 及び過電流継電器代用の端子台は，図2に従って使用すること．

3. CT の結線は，図3に従い，かつ，次のように行うこと．
    ① CT の K 側を高圧の電源側として使用する．
    ② CT の 1 端子に結線できる電線本数は 2 本以下とする．
    ③ CT の接地線は，CT の二次側 l 端子に結線する．
    ④ CT の二次側の渡り線は，太さ 2mm²（白色）とする．
    ⑤ CT の k 端子からは，R 相，T 相それぞれ過電流継電器の C₁R，C₁T 端子に結線する．

4. 電流計は，R 相の電流を測定するように，接続すること．

5. 変圧器の接地線は，v 端子に結線すること．

6. 電線の色別（ケーブルの場合は絶縁被覆の色）は，次によること．
    ① 接地線は，緑色を使用する．
    ② CT の二次側からジョイントボックスに至る配線は，R 相に赤色，T 相に黒色を使用する．
    ③ 変圧器の二次側の配線は，u 相に赤色，v 相に白色，w 相に黒色を使用する．

7. ジョイントボックスを経由する電線は，すべて接続箇所を設け，リングスリーブによる接続とすること．

8. ジョイントボックスは，打抜き済みの穴だけをすべて使用すること．

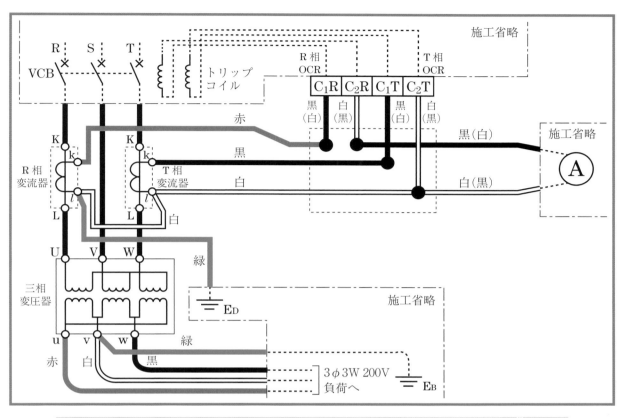

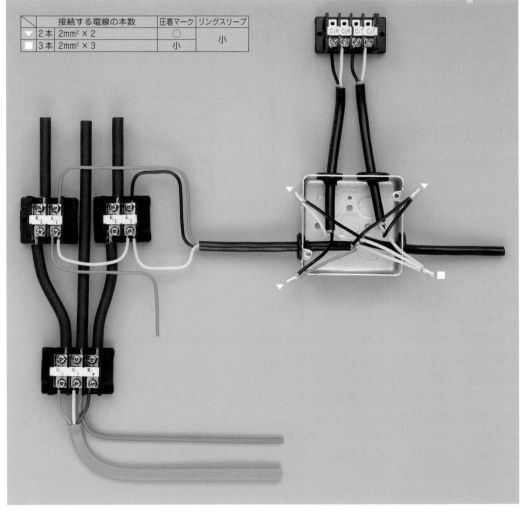

	接続する電線の本数	圧着マーク	リングスリーブ
▼	2本 2mm² × 2	○	小
□	3本 2mm² × 3	小	

※図 1，図 2，図 3 は 226 〜 227 ページと同じです．

図 1. 配線図

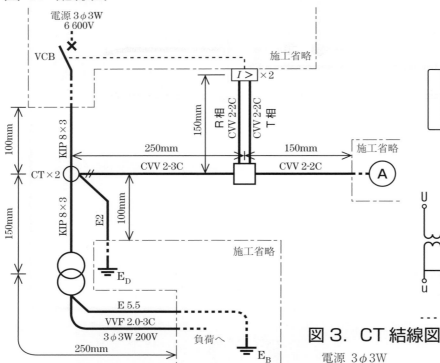

図 2. 変圧器，CT 及び過電流継電器代用の端子台説明図

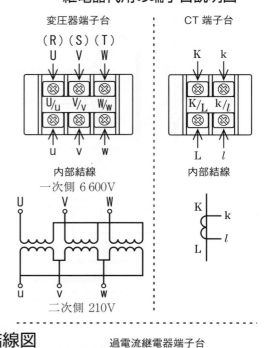

図 3. CT 結線図

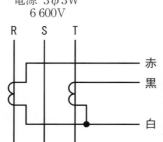

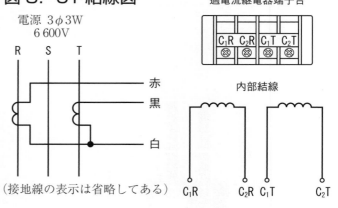

(接地線の表示は省略してある)

■別想定の施工条件

1. 配線及び器具の配置は，図 1 に従って行うこと．

2. 変圧器，CT 及び過電流継電器代用の端子台は，図 2 に従って使用すること．

3. CT の結線は，図 3 に従い，かつ，次のように行うこと．
   ① CT の K 側を高圧の電源側として使用する．
   ② CT の 1 端子に結線できる電線本数は 2 本以下とする．
   ③ CT の接地線は，CT の二次側 l 端子に結線する．
   ④ CT の二次側の渡り線は，太さ 2mm² (白色) とする．
   ⑤ CT の k 端子からは，R 相，T 相それぞれ過電流継電器の C₁R，C₁T 端子に結線する．

4. 電流計は，T 相の電流を測定するように，接続すること．

5. 変圧器の接地線は，v 端子に結線すること．

6. 電線の色別 (ケーブルの場合は絶縁被覆の色) は，次によること．
   ① 接地線は，緑色を使用する．
   ② CT の二次側からジョイントボックスに至る配線は，R 相に赤色，T 相に黒色を使用する．
   ③ 変圧器の二次側の配線は，u 相に赤色，v 相に白色，w 相に黒色を使用する．

7. ジョイントボックスを経由する電線は，すべて接続箇所を設け，リングスリーブによる接続とすること．

8. ジョイントボックスは，打抜き済みの穴だけをすべて使用すること．

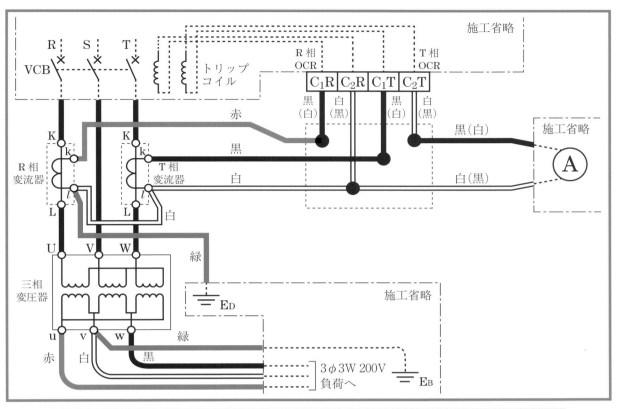

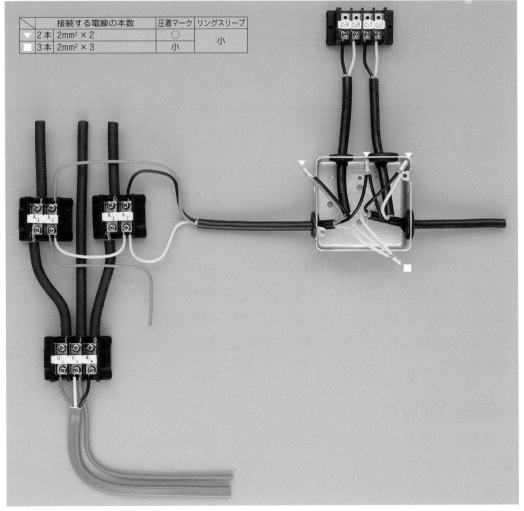

	接続する電線の本数	圧着マーク	リングスリーブ
▽	2本	2mm² × 2	○	小
□	3本	2mm² × 3	小	

本書の各候補問題の解説は，あくまでも想定に基づいたものです．実際の試験で出題される問題と本書の解説は同一のものではないため，受験時には，下記の部分について問題用紙をよく読んだ上で作業してください．

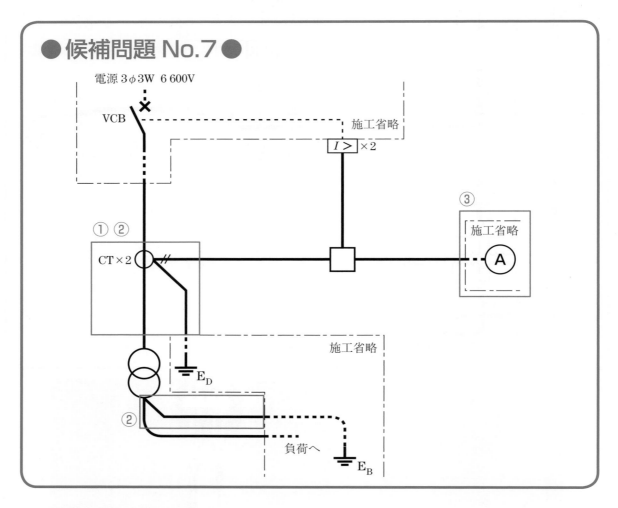

● 候補問題 No.7 ●

電源 3φ3W 6 600V

VCB

施工省略

$I >$ ×2

③ 施工省略

① ②

CT×2

施工省略

E_D

②

負荷へ

E_B

施工省略

Ⓐ

① CT 代用端子台の注意点

・接地線を結線する端子について「CT の二次側 l 端子」とのみ指定されているのか，R 相側，T 相側まで指定されているのか，各相の電線の色別及び渡り線の電線種別等の施工条件を確認する．

②接地線として使用する電線の注意点

・CT の二次側と変圧器の二次側にはそれぞれ接地線を結線するが，それぞれ接地工事の種別が異なるため，電線の太さも異なってくる．接地線に使用する電線の太さを間違えないように結線する．また，変圧器二次側の接地線を結線する端子の指定について，施工条件を確認する．

③電流計の接続の注意点

・電流計に電流計切換スイッチが内蔵されていて，各相を接続する指定なのか，もしくは電流を測定する相が指定されているのかについて，材料，配線図の注記，施工条件などで確認する．

《 想定した材料等の確認 》

作業開始前に準備した材料等を下記の材料表と必ず照合し，材料の不足があれば，必要分を揃えて下さい．

想定した使用材料

材　　　　　料	
1. 高圧絶縁電線（KIP），8mm²，長さ約300mm ··············	1本
2. 600V ビニル絶縁ビニルシースケーブル丸形，2.0mm，3心，長さ約350mm ··········	1本
3. 600V ビニル絶縁ビニルシースケーブル平形，1.6mm，3心，長さ約500mm ··········	1本
4. 600V ビニル絶縁ビニルシースケーブル平形，1.6mm，2心，長さ約1100mm ·······	1本
5. 制御用ビニル絶縁ビニルシースケーブル，2mm²，3心，長さ約350mm ··········	1本
6. 600V ビニル絶縁電線，5.5mm²，緑色，長さ約200mm ············	1本
7. 600V ビニル絶縁電線，2mm²，黄色，長さ約500mm ·············	1本
8. 端子台（変圧器の代用），3P，大 ·······················	1個
9. 端子台（電磁開閉器の代用），6P ·······················	1個
10. 押しボタンスイッチ（接点1a，1b，既設配線付，箱なし） ··········	1個
11. ランプレセプタクル（カバーなし） ······················	1個
12. ジョイントボックス（アウトレットボックス 19mm 2箇所，25mm 3箇所 ノックアウト打抜き済み）····	1個
13. ゴムブッシング（19） ····························	2個
14. ゴムブッシング（25） ····························	3個
15. リングスリーブ（小） ····························	6個

（注）上記の想定した材料表のリングスリーブの個数には予備品の数は含まれていません．実際の試験では，材料表には予備品を含んだ
リングスリーブの総数が示され，材料箱内にはリングスリーブの予備品もセットされて支給されます．

材料の写真

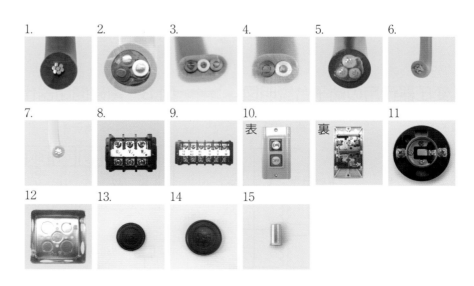

候補問題 No.8 問題例 ［試験時間　60分］

図1に示す配線工事を想定した材料を使用し，「施工条件」に従って完成させなさい．なお，
1. 変圧器及び電磁開閉器は端子台で代用する．
2. ―・―・― で示した部分は施工を省略する．
3. 電線接続箇所のテープ巻きや絶縁キャップによる絶縁処理は省略する．
4. ジョイントボックス（アウトレットボックス）の接地工事は省略する．
5. 作品は保護板（板紙）に取り付けないものとする．

図1．配線図

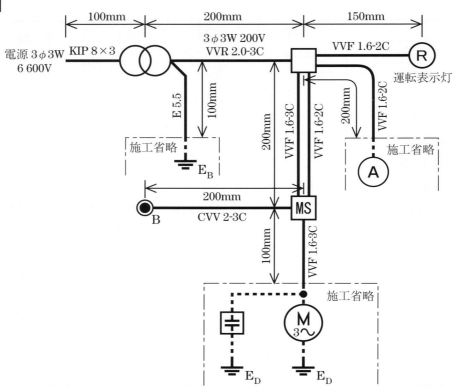

（注）

1. 図記号は，原則として JIS C 0617-1〜13 及び JIS C 0303:2000 に準拠して示してある．
   また，作業に直接関係のない部分等は，省略又は簡略化してある．
2. Ⓡ はランプレセプタクルを，MS は電磁開閉器を示す．

図2．変圧器代用の端子台説明図

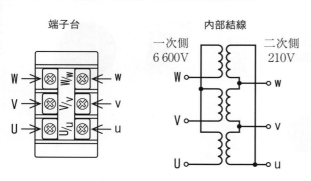

図3．電磁開閉器代用の端子台説明図

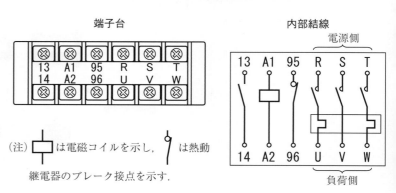

図4. 制御回路図

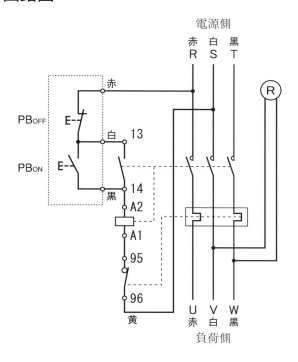

■想定した施工条件

1. 配線及び器具の配置は，図1に従って行うこと．
2. 変圧器代用の端子台は，図2に従って使用すること．
3. 電磁開閉器代用の端子台は，図3に従って使用すること．
4. 制御回路の結線は，図4に従って行うこと．
5. 電流計は，変圧器二次側のv相に接続すること．
6. 変圧器の接地線は，v端子に結線すること．
7. 電線の色別（ケーブルの場合は絶縁被覆の色）は，次によること．
   ① 接地線は，緑色を使用する．
   ② 接地側電線は，電流計の回路を除きすべて白色を使用する．
   ③ 変圧器の二次側の配線は，u相に赤色，v相に白色，w相に黒色を使用する．
   ④ 電磁開閉器の端子相互間の配線に使用する電線は，黄色を使用する．
   ⑤ 電動機回路の電源に使用する電線及び押しボタンに使用する電線の色別は，図4による．
   ⑥ ランプレセプタクルの受金ねじ部の端子には，白色の電線を結線する．
8. ジョイントボックスを経由する電線は，すべて接続箇所を設け，リングスリーブによる接続とすること．
9. ジョイントボックスは，打抜き済みの穴だけをすべて使用すること．
10. 押しボタンスイッチ内の既設配線は，取り除いたり，変更したりしないこと．

候補問題No.8

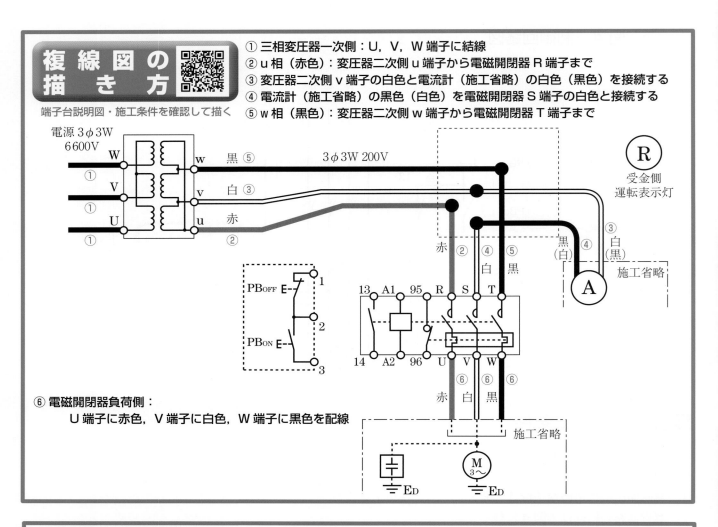

複線図の描き方
端子台説明図・施工条件を確認して描く

① 三相変圧器一次側：U，V，W 端子に結線
② u 相（赤色）：変圧器二次側 u 端子から電磁開閉器 R 端子まで
③ 変圧器二次側 v 端子の白色と電流計（施工省略）の白色（黒色）を接続する
④ 電流計（施工省略）の黒色（白色）を電磁開閉器 S 端子の白色と接続する
⑤ w 相（黒色）：変圧器二次側 w 端子から電磁開閉器 T 端子まで

⑥ 電磁開閉器負荷側：
　　U 端子に赤色，V 端子に白色，W 端子に黒色を配線

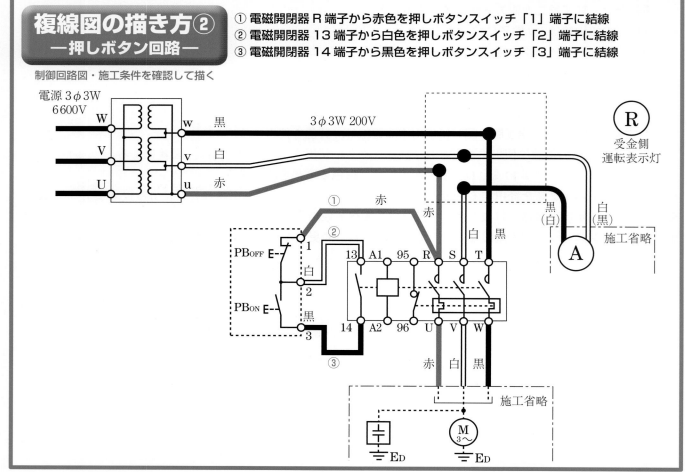

複線図の描き方②
―押しボタン回路―
制御回路図・施工条件を確認して描く

① 電磁開閉器 R 端子から赤色を押しボタンスイッチ「1」端子に結線
② 電磁開閉器 13 端子から白色を押しボタンスイッチ「2」端子に結線
③ 電磁開閉器 14 端子から黒色を押しボタンスイッチ「3」端子に結線

複線図の描き方③
─電磁開閉器回路─

① 電磁開閉器 14 端子から黄色を A2 端子に結線
② 電磁開閉器 A1 端子から黄色を 95 端子に結線
③ 電磁開閉器 96 端子から黄色を S 端子に結線

制御回路図・施工条件を確認して描く

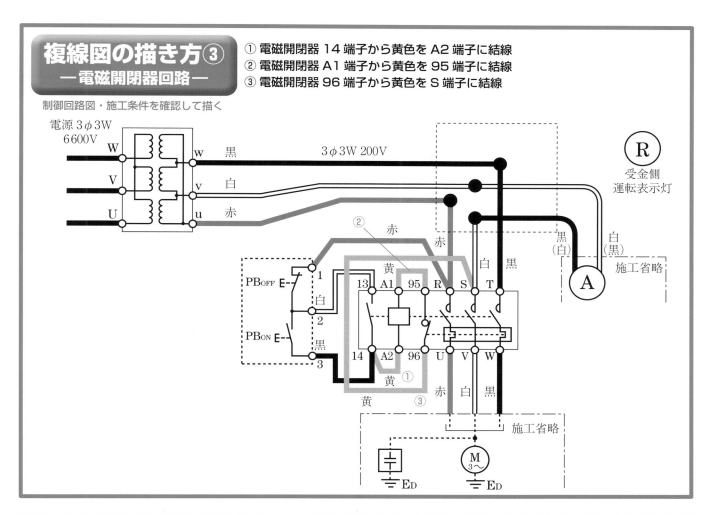

複線図の描き方④
─運転表示灯回路・接地線─

① 電磁開閉器負荷側 V 端子に白色を結線
② 白色の接続点から運転表示灯（ランプレセプタクル）に白色を結線
③ 電磁開閉器負荷側 W 端子に黒色を結線
④ 黒色の接続点から運転表示灯（ランプレセプタクル）に黒色を結線
⑤ 変圧器二次側 v 端子に接地線（緑色）を結線

制御回路図・施工条件を確認して描く

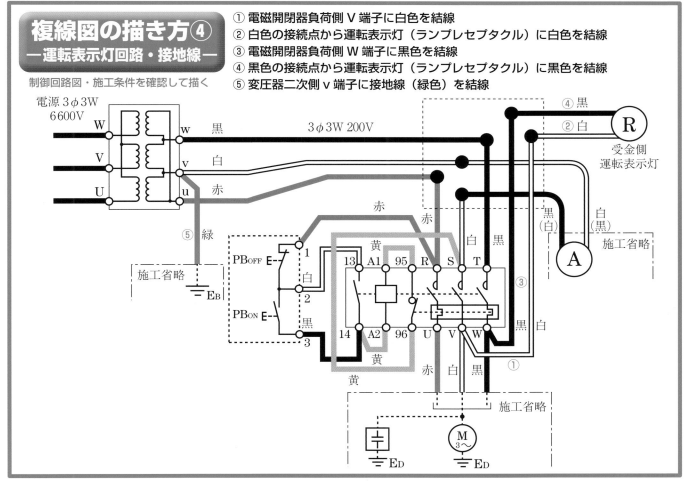

247

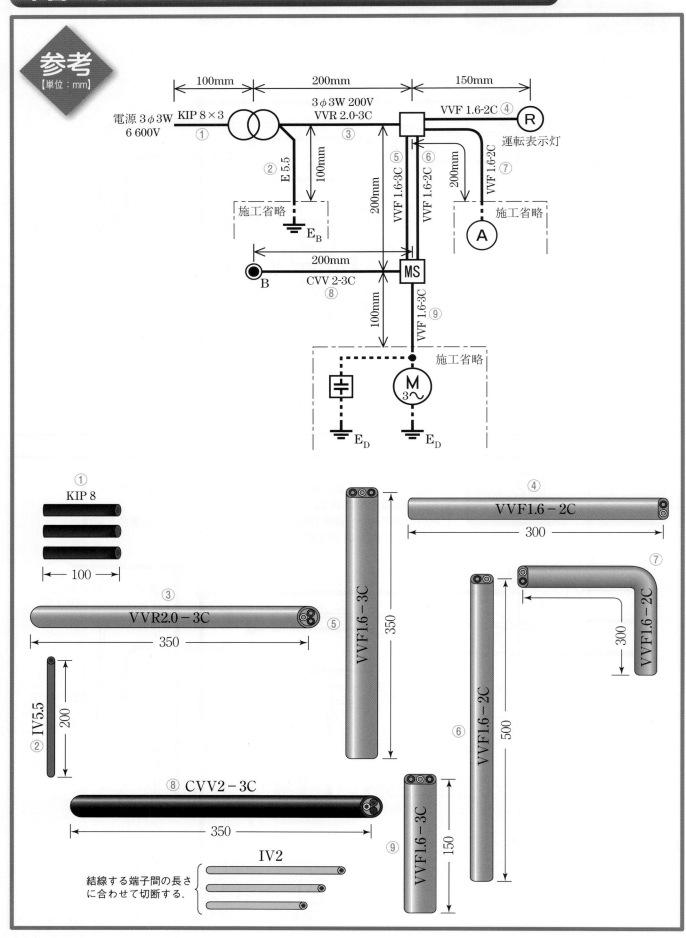

参考
【単位：mm】

電源 3φ3W 6 600V
① KIP 8×3
② E 5.5
③ 3φ3W 200V VVR 2.0-3C
100mm / 200mm / 150mm
100mm / 200mm / 200mm
④ VVF 1.6-2C
⑤ VVF 1.6-3C
⑥ VVF 1.6-2C
⑦ VVF 1.6-2C
R 運転表示灯
施工省略 E_B
施工省略 A
200mm
⑧ CVV 2-3C
B MS
100mm
⑨ VVF 1.6-3C
施工省略
M 3~
E_D E_D

① KIP 8
100

② IV5.5
200

③ VVR2.0 − 3C
350

⑤ VVF1.6 − 3C
350

④ VVF1.6 − 2C
300

⑦ VVF1.6 − 2C
300

⑥ VVF1.6 − 2C
500

⑧ CVV2 − 3C
350

⑨ VVF1.6 − 3C
150

IV2
結線する端子間の長さに合わせて切断する.

本書の想定におけるケーブルシース・絶縁被覆のはぎ取り

参考
【単位：mm】

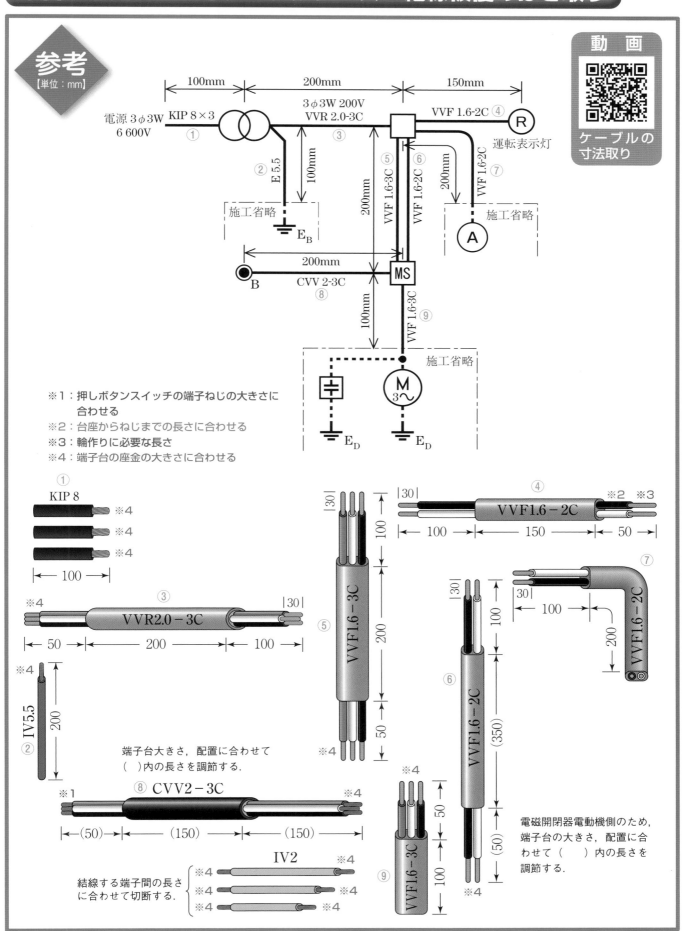

電源 3φ3W
6 600V

KIP 8×3 ①

100mm

3φ3W 200V
VVR 2.0-3C

200mm

③

② E 5.5

100mm

施工省略

E_B

200mm

VVF 1.6-3C ⑤

VVF 1.6-2C ⑥

VVF 1.6-2C ④

運転表示灯

VVF 1.6-2C ⑦

200mm

150mm

Ⓡ

施工省略

Ⓐ

B

200mm

CVV 2-3C ⑧

MS

100mm

VVF 1.6-3C ⑨

施工省略

M
3∼

E_D E_D

※1：押しボタンスイッチの端子ねじの大きさに
　　合わせる
※2：台座からねじまでの長さに合わせる
※3：輪作りに必要な長さ
※4：端子台の座金の大きさに合わせる

① KIP 8

※4
※4
※4

100

③ VVR2.0 − 3C

※4
50   200   100 |30|

② IV5.5   ※4
200

⑤ VVF1.6 − 3C
|30|
100
200
50
※4

④ VVF1.6 − 2C   ※2 ※3
|30|
100   150   50

⑦ VVF1.6 − 2C
|30|
100
200

⑥ VVF1.6 − 2C
|30|
100
(350)
(50)
※4

端子台大きさ，配置に合わせて
（　）内の長さを調節する．

⑧ CVV2 − 3C
※1   ※4
(50)   (150)   (150)

⑨ VVF1.6 − 3C
※4
50
100
※4

電磁開閉器電動機側のため，
端子台の大きさ，配置に合
わせて（　）内の長さを
調節する．

IV2
結線する端子間の長さ
に合わせて切断する．
※4   ※4
※4   ※4
※4   ※4

動画
三相変圧器の作業

【一次側】

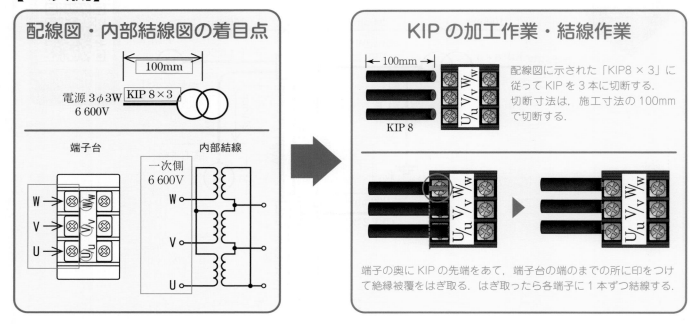

配線図・内部結線図の着目点

100mm

電源3φ3W　KIP8×3
6 600V

端子台　　　　　　　内部結線

一次側
6 600V

W
V
U

W
V
U

KIP の加工作業・結線作業

←100mm→

KIP 8

配線図に示された「KIP 8 × 3」に従ってKIPを3本に切断する．切断寸法は，施工寸法の100mmで切断する．

端子の奥にKIPの先端をあて，端子台の端のまでの所に印をつけて絶縁被覆をはぎ取る．はぎ取ったら各端子に1本ずつ結線する．

配線図には，変圧器一次側に「KIP8×3」と示されている．「×3」が結線する導体数なので，KIPは3本に切断する．切断寸法は，施工寸法の「100mm」で切断する．結線に関しては，端子台を正面から見たときの上部の端子を一次側とすると端子台説明図に示されているので，U，V，W端子にKIPを1本ずつ結線する．

【二次側】

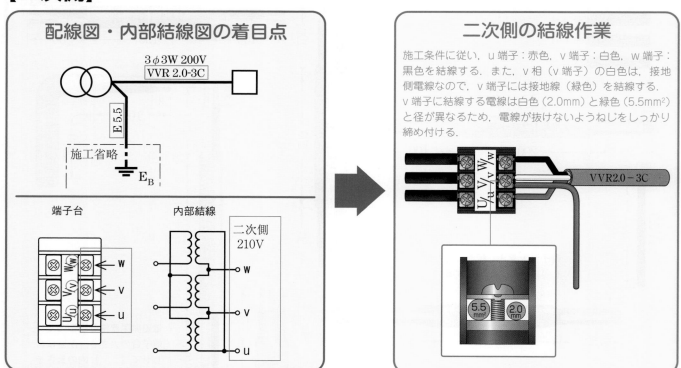

配線図・内部結線図の着目点

3φ3W 200V
VVR 2.0-3C

E5.5

施工省略

EB

端子台　　　　　　　内部結線

二次側
210V

W
V
u

W
V
u

二次側の結線作業

施工条件に従い，u端子：赤色，v端子：白色，w端子：黒色を結線する．また，v相（v端子）の白色は，接地側電線なので，v端子には接地線（緑色）を結線する．v端子に結線する電線は白色（2.0mm）と緑色（5.5mm²）と径が異なるため，電線が抜けないようねじをしっかり締め付ける．

VVR2.0－3C

5.5
mm²

2.0
mm

配線図には，変圧器二次側に「VVR2.0－3C」と示されているので，200V回路に「VVR2.0－3C」を使用する．また，「E5.5」と示されている部分が接地線となるので，「IV5.5」の緑色を使用する．各端子への結線は，施工条件に従ってu相（u端子）に赤色，v相（v端子）に白色と緑色（接地線），w相（w端子）に黒色を結線する．

作業ポイント２：押しボタンスイッチ

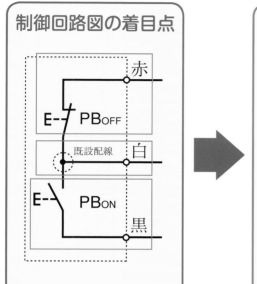

制御回路図の着目点

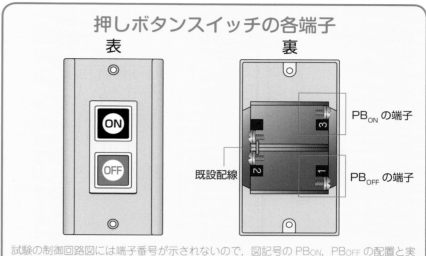

押しボタンスイッチの各端子

表　　　　裏

PBoN の端子

既設配線

PBoFF の端子

試験の制御回路図には端子番号が示されないので, 図記号の PBoN, PBoFF の配置と実物の器具の裏面を照合して結線する電線色別を確認する. 既設配線のある上下の端子は, 上下どちらに白色を結線しても構わない.

押しボタンの裏面を見ると, 端子ねじが４箇所に付いている. 左側の上下に並んだ端子ねじは, 端子ねじ間に既設配線があるので, 白色を結線する端子と判別する. 右側の「3」と表記がある端子ねじは, 表側の ON ボタンの配置から, PBoN の端子ねじと判別して黒色を結線する. 右側の「1」と表記がある端子ねじは, 表側の OFF ボタンの配置から, PBoFF の端子ねじと判別して赤色を結線する.

作業ポイント３：電磁開閉器代用端子台

動画
電磁開閉器代用端子台への結線作業

【端子間の渡り線の判別】

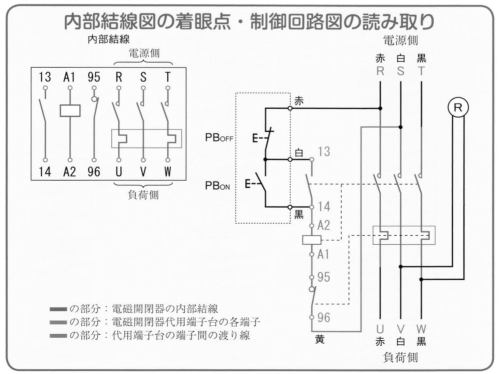

内部結線図の着眼点・制御回路図の読み取り

■の部分：電磁開閉器の内部結線
■の部分：電磁開閉器代用端子台の各端子
■の部分：代用端子台の端子間の渡り線

制御回路図について, 電磁開閉器の内部結線部分と各端子を色分けすると上図のようになる. 13 − 14 端子間, A1 − A2 端子間, 95 − 96 端子間は内部結線でつながっているため, 緑色で示した部分が端子間の渡り線となる.

251

【各ケーブルの結線箇所の判別】

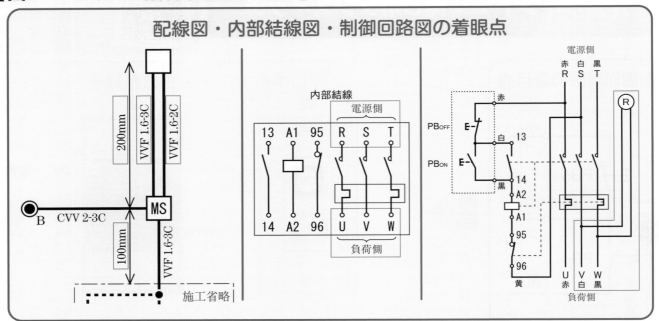
配線図・内部結線図・制御回路図の着眼点

配線図を見ると，ジョイントボックス（アウトレットボックス）と電磁開閉器間には2種類のケーブルが示されている．内部結線図には電源側 R，S，T と示されているので，VVF1.6−3C が電源側ケーブルであることを判別する．また，制御回路図には運転表示灯へ至るケーブルが電磁開閉器の負荷側に結線されているので，ジョイントボックス（アウトレットボックス）と電磁開閉器間の VVF1.6−2C は，運転表示灯に至るケーブルと判別する．VVF1.6−2C は電磁開閉器の負荷側に結線するため，電磁開閉器の電源側と負荷側の施工寸法を考慮して切断寸法を決める．

作業ポイント４：電線接続

動画
電線接続の作業

リングスリーブ接続では，充電部の露出が 10mm 未満であれば，絶縁被覆の端が多少不揃いでもよい．

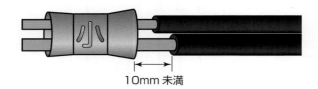
10mm 未満

リングスリーブ上端から出ている心線が 5mm 未満になるように端末処理を必ず行うこと．心線が 5mm 以上出ている場合は欠陥となるので注意．

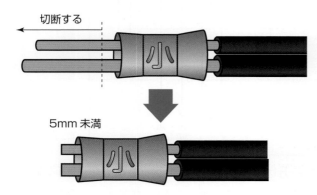
切断する

5mm 未満

この候補問題では，電線の接続箇所すべてが2本接続になっているが，変圧器二次側からの赤色，白色，黒色の接続は，それぞれ 2.0mm と 1.6mm の組み合わせのため，圧着マークは「小」で圧着する．「○」の圧着マークで圧着しないように注意する．

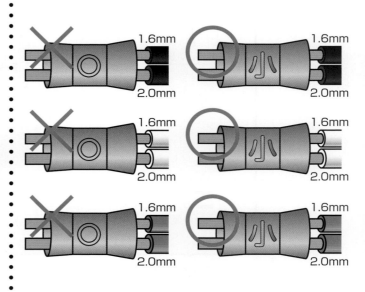

252

動画
作品の確認作業
と注意点

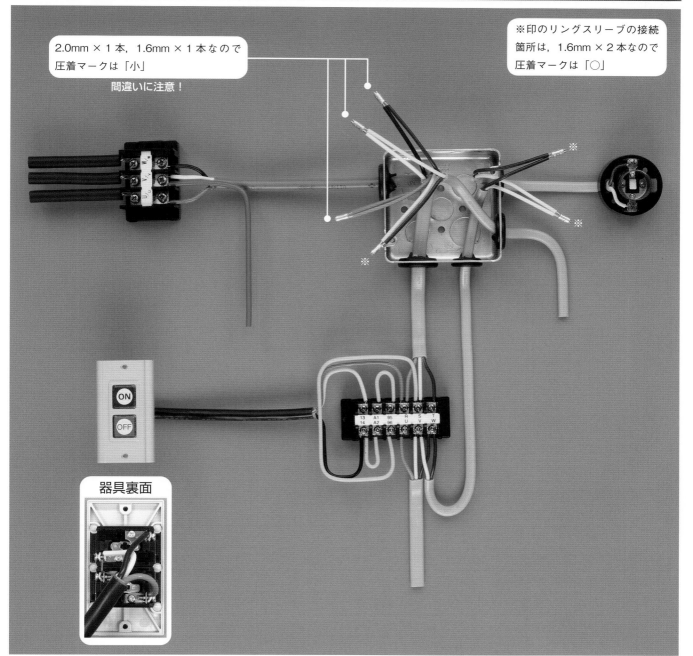

2.0mm × 1本，1.6mm × 1本なので
圧着マークは「小」

間違いに注意！

※印のリングスリーブの接続
箇所は，1.6mm × 2本なので
圧着マークは「○」

器具裏面

候補問題 No.8

※複線図の描き方④（247ページ）の複線図に基づいた完成参考写真です．

 本年度公表された候補問題（本書5ページ参照）には，注記5.に「電源・機器・器具の配置については変更する場合がある．」
とあるため，公表された候補問題の電源・機器・器具の配置が変更されて出題される可能性があります．

候補問題 No.8　欠陥チェック

	欠陥の項目	✓
全体共通部分	未完成（未着手，未接続，未結線）	
	配線・器具の配置・電線の種類が配線図と相違	
	配線図に示された寸法の 50％以下で完成させている	
	回路の誤り（誤結線，誤接続）	
	施工条件と電線色別が相違，接地側・非接地側電線の色別相違，器具の極性相違	
	ケーブルシースに 20mm 以上の縦割れがある	
	ケーブルを折り曲げると絶縁被覆が露出する傷がある	
	絶縁被覆を折り曲げると心線が露出する傷がある	
	心線を折り曲げると心線が折れる程度の傷がある	
	より線を減線している（素線の一部を切断したもの）	
	VVR，CVV のケーブルシースの内側にある介在物が抜けたもの	
	アウトレットボックスに余分な打ち抜きをした	
	ゴムブッシングの使用不適切（未取付・穴の径と異なる）	
	材料表以外の材料を使用している（試験時は支給品以外）	
電線相互の接続部分	圧着接続での圧着マークの誤り	
	リングスリーブを破損している	
	圧着マークの一部が欠けている	
	リングスリーブに 2 つ以上の圧着マークがある	
	1 箇所の接続に 2 個以上のリングスリーブを使用している	
	接続部先端の端末処理が適切でない（心線が 5mm 以上露出している）	
	リングスリーブの下端から心線が 10mm 以上露出している	
	ケーブルシースのはぎ取り不足で絶縁被覆が 20mm 以下	
	絶縁被覆の上から圧着したもの	
	リングスリーブを上から目視して，接続する心線の先端が接続本数分見えていないもの	
器具等との結線部分	心線をねじで締め付けていないもの（端子ねじのゆるい締め付け）	
	絶縁被覆の上から端子ねじを締め付けている，または，より線の素線の一部が未挿入	
	端子台への結線で，電線を引っ張ると端子から心線が抜ける	
	絶縁被覆をむき過ぎて端子台の端から心線が露出（高圧側：20mm 以上，低圧側：5mm 以上）	
	器具の端から心線が 5mm 以上露出している（※押しボタンスイッチ）	
	ねじの端から心線が 5mm 以上露出している（※ランプレセプタクル）	
	ケーブル引込口を通さずに台座の上からケーブルを結線（※ランプレセプタクル）	
	ケーブルシースが台座まで入っていない（※ランプレセプタクル）	
	ねじの巻付けが左巻き，3/4 周以下，重ね巻き（※ランプレセプタクル）	
	ランプレセプタクルのカバーが適切に締まらないもの	
	押しボタンスイッチの既設配線を変更または取り除いたもの	
	器具を破損させたまま使用	

総合チェック	

主な欠陥例

★は特に多い欠陥例

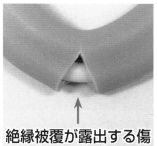

絶縁被覆が露出する傷

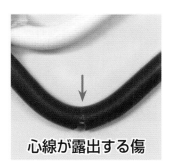

20mm 以上の縦割れ

心線が露出する傷

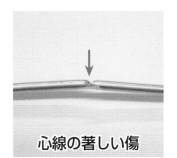

心線の著しい傷

介在物の抜け

★

器具の極性相違

★

カバーが締まらない

★

シースが台座に入っていない

台座の上から結線

被覆の上からねじ締め

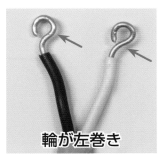

輪が左巻き

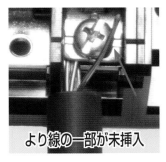

より線の一部が未挿入

接地線が
未結線

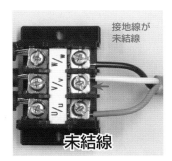

未結線

被覆の上からねじ締め

心線の露出

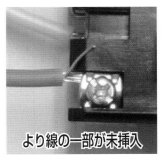

より線の一部が未挿入

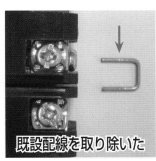

既設配線を取り除いた

ゴムブッシング未使用

径を間違えて使用

1.6mm と 2.0mm の 2 本接続は
「小」の刻印マークになる

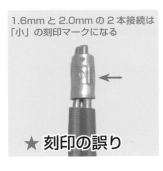

★ 刻印の誤り

被覆の上から圧着

端末処理の不適切

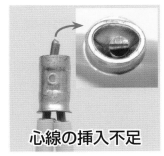

心線の挿入不足

※図2，図3，図4，施工条件は 244 ～ 245 ページと同じです．

図1．配線図

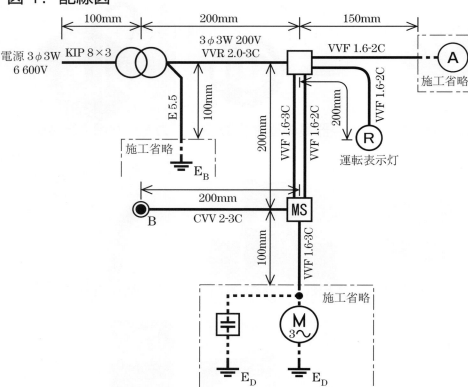

図2．変圧器代用の端子台説明図

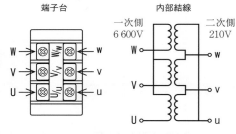

図3．電磁開閉器代用の端子台説明図

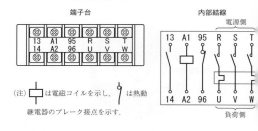

図4．制御回路図

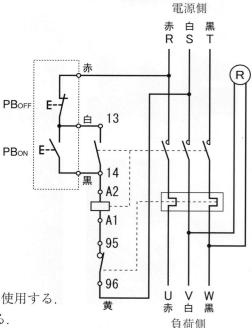

■想定した施工条件

1．配線及び器具の配置は，図1に従って行うこと．
2．変圧器代用の端子台は，図2に従って使用すること．
3．電磁開閉器代用の端子台は，図3に従って使用すること．
4．制御回路の結線は，図4に従って行うこと．
5．電流計は，変圧器二次側のv相に接続すること．
6．電線の色別（ケーブルの場合は絶縁被覆の色）は，次によること．
　①接地線は，緑色を使用する．
　②接地側電線は，電流計の回路を除きすべて白色を使用する．
　③変圧器の二次側の配線は，u相に赤色，v相に白色，w相に黒色を使用する．
　④電磁開閉器の端子相互間の配線に使用する電線は，黄色を使用する．
　⑤電動機回路の電源に使用する電線及び押しボタンに使用する電線の色別は，図4によること．
　⑥ランプレセプタクルの受金ねじ部の端子には，白色の電線を結線する．
7．ジョイントボックスを経由する電線は，すべて接続箇所を設け，リングスリーブによる接続とすること．
8．ジョイントボックスは，打抜き済みの穴だけをすべて使用すること．
9．押しボタンスイッチ内の既設配線は，取り除いたり，変更したりしないこと．

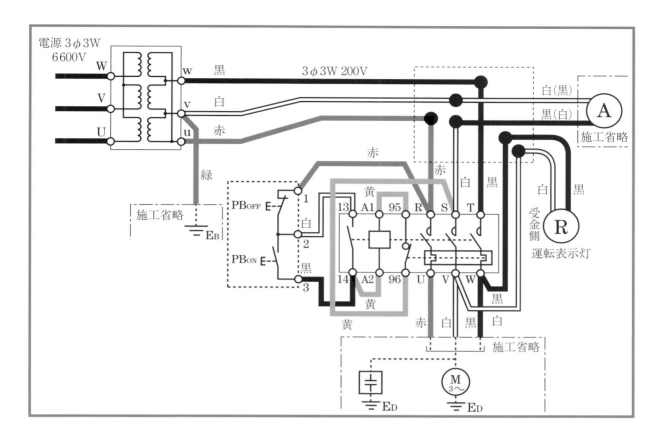

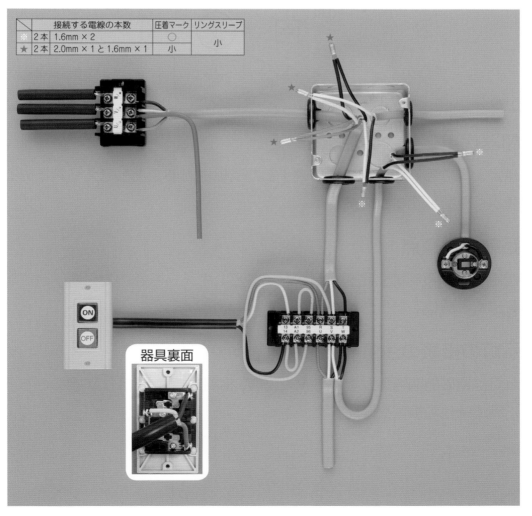

	接続する電線の本数	圧着マーク	リングスリーブ
※	2本	1.6mm × 2	○	小
★	2本	2.0mm × 1 と 1.6mm × 1	小	小

器具裏面

本書の各候補問題の解説は，あくまでも想定に基づいたものです．実際の試験で出題される問題と本書の解説は同一のものではないため，受験時には，下記の部分について問題用紙をよく読んだ上で作業してください．

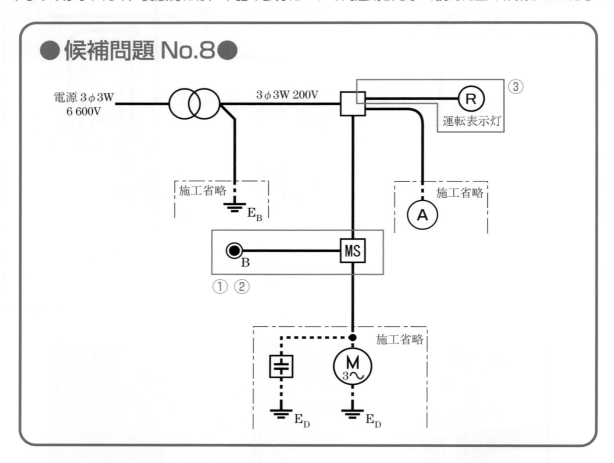

●候補問題 No.8●

①電磁開閉器代用端子台の注意点

・本書の想定と異なる端子配列の代用端子台が支給されることも考えられるので，端子台説明図をよく確認してから作業する．

②制御回路図の注意点

・本書の想定と異なる制御回路図が示されることも考えられるので，端子台説明図と制御回路図をよく確認してから作業する．

③運転表示灯の接続の注意点

・運転表示灯は電磁開閉器電動機側のＶ相－Ｗ相間またはＵ相－Ｖ相のどちらに接続するのか，施工条件の指定を確認する．

《 想定した材料等の確認 》

作業開始前に準備した材料等を下記の材料表と必ず照合し，材料の不足があれば，必要分を揃えて下さい．

想定した使用材料

材　　　　　料	
1. 高圧絶縁電線（KIP），8mm²，長さ約200mm ····································	1本
2. 600V ビニル絶縁ビニルシースケーブル平形（シース青色），2.0mm，2心，長さ約700mm ······	1本
3. 600V ビニル絶縁ビニルシースケーブル平形，1.6mm，3心，長さ約300mm ··················	1本
4. 600V ビニル絶縁ビニルシースケーブル平形，1.6mm，2心，長さ約1800mm ················	1本
5. 600V ビニル絶縁電線，5.5mm²，緑色，長さ約200mm ·······························	1本
6. 端子台（変圧器の代用），3P，大 ···	1個
7. 端子台（タイムスイッチの代用），4P ··	1個
8. 端子台（自動点滅器の代用），3P，小 ··	1個
9. 露出形コンセント（カバーなし） ··	1個
10. ジョイントボックス（アウトレットボックス 19mm 4箇所ノックアウト打抜き済み）···········	1個
11. ゴムブッシング（19）··	4個
12. リングスリーブ（小）··	2個
13. リングスリーブ（中）··	2個
14. 差込形コネクタ（2本用）···	3個
15. 差込形コネクタ（3本用）···	1個

（注）上記の想定した材料表のリングスリーブの個数には予備品の数は含まれていません．実際の試験では，材料表には予備品を含んだ
　　　リングスリーブの総数が示され，材料箱内にはリングスリーブの予備品もセットされて支給されます．

材料の写真

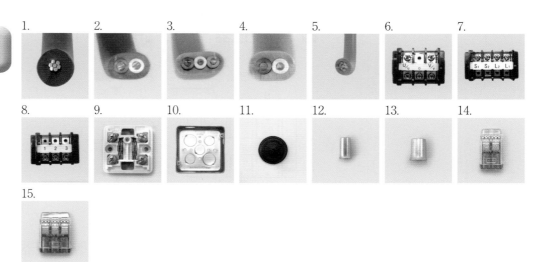

候補問題 No.9 問題例 ［試験時間　60分］

図1に示す配線工事を想定した材料を使用し，「施工条件」に従って完成させなさい．なお，

1. 変圧器，タイムスイッチ及び自動点滅器は端子台で代用する．
2. ―――-―で示した部分は施工を省略する．
3. VVF用ジョイントボックスは準備していないので，その取り付けは省略する．
4. 電線接続箇所のテープ巻きや絶縁キャップによる絶縁処理は省略する．
5. ジョイントボックス（アウトレットボックス）の接地工事は省略する．
6. 作品は保護板（板紙）に取り付けないものとする．

図1．配線図

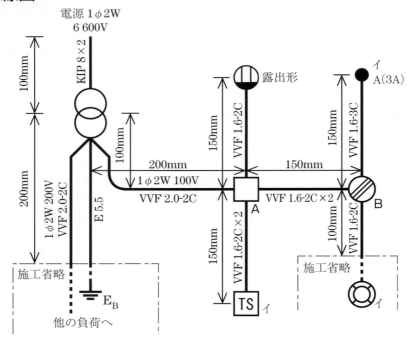

（注）
1. 図記号は，原則として JIS C 0617-1〜13 及び JIS C 0303：2000 に準拠して示してある．
   また，作業に直接関係のない部分等は，省略又は簡略化してある．

2. Ⓡはランプレセプタクルを示す．

図2．変圧器代用の端子台説明図

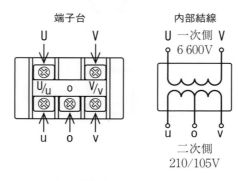

図3．タイムスイッチ代用の端子台説明図　　図4．自動点滅器代用の端子台説明図

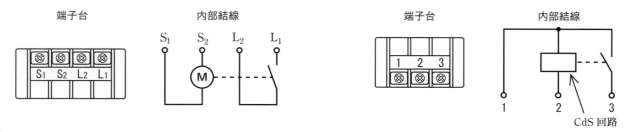

260

図5. 屋外灯回路の展開接続図

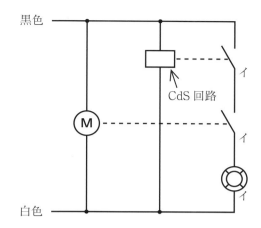

黒色

CdS 回路

M

白色

■想定した施工条件

1. 配線及び器具の配置は，**図1**に従って行うこと．
2. 変圧器代用の端子台は，**図2**に従って使用すること．
3. タイムスイッチ代用の端子台は，**図3**に従って使用すること．なお，端子 S₂ を**接地側**とする．
4. 自動点滅器代用の端子台は，**図4**に従って使用すること．
5. 屋外灯回路の接続は，**図5**に従って行うこと．
6. タイムスイッチの電源用電線には，2心ケーブル1本を使用すること．
7. ジョイントボックス A から VVF 用ジョイントボックス B に至る自動点滅器の電源用電線には，2心ケーブル1本を使用すること．
8. 電線の色別（ケーブルの場合は絶縁被覆の色）は，次によること．
    ① 接地線は，**緑色**を使用する．
    ② 接地側電線は，すべて**白色**を使用する．
    ③ 変圧器二次側から露出形コンセント，タイムスイッチ及び自動点滅器に至る非接地側電線は，**黒色**を使用する．
    ④ 露出形コンセントの接地側極端子（W と表記）には，**白色の電線**を結線する．
9. ジョイントボックス A 及び VVF 用ジョイントボックス B 部分を経由する電線は，その部分ですべて接続箇所を設け，その接続方法は，次によること．
    ① A 部分は，リングスリーブによる接続とする．
    ② B 部分は，差込形コネクタによる接続とする．
10. ジョイントボックスは，**打抜き済みの穴だけをすべて使用すること**．
11. 露出形コンセントは，ケーブルを台座の下部（裏側）から挿入して使用すること．
    なお，結線はケーブルを挿入した部分に近い端子に行うこと．

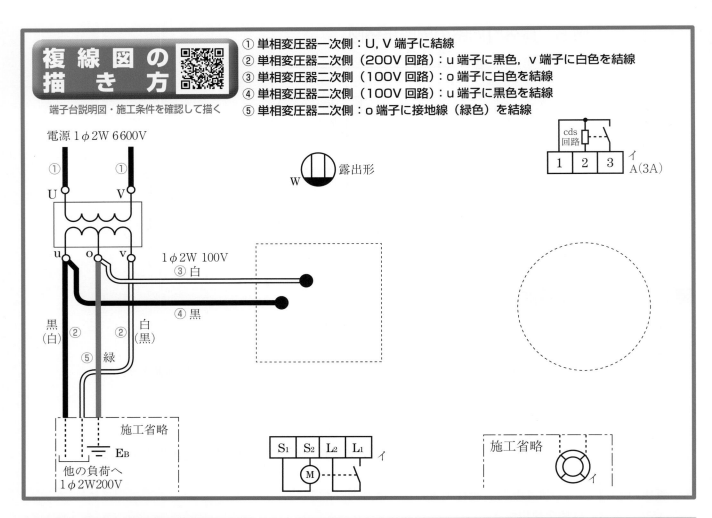

複線図の描き方
端子台説明図・施工条件を確認して描く

① 単相変圧器一次側：U, V 端子に結線
② 単相変圧器二次側（200V回路）：u 端子に黒色，v 端子に白色を結線
③ 単相変圧器二次側（100V回路）：o 端子に白色を結線
④ 単相変圧器二次側（100V回路）：u 端子に黒色を結線
⑤ 単相変圧器二次側：o 端子に接地線（緑色）を結線

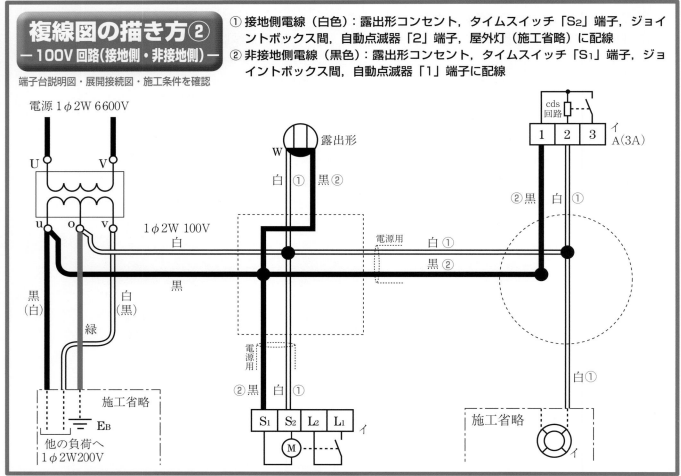

複線図の描き方②
－100V回路（接地側・非接地側）－
端子台説明図・展開接続図・施工条件を確認

① 接地側電線（白色）：露出形コンセント，タイムスイッチ「S2」端子，ジョイントボックス間，自動点滅器「2」端子，屋外灯（施工省略）に配線
② 非接地側電線（黒色）：露出形コンセント，タイムスイッチ「S1」端子，ジョイントボックス間，自動点滅器「1」端子に配線

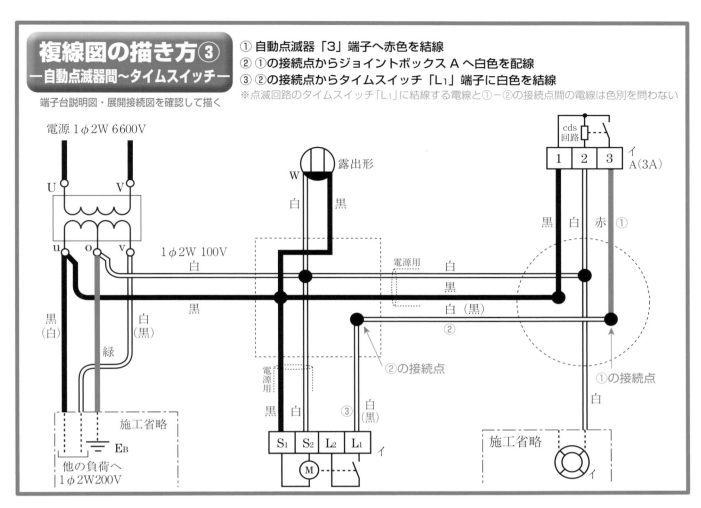

複線図の描き方③
─自動点滅器間～タイムスイッチ─

端子台説明図・展開接続図を確認して描く

① 自動点滅器「3」端子へ赤色を結線
② ①の接続点からジョイントボックス A へ白色を配線
③ ②の接続点からタイムスイッチ「L₁」端子に白色を結線

※点滅回路のタイムスイッチ「L₁」に結線する電線と①－②の接続点間の電線は色別を問わない

電源 1φ2W 6600V

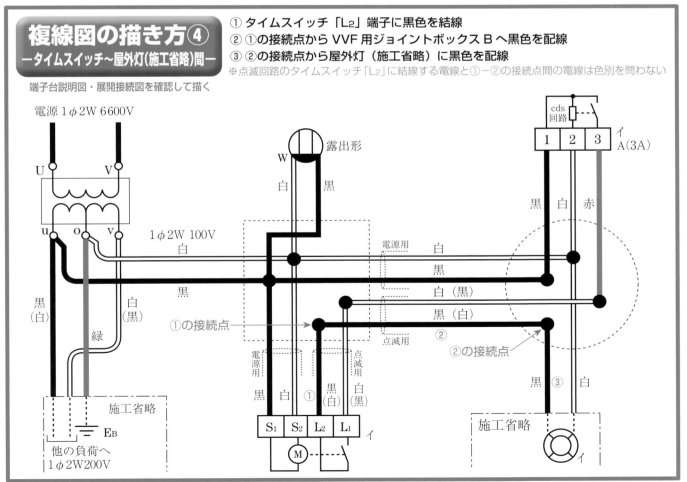

複線図の描き方④
─タイムスイッチ～屋外灯(施工省略)間─

端子台説明図・展開接続図を確認して描く

① タイムスイッチ「L₂」端子に黒色を結線
② ①の接続点から VVF 用ジョイントボックス B へ黒色を配線
③ ②の接続点から屋外灯(施工省略)に黒色を配線

※点滅回路のタイムスイッチ「L₂」に結線する電線と①－②の接続点間の電線は色別を問わない

電源 1φ2W 6600V

候補問題 No.9

263

参考
【単位：mm】

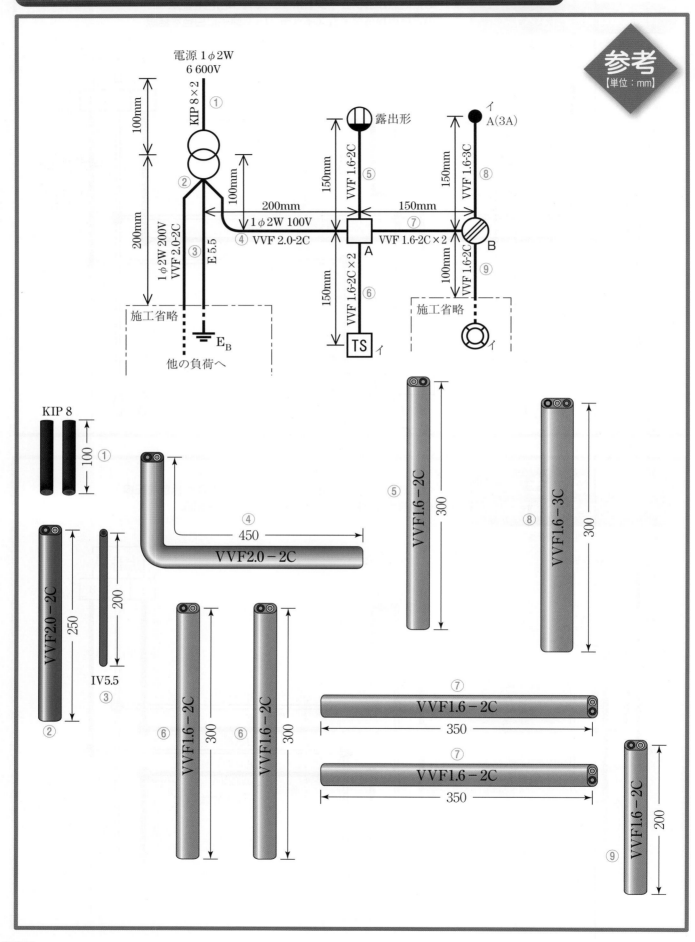

本書の想定におけるケーブルシース・絶縁被覆のはぎ取り

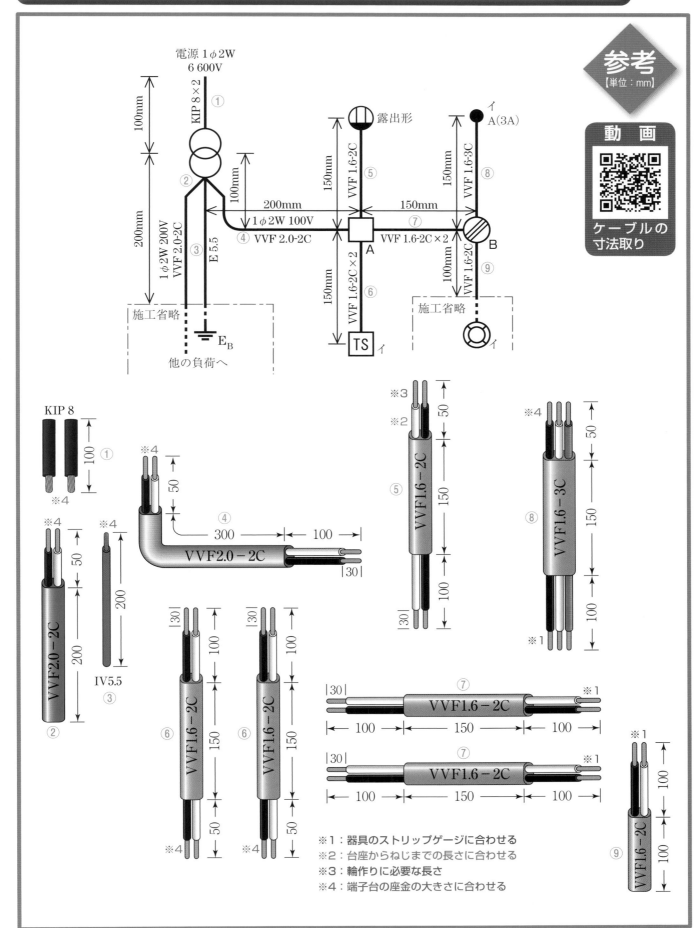

動画

ケーブルの
寸法取り

電源 1φ2W
6 600V

KIP 8 × 2 ①

②

1φ2W 200V
VVF 2.0-2C

E 5.5

③

④ VVF 2.0-2C

1φ2W 100V

200mm

露出形

VVF 1.6-2C ⑤

150mm

150mm

A

⑥ VVF 1.6-2C × 2

VVF 1.6-2C × 2 ⑦

150mm

TS イ

イ
A(3A)

VVF 1.6-3C ⑧

150mm

150mm

⑨ VVF 1.6-2C

100mm

B

施工省略

イ

施工省略

E_B

他の負荷へ

KIP 8

① ※4

VVF2.0 – 2C

② ※4

IV5.5

③ ※4

④ VVF2.0 – 2C

300 · 100

30

⑥ VVF1.6 – 2C

⑥ VVF1.6 – 2C

※3 ※2

⑤ VVF1.6 – 2C

※4 ⑧ VVF1.6 – 3C

⑦ VVF1.6 – 2C

30 · 100 · 150 · 100 ※1

⑦ VVF1.6 – 2C

30 · 100 · 150 · 100 ※1

⑨ VVF1.6 – 2C ※1

※1：器具のストリップゲージに合わせる
※2：台座からねじまでの長さに合わせる
※3：輪作りに必要な長さ
※4：端子台の座金の大きさに合わせる

候補問題 No.9

265

作業ポイント1：単相変圧器二次側部分

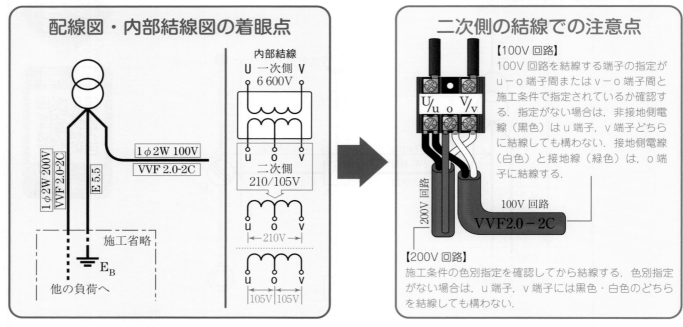

配線図・内部結線図の着眼点

二次側の結線での注意点

【100V回路】
100V回路を結線する端子の指定が u−o 端子間または v−o 端子間と施工条件で指定されているか確認する．指定がない場合は，非接地側電線（黒色）は u 端子，v 端子どちらに結線しても構わない．接地側電線（白色）と接地線（緑色）は，o 端子に結線する．

【200V回路】
施工条件の色別指定を確認してから結線する．色別指定がない場合は，u 端子，v 端子には黒色・白色のどちらを結線しても構わない．

配線図の変圧器二次側配線で，他の負荷へ（省略部分）に至る部分に「1φ2W200V」と示されている部分が 200V 回路，「1φ2W100V」と示されている部分が 100V 回路となる．内部結線図には，二次側の電圧が「210/105V」とあるので，u−v 端子間が 200V，u−o 間，v−o 間がそれぞれ 100V と判別する．100V 回路の場合は，u 端子，v 端子が非接地側，o 端子が接地側となるので，o 端子には接地側電線（白色）と接地線（緑色）を結線する．非接地側電線（黒色）の結線は，施工条件の指定に従う．指定がない場合，u，v 端子どちらでもよい．

作業ポイント2：タイムスイッチ代用端子台

【展開接続図の読み取り】

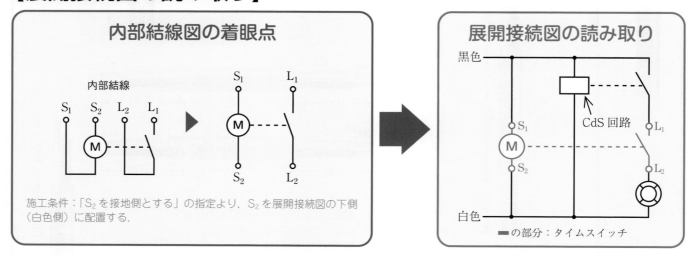

内部結線図の着眼点

施工条件：「S_2 を接地側とする」の指定より，S_2 を展開接続図の下側（白色側）に配置する．

展開接続図の読み取り

■の部分：タイムスイッチ

タイムスイッチの端子台説明図に示された内部結線図は，左図のような結線と考えることができるので，この図を展開接続図に照らし合わせると，タイムスイッチの各端子の配列が判別できる．

【タイムスイッチ代用端子台への結線】

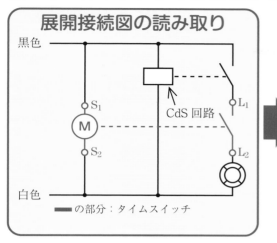

展開接続図の読み取り

■ の部分：タイムスイッチ

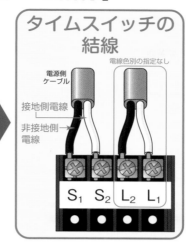

タイムスイッチの結線

S₁ S₂ L₂ L₁

展開接続図のタイムスイッチ部分に色を付けると左図ようになる．タイムスイッチは内部にモータが内蔵されている．このモータは電源と常時つながっていなければならないので，「S₁」端子には非接地側電線（黒色），「S₂」端子には接地側電線（白色）を結線する．また，「L1」端子には自動点滅器「3」端子へ至る電線，「L2」端子には屋外灯（施工省略）へ至る電線を結線する．

作業ポイント３：自動点滅器代用端子台

動画
自動点滅器代用端子台への結線作業（No.2の作業参照）

【展開接続図の読み取り】

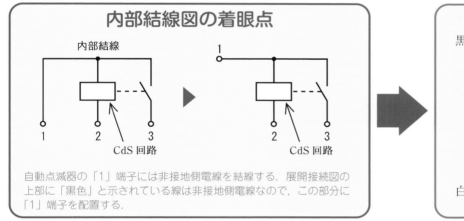

内部結線図の着眼点

自動点滅器の「1」端子には非接地側電線を結線する．展開接続図の上部に「黒色」と示されている線は非接地側電線なので，この部分に「1」端子を配置する．

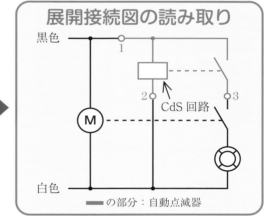

展開接続図の読み取り

■ の部分：自動点滅器

自動点滅器の端子台説明図に示された内部結線図は，左図のような結線と考えることができるので，この図を展開接続図に照らし合わせると，自動点滅器の各端子の配列が判別できる．

【自動点滅器代用端子台への結線】

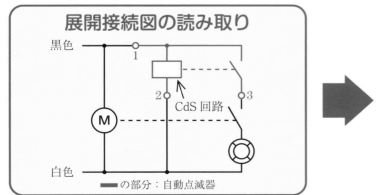

展開接続図の読み取り

■ の部分：自動点滅器

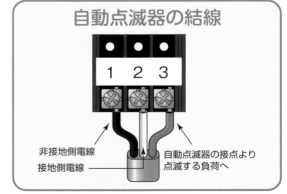

自動点滅器の結線

1 2 3

非接地側電線
接地側電線
自動点滅器の接点より点滅する負荷へ

展開接続図の自動点滅器部分に色を付けると左図ようになる．自動点滅器内部の cds 回路は，周囲の明るさを検出するために電源と常時つながっていなければならず，「1」端子には非接地側電線（黒色），「2」端子は接地側電線（白色）を結線する．「3」端子は点滅する負荷へ配線するが，この問題ではタイムスイッチと接続する．

候補問題 No.9

267

作業ポイント４：電線接続１

動画
電線の接続作業

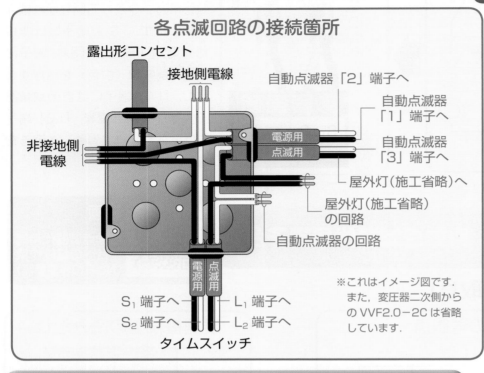

各点滅回路の接続箇所

露出形コンセント
接地側電線
非接地側電線
自動点滅器「2」端子へ
自動点滅器「1」端子へ
自動点滅器「3」端子へ
電源用
点滅用
屋外灯（施工省略）へ
屋外灯（施工省略）の回路
自動点滅器の回路
電源用
点滅用
S_1 端子へ
S_2 端子へ
L_1 端子へ
L_2 端子へ
タイムスイッチ

※これはイメージ図です．また，変圧器二次側からの VVF2.0－2C は省略しています．

この候補問題では，タイムスイッチ代用端子台への結線部分とジョイントボックス間の配線に，VVF1.6 － 2C を２本ずつ使用する．それぞれ電源用と点滅回路用に区別して使用するので，電線接続の際に接続する電線を間違えないように注意する．

作業ポイント４：電線接続２

【リングスリーブ接続】

リングスリーブ接続では，充電部の露出が 10mm 未満であれば，絶縁被覆の端が多少不揃いでもよい．また，リングスリーブ上端から出ている心線が 5mm 未満になるように端末処理を必ず行うこと．

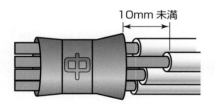

10mm 未満

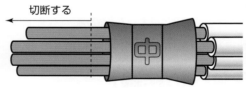

切断する

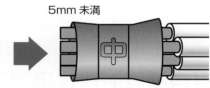

5mm 未満

【差込形コネクタ接続】

差込形コネクタ接続では，差込形コネクタの先端から心線が見えるまで電線を差し込む．心線が先端から見えていないと欠陥になるので，電線を差し込む際に確認する．

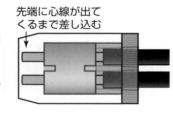

先端に心線が出てくるまで差し込む

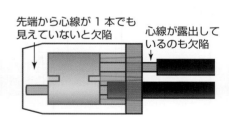

先端から心線が１本でも見えていないと欠陥
心線が露出しているのも欠陥

動画 露出形コンセントへの結線作業

この動画の作業は，第４章で解説している（輪作り：84 ～ 85 ページ，結線作業：88 ～ 89 ページ）ので，該当ページを参照してください．

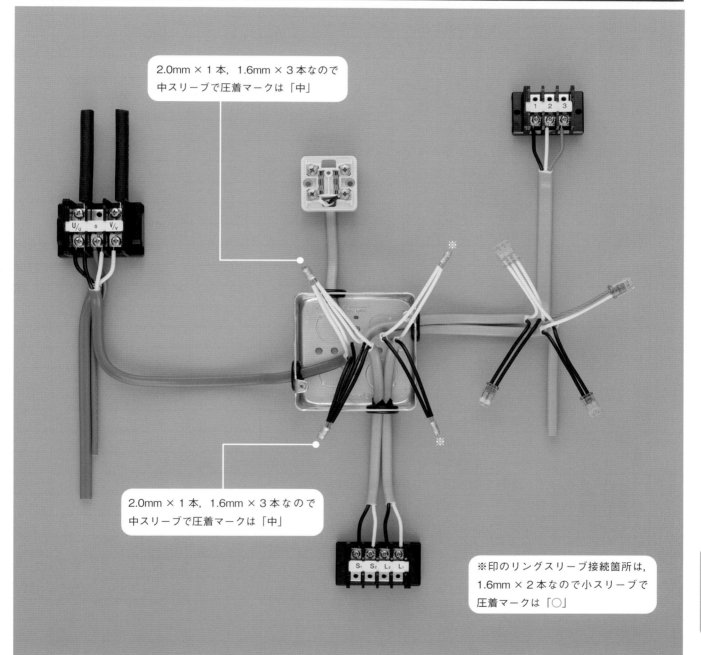

2.0mm × 1本，1.6mm × 3本なので
中スリーブで圧着マークは「中」

2.0mm × 1本，1.6mm × 3本なので
中スリーブで圧着マークは「中」

※印のリングスリーブ接続箇所は，
1.6mm × 2本なので小スリーブで
圧着マークは「○」

候補問題 No.9

※複線図の描き方④（263ページ）の複線図に基づいた完成参考写真です．

 注意！ 本年度公表された候補問題（本書5ページ参照）には，注記5.に「電源・機器・器具の配置については変更する場合がある.」
とあるため，公表された候補問題の電源・機器・器具の配置が変更されて出題される可能性があります．

	欠 陥 の 項 目	✓
全体共通部分	未完成（未着手，未接続，未結線）	
	配線・器具の配置・電線の種類が配線図と相違	
	配線図に示された寸法の 50％以下で完成させている	
	回路の誤り（誤結線，誤接続）	
	施工条件と電線色別が相違，接地側・非接地側電線の色別相違，器具の極性相違	
	ケーブルシースに 20mm 以上の縦割れがある	
	ケーブルを折り曲げると絶縁被覆が露出する傷がある	
	絶縁被覆を折り曲げると心線が露出する傷がある	
	心線を折り曲げると心線が折れる程度の傷がある	
	より線を減線している（素線の一部を切断したもの）	
	アウトレットボックスに余分な打ち抜きをした	
	ゴムブッシングの使用不適切（未取付）	
	材料表以外の材料を使用している（試験時は支給品以外）	
電線相互の接続部分	ジョイントボックス内の接続を指定された接続方法以外で行っている	
	圧着接続での圧着マークの誤り	
	リングスリーブを破損している	
	圧着マークの一部が欠けている	
	リングスリーブに 2 つ以上の圧着マークがある	
	1 箇所の接続に 2 個以上のリングスリーブを使用している	
	接続部先端の端末処理が適切でない（心線が 5mm 以上露出している）	
	リングスリーブの下端から心線が 10mm 以上露出している	
	ケーブルシースのはぎ取り不足で絶縁被覆が 20mm 以下	
	絶縁被覆の上から圧着したもの	
	リングスリーブを上から目視して，接続する心線の先端が接続本数分見えていないもの	
	差込形コネクタの先端部分に心線が見えていない	
	差込形コネクタの下端部分から心線が露出している	
器具等との結線部分	心線をねじで締め付けていないもの（端子ねじのゆるい締め付け）	
	絶縁被覆の上から端子ねじを締め付けている，または，より線の素線の一部が未挿入	
	端子台への結線で，電線を引っ張ると端子から心線が抜ける	
	絶縁被覆をむき過ぎて端子台の端から心線が露出（高圧側：20mm 以上，低圧側：5mm 以上）	
	ねじの端から心線が 5mm 以上露出している（※露出形コンセント）	
	ケーブル引込口を通さずに台座の上からケーブルを結線（※露出形コンセント）	
	ケーブルシースが台座まで入っていない（※露出形コンセント）	
	ねじの巻付けが左巻き，3/4 周以下，重ね巻き（※露出形コンセント）	
	露出形コンセントのカバーが適切に締まらないもの	
	器具を破損させたまま使用	
	総合チェック	

★は特に多い欠陥例

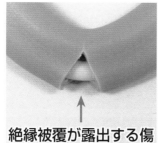
絶縁被覆が露出する傷

20mm以上の縦割れ

心線が露出する傷

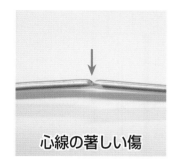
心線の著しい傷

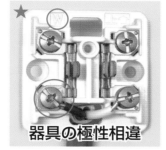
器具の極性相違

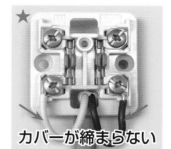
カバーが締まらない

シースが台座に入っていない

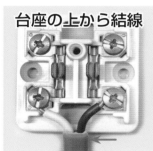
台座の上から結線

被覆の上からねじ締め

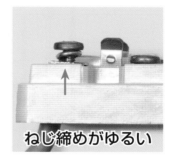
ねじ締めがゆるい

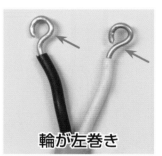
輪が左巻き

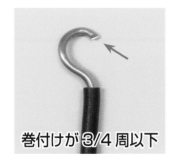
巻付けが ③/4 周以下

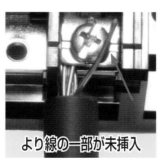
より線の一部が未挿入

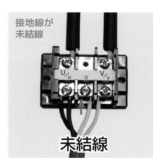
接地線が
未結線

未結線

5mm以上露出

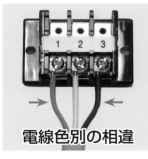
電線色別の相違

ゴムブッシング未使用

心線の露出

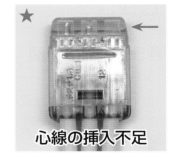
心線の挿入不足

被覆の上から圧着

端末処理の不適切

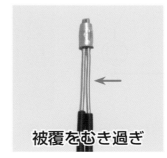
被覆をむき過ぎ

絶縁被覆が短い

候補問題
No.9

271

※候補問題 No.9 では，問題例の図 5. 展開接続図の想定とは異なる想定も考えられます.

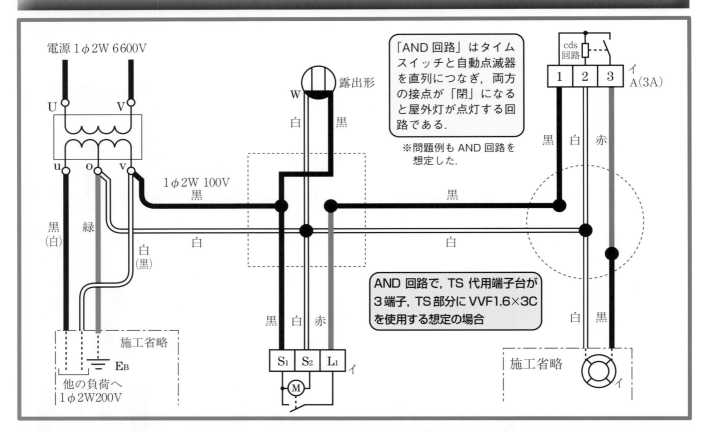

電源 1φ2W 6600V

「AND 回路」はタイムスイッチと自動点滅器を直列につなぎ，両方の接点が「閉」になると屋外灯が点灯する回路である.

※問題例も AND 回路を想定した.

露出形

1φ2W 100V
黒

AND 回路で, TS 代用端子台が 3 端子, TS 部分に VVF1.6×3C を使用する想定の場合

施工省略

他の負荷へ
1φ2W200V

施工省略

図 3. タイムスイッチ代用の端子台説明図

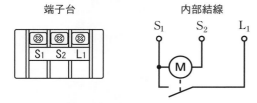

端子台

内部結線

図 5. 展開接続図

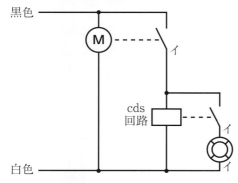

黒色

白色

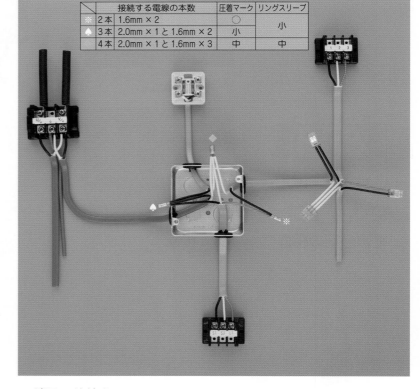

	接続する電線の本数	圧着マーク	リングスリーブ
※ 2本	1.6mm × 2	○	小
◆ 3本	2.0mm × 1 と 1.6mm × 2	小	小
4本	2.0mm × 1 と 1.6mm × 3	中	中

【別想定の施工条件】

・変圧器二次側の単相負荷回路は変圧器の v，o 端子に結線する.

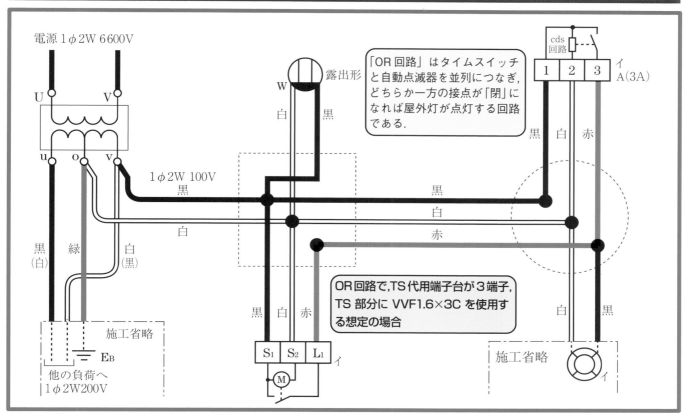

電源1φ2W 6600V

露出形

「OR回路」はタイムスイッチと自動点滅器を並列につなぎ，どちらか一方の接点が「閉」になれば屋外灯が点灯する回路である.

1φ2W 100V

OR回路で,TS代用端子台が3端子，TS部分に VVF1.6×3C を使用する想定の場合

施工省略

E_B

他の負荷へ
1φ2W200V

cds回路

イ
A(3A)

施工省略

イ

図3. タイムスイッチ代用の端子台説明図

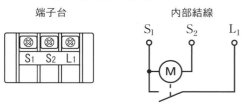

端子台

内部結線

S_1 S_2 L_1

図5. 展開接続図

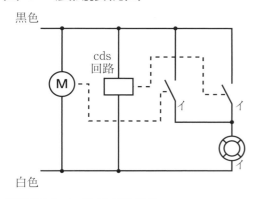

黒色

cds回路

M

イ　イ

イ

白色

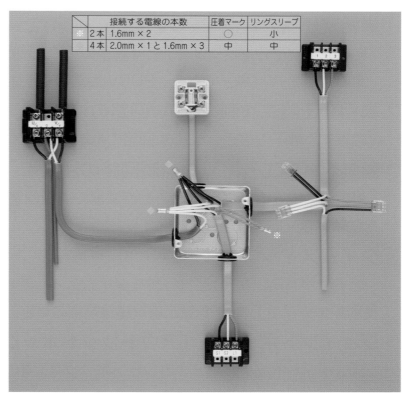

	接続する電線の本数	圧着マーク	リングスリーブ
※	1.6mm × 2	○	小
	4本 2.0mm × 1 と 1.6mm × 3	中	中

【別想定の施工条件】

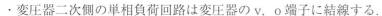

・変圧器二次側の単相負荷回路は変圧器の v，o 端子に結線する.

受験時の注意点 !!

本書の各候補問題の解説は，あくまでも想定に基づいたものです．実際の試験で出題される問題と本書の解説は同一のものではないため，受験時には，下記の部分について問題用紙をよく読んだ上で作業してください．

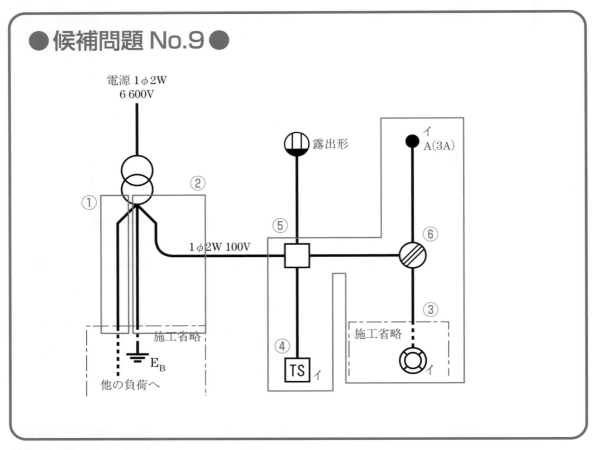

①単相変圧器二次側200V回路の注意点

・結線する端子の指定：u端子とv端子の電線色別が指定されているか確認する．

・支給材料がIV（黒）の場合：200V回路の電線は2本とも黒色になる．

②単相変圧器二次側100V回路の注意点

・結線する端子の指定：100V回路の電線を結線する端子が指定されているか確認する．

③屋外灯（施工省略）の点滅回路の注意点

・屋外灯〜タイムスイッチ〜自動点滅器の点滅回路が，AND回路なのかOR回路なのかを試験問題文および展開接続図で確認する．

④タイムスイッチの注意点

・端子台が4P，3Pのどちらかをタイムスイッチ代用の端子台説明図を確認する．工事種別がケーブル工事，PF管工事（絶縁電線の単線，より線，色別）のどちらかを確認する．

⑤ジョイントボックス（アウトレットボックス）部分の接続方法

・ジョイントボックス（アウトレットボックス）の接続方法を確認する．

⑥ VVF用ジョイントボックス部分の接続方法

・VVF用ジョイントボックスの接続方法を確認する．

<< 想定した材料等の確認 >>

　作業開始前に準備した材料等を下記の材料表と必ず照合し，材料の不足があれば，必要分を揃えて下さい．

想定した使用材料

材　　　　料	
1. 高圧絶縁電線（KIP），8mm²，長さ約500mm ・・・・・・・・・・・・・・・・・・・・・・・・・・・・・・・・・	1 本
2. 制御用ビニル絶縁ビニルシースケーブル，2mm²，3 心，長さ約1200mm ・・・・・・・・・・・・・・・・・・	1 本
3. 制御用ビニル絶縁ビニルシースケーブル，2mm²，2 心，長さ約500mm ・・・・・・・・・・・・・・・・・・・	1 本
4. 600V ビニル絶縁電線，2mm²，緑色，長さ約200mm ・・・・・・・・・・・・・・・・・・・・・・・・・・・・・	1 本
5. 端子台（VT の代用），2P，大 ・・	2 個
6. 端子台（VCB 補助接点の代用），4P・・	1 個
7. 端子台（表示灯の代用），3P，小 ・・・	1 個
8. ジョイントボックス（アウトレットボックス 19mm 4 箇所ノックアウト打抜き済み）・・・・・・・・・・・	1 個
9. ゴムブッシング（19）・・・	4 個
10. リングスリーブ（小）・・	5 個

（注）上記の想定した材料表のリングスリーブの個数には予備品の数は含まれていません．実際の試験では，材料表には予備品を含んだ
　　　リングスリーブの総数が示され，材料箱内にはリングスリーブの予備品もセットされて支給されます．

材料の写真

候補問題 No.10 問題例 ［試験時間　60分］

図1に示す配線工事を想定した材料を使用し，「施工条件」に従って完成させなさい．なお，
1. VT，VCB補助接点及び表示灯は端子台で代用する．
2. —―—-― で示した部分は施工を省略する．
3. 電線接続箇所のテープ巻きや絶縁キャップによる絶縁処理は省略する．
4. ジョイントボックス（アウトレットボックス）の接地工事は省略する．
5. 作品は保護板（板紙）に取り付けないものとする．

図1. 配線図

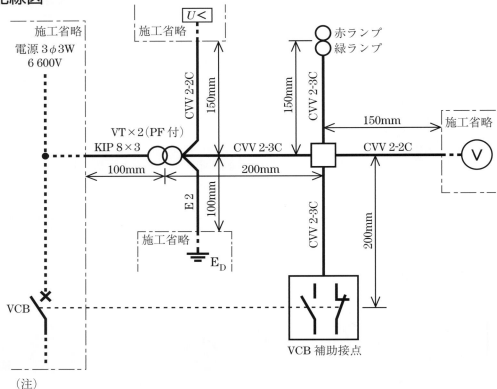

（注）
1. 図記号は，原則として JIS C 0617-1〜13 及び JIS C 0303:2000 に準拠して示してある．
また，作業に直接関係のない部分等は，省略又は簡略化してある．

図2. VT，VCB補助接点及び表示灯代用の端子台説明図

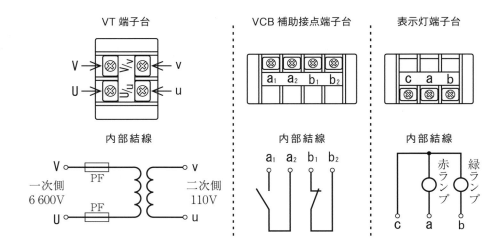

図3．VT 結線図

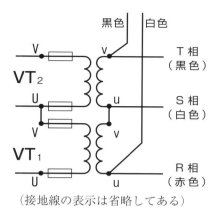

（接地線の表示は省略してある）

図4．VCB 開閉表示灯回路の展開接続図

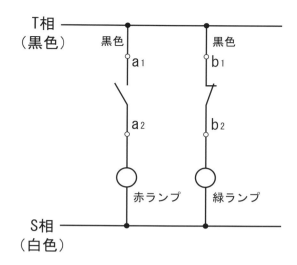

■想定した施工条件

1．配線及び器具の配置は，**図1**に従って行うこと．

2．VT，VCB補助接点及び表示灯代用の端子台は，**図2**に従って使用すること．

3．VT代用の端子台の結線及び配置は，**図3**に従い，かつ，次のように行うこと．

    ① 接地線は，VT（VT₁）のv端子に結線する．

    ② VT代用の端子台の二次側端子の**渡り線**は，より線2mm²（白色）を使用する．

    ③ 不足電圧継電器に至る配線は，VT（VT₁）のu端子及びVT（VT₂）のv端子に結線する．

4．VCB開閉表示灯回路の接続は，**図4**に従って行うこと．

5．電圧計は，**R相とS相間に接続**すること．

6．電線の色別（ケーブルの場合は絶縁被覆の色）は，次によること．

    ① 接地線は，**緑色**を使用する．

    ② 接地側電線は，電圧計の回路を除きすべて**白色**を使用する．

    ③ VTの二次側からジョイントボックスに至る配線は，R相に**赤色**，S相に**白色**，T相に**黒色**を使用する．

7．ジョイントボックスを経由する電線は，すべて接続箇所を設け，リングスリーブによる接続とすること．

8．ジョイントボックスは，**打抜き済みの穴だけをすべて使用**すること．

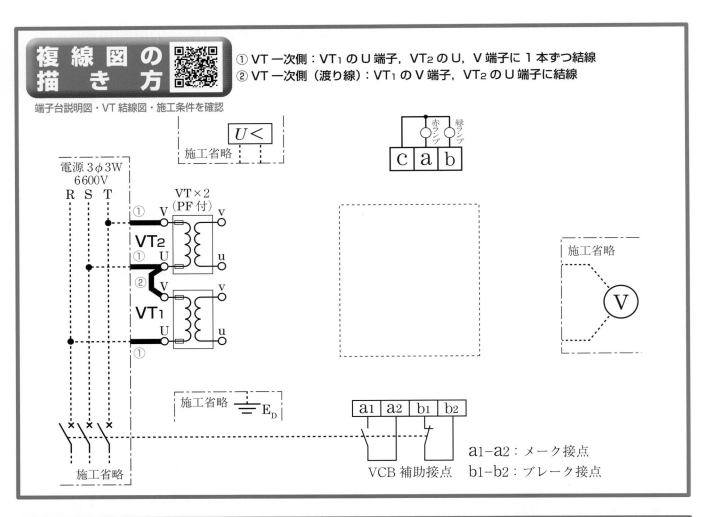

複線図の描き方

① VT 一次側：VT₁ の U 端子，VT₂ の U，V 端子に 1 本ずつ結線
② VT 一次側（渡り線）：VT₁ の V 端子，VT₂ の U 端子に結線

端子台説明図・VT 結線図・施工条件を確認

$U<$

施工省略

施工省略

赤ランプ　緑ランプ

c　a　b

電源 3φ3W
6600V
R　S　T

VT×2
（PF 付）

VT₂

VT₁

施工省略　ED

施工省略

a1　a2　b1　b2

a1–a2：メーク接点
b1–b2：ブレーク接点

VCB 補助接点

施工省略

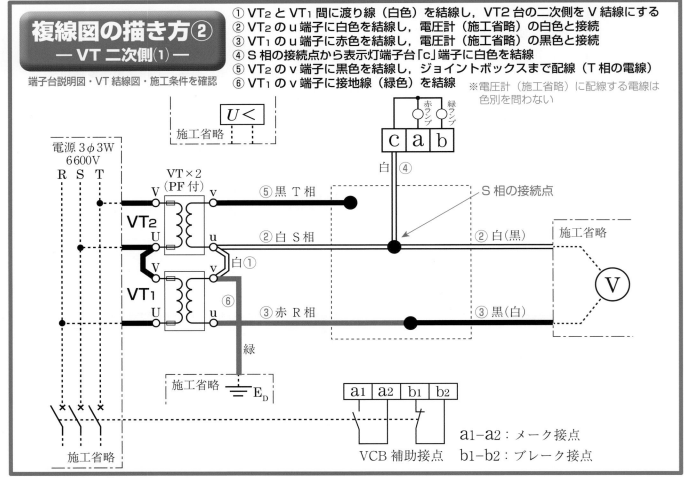

複線図の描き方②
― VT 二次側⑴ ―

① VT₂ と VT₁ 間に渡り線（白色）を結線し，VT2 台の二次側を V 結線にする
② VT₂ の u 端子に白色を結線し，電圧計（施工省略）の白色と接続
③ VT₁ の u 端子に赤色を結線し，電圧計（施工省略）の黒色と接続
④ S 相の接続点から表示灯端子台「c」端子に白色を結線
⑤ VT₂ の v 端子に黒色を結線し，ジョイントボックスまで配線（T 相の電線）
⑥ VT₁ の v 端子に接地線（緑色）を結線

※電圧計（施工省略）に配線する電線は色別を問わない

端子台説明図・VT 結線図・施工条件を確認

$U<$

施工省略

赤ランプ　緑ランプ

c　a　b

白　④

電源 3φ3W
6600V
R　S　T

VT×2
（PF 付）

VT₂

白①

VT₁

緑

⑤黒 T 相

②白 S 相

S 相の接続点

②白（黒）

施工省略

③赤 R 相

③黒（白）

V

施工省略　ED

a1　a2　b1　b2

a1–a2：メーク接点
b1–b2：ブレーク接点

VCB 補助接点

施工省略

複線図の描き方③
― VT 二次側⑵ ―

端子台説明図・展開接続図・施工条件を確認

① R 相（VT₁：u 端子）と T 相（VT₂：v 端子）に不足電圧継電器を結線
② T 相の接続点から VCB 補助接点「a₁」端子に黒色を結線
③ VCB 補助接点「a₁」端子と「b₁」端子に黒色の渡り線を結線

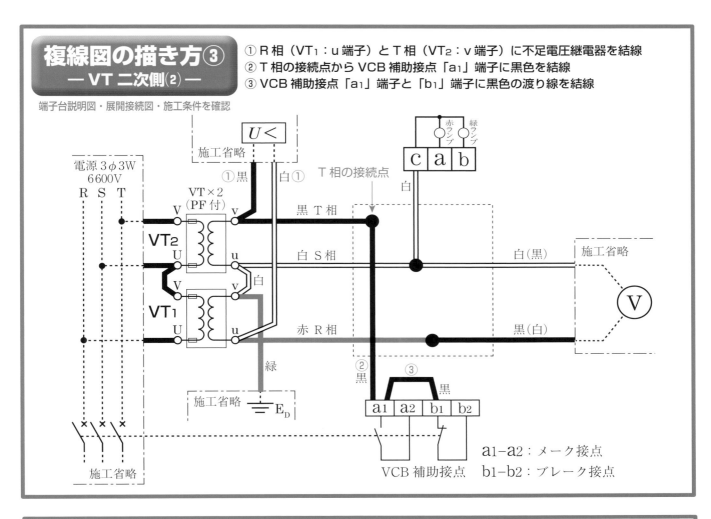

a₁−a₂：メーク接点
VCB 補助接点　b₁−b₂：ブレーク接点

複線図の描き方④
― 表示灯回路 ―

端子台説明図・展開接続図・施工条件を確認

① VCB 補助接点「a₂」端子に赤色を結線（色別は問わない）
② ①の接続点から表示灯端子台「a」端子に赤色を結線（色別は問わない）
③ VCB 補助接点「b₂」端子に白色を結線（色別は問わない）
④ ③の接続点から表示灯端子台「b」端子に黒色を結線（色別は問わない）

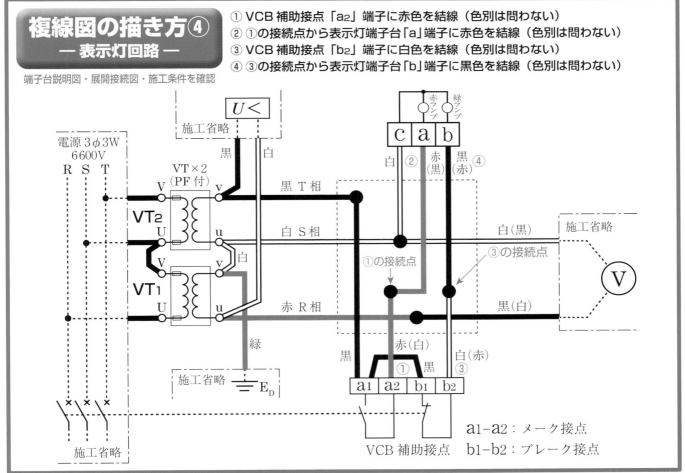

a₁−a₂：メーク接点
VCB 補助接点　b₁−b₂：ブレーク接点

本書の想定におけるケーブルの使用箇所と切断寸法

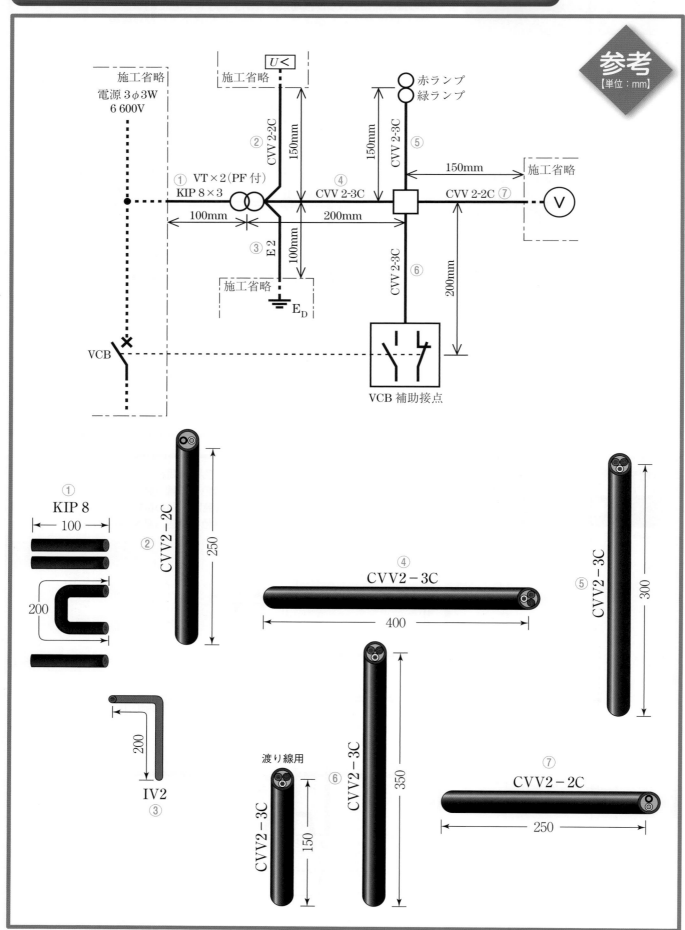

施工省略
電源 3φ3W
6 600V

施工省略 $U<$

① VT×2（PF 付）
KIP 8×3

② CVV 2-2C

150mm

赤ランプ
緑ランプ

CVV 2-3C ⑤

150mm

150mm

150mm

④ CVV 2-3C

施工省略

100mm

200mm

③ E 2

100mm

施工省略

E_D

CVV 2-3C ⑥

200mm

CVV 2-2C ⑦

Ⓥ

施工省略

VCB 補助接点

VCB

① KIP 8
100
200

② CVV2－2C
250

④ CVV2－3C
400

⑤ CVV2－3C
300

③ IV2
200

渡り線用
CVV2－3C
150

⑥ CVV2－3C
350

⑦ CVV2－2C
250

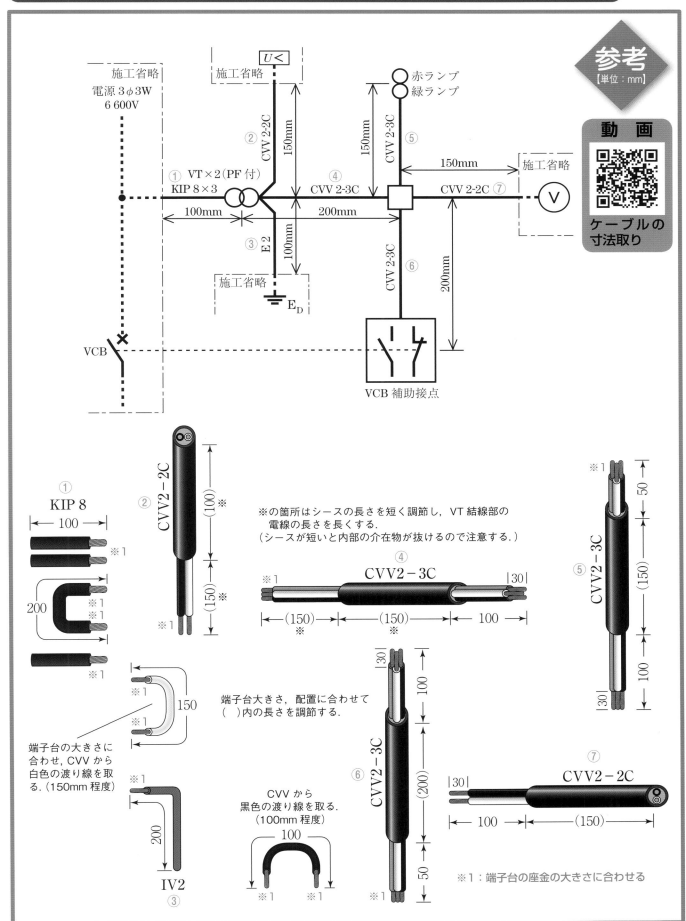

参考
【単位：mm】

動　画

ケーブルの
寸法取り

※の箇所はシースの長さを短く調節し，VT結線部の
　電線の長さを長くする.
（シースが短いと内部の介在物が抜けるので注意する.）

端子台大きさ，配置に合わせて
（　）内の長さを調節する.

端子台の大きさに
合わせ，CVVから
白色の渡り線を取
る.（150mm程度）

CVVから
黒色の渡り線を取る.
（100mm程度）

※1：端子台の座金の大きさに合わせる

作業ポイント 1：VT 代用端子台

【一次側】

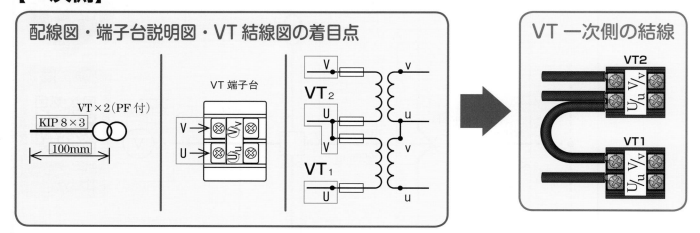

配線図には，VT 一次側に「KIP8 × 3」と示されているので，VT 一次側に結線する KIP は 3 本と判別する．結線する端子は VT 結線図より，VT₁ の U 端子，VT₂ の U，V 結線と判別する．また，VT₁ の V 端子と VT₂ の U 端子が結ばれているので，これらの端子間には KIP の渡り線を結線する．

【二次側】

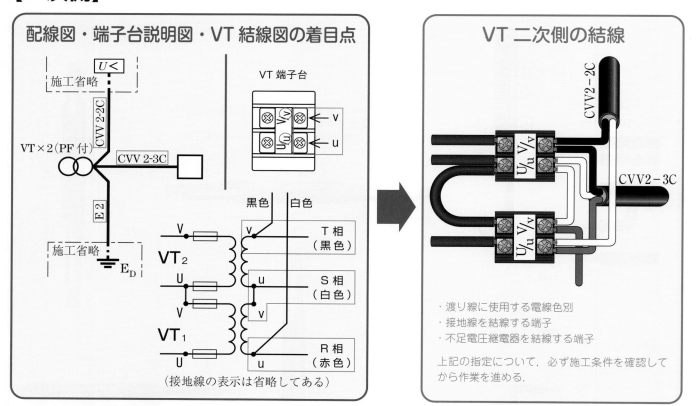

VT 二次側は VT 結線図に従って結線する．また，VT 結線図では VT₁ の v 端子と VT₂ の u 端子が結ばれているので，これらの端子間には渡り線を結線する．渡り線に使用する電線色別は施工条件で指定されるので，その指定に従う．接地線を結線する端子も施工条件で指定されるので，見落とさないように注意する．また，不足電圧継電器を結線する端子も，施工条件の指定を確認する．

作業ポイント２：VCB補助接点代用端子台

動画
VCB補助接点代用
端子台への結線作業

内部結線図・展開接続図の着目点

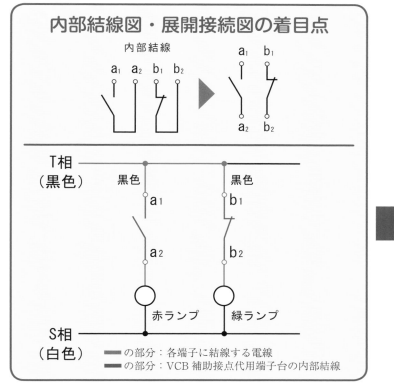

VCB補助接点の結線

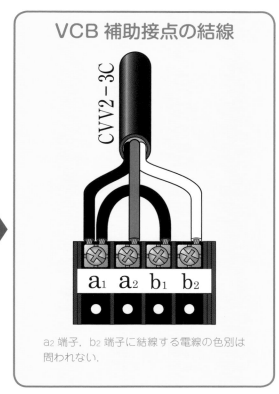

a_2端子，b_2端子に結線する電線の色別は問われない．

VCB補助接点の各端子は，内部結線図により上図のような配置と考えられる．これを展開接続図に重ね合わせて各端子に結線する電線を判別する．a_2，b_2端子は電線色別の指定がないので，白色・赤色どちらを結線しても問題ないが，a_2端子の電線は赤ランプの電線，b_2端子の電線は緑ランプの電線と接続する．

作業ポイント３：表示灯代用端子台

動画
表示灯代用端子台
への結線作業

展開接続図の着目点

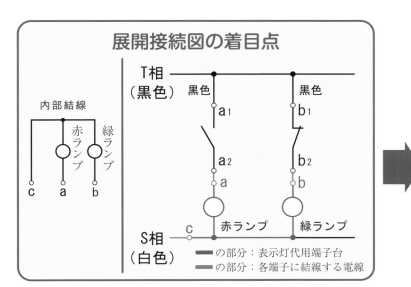

端子台の結線

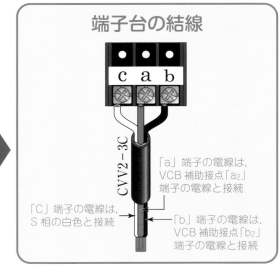

「a」端子の電線は，VCB補助接点「a_2」端子の電線と接続

「c」端子の電線は，S相の白色と接続

「b」端子の電線は，VCB補助接点「b_2」端子の電線と接続

表示灯端子台の端子台説明図に示された内部結線図を展開接続図に重ねると，上図のように表示灯端子台・VCB補助接点代用端子台の各端子の配列が判別できる．これに従い，表示灯端子台「c」端子には接地側電線（白色）を結線し，S相の電線と接続する．また，「a」端子の電線は「a_2」端子の電線と，「b」端子の電線は「b_2」端子の電線と接続する．

候補問題
No.10

より線2mm²は、単線太さ1.6mmと同等とされるので、2mm²の2本接続は1.6mmの2本接続と同様に「○」のマークで圧着する。2mm²×2本の接続時に刻印を間違て圧着しないように注意する。

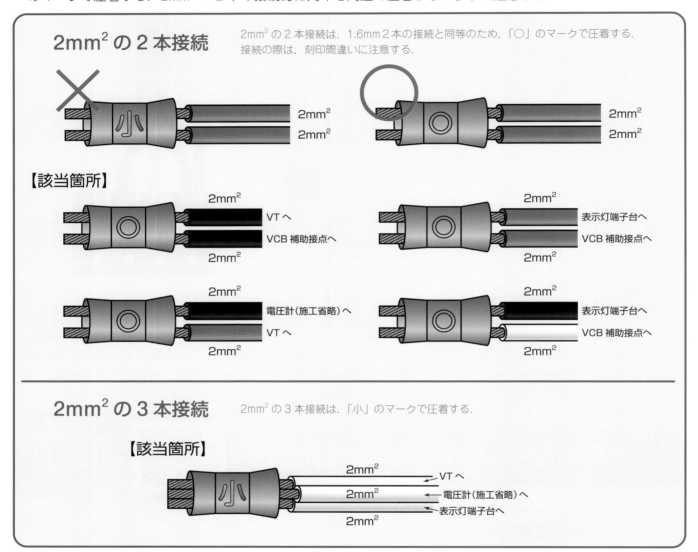

2mm²の2本接続

2mm²の2本接続は、1.6mm2本の接続と同等のため、「○」のマークで圧着する。接続の際は、刻印間違いに注意する。

| 2mm² |
| 2mm² |

【該当箇所】

2mm² → VTへ
VCB補助接点へ ← 2mm²

2mm² → 表示灯端子台へ
VCB補助接点へ ← 2mm²

2mm² → 電圧計（施工省略）へ
VTへ ← 2mm²

2mm² → 表示灯端子台へ
VCB補助接点へ ← 2mm²

2mm²の3本接続

2mm²の3本接続は、「小」のマークで圧着する。

【該当箇所】

2mm² → VTへ
2mm² → 電圧計（施工省略）へ
2mm² → 表示灯端子台へ

リングスリーブ接続では、充電部の露出が10mm未満であれば、絶縁被覆の端が多少不揃いでもよい。

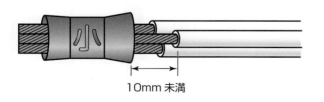

10mm未満

リングスリーブ上端から出ている心線が5mm未満になるように端末処理を必ず行うこと。心線が5mm以上出ている場合は欠陥となるので注意。

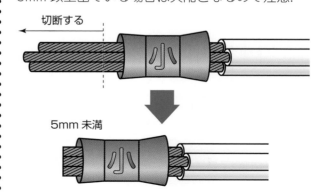

切断する

5mm未満

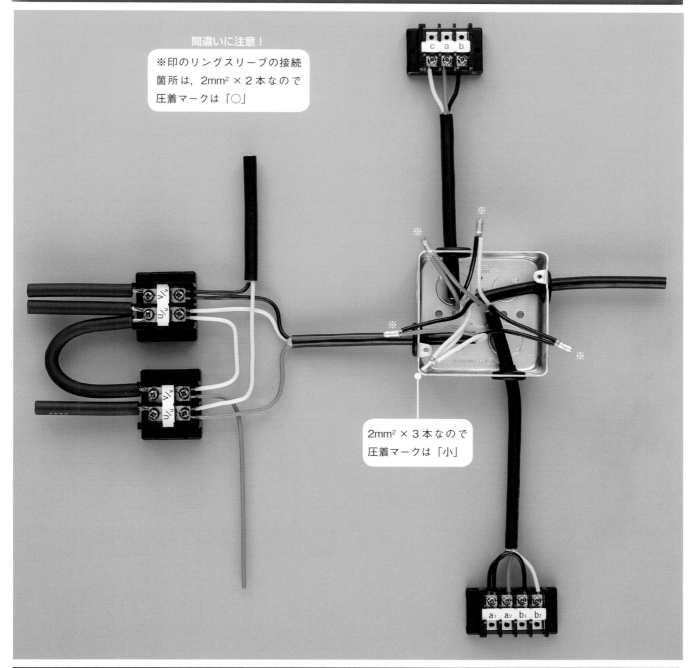

間違いに注意！

※印のリングスリーブの接続
箇所は，2mm² × 2本なので
圧着マークは「○」

2mm² × 3本なので
圧着マークは「小」

※複線図の描き方④（279ページ）の複線図に基づいた完成参考写真です.

注意！ 本年度公表された候補問題（本書5ページ参照）には，注記5.に「電源・機器・器具の配置については変更する場合がある.」
とあるため，公表された候補問題の電源・機器・器具の配置が変更されて出題される可能性があります.

候補問題 No.10　欠陥チェック

	欠 陥 の 項 目	✓
全体共通部分	未完成（未着手，未接続，未結線）	
	配線・器具の配置・電線の種類が配線図と相違	
	配線図に示された寸法の 50％以下で完成させている	
	回路の誤り（誤結線，誤接続）	
	施工条件と電線色別が相違している	
	ケーブルシースに 20mm 以上の縦割れがある	
	ケーブルを折り曲げると絶縁被覆が露出する傷がある	
	絶縁被覆を折り曲げると心線が露出する傷がある	
	より線を減線している（素線の一部を切断したもの）	
	CVV のケーブルシースの内側にある介在物が抜けたもの	
	アウトレットボックスに余分な打ち抜きをした	
	ゴムブッシングの使用不適切（未取付）	
	材料表以外の材料を使用している（試験時は支給品以外）	
電線相互の接続部分	圧着接続での圧着マークの誤り	
	リングスリーブを破損している	
	圧着マークの一部が欠けている	
	リングスリーブに 2 つ以上の圧着マークがある	
	1 箇所の接続に 2 個以上のリングスリーブを使用している	
	より線の素線の一部がリングスリーブに挿入されていない	
	接続部先端の端末処理が適切でない（心線が 5mm 以上露出している）	
	リングスリーブの下端から心線が 10mm 以上露出している	
	ケーブルシースのはぎ取り不足で絶縁被覆が 20mm 以下	
	絶縁被覆の上から圧着したもの	
	リングスリーブを上から目視して，接続する心線の先端が接続本数分見えていないもの	
端子台部分	心線をねじで締め付けていないもの（端子ねじのゆるい締め付け）	
	絶縁被覆の上から端子ねじを締め付けている，または，より線の素線の一部が未挿入	
	端子台への結線で，電線を引っ張ると端子から心線が抜ける	
	絶縁被覆をむき過ぎて端子台の端から心線が露出（高圧側：20mm 以上，低圧側：5mm 以上）	
	器具を破損させたまま使用	
	総合チェック	

主な欠陥例

★は特に多い欠陥例

介在物の抜け

心線が露出する傷

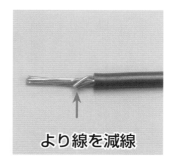

より線を減線

より線の一部が未挿入

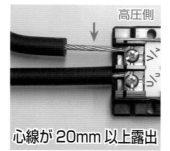

心線が 20mm 以上露出

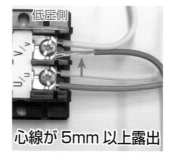

心線が 5mm 以上露出

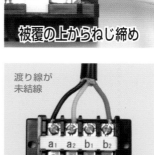

被覆の上からねじ締め

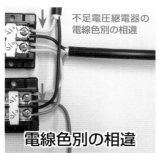

電線色別の相違

締め付けがゆるい

被覆の上からねじ締め

未結線

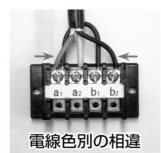

電線色別の相違

締め付けがゆるい

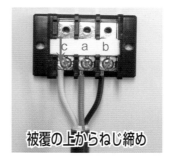

被覆の上からねじ締め

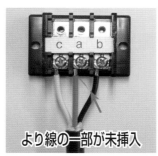

より線の一部が未挿入

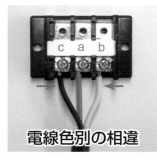

電線色別の相違

ゴムブッシング未使用

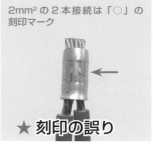

★ 刻印の誤り

被覆の上から圧着

被覆をむき過ぎ

端末処理の不適切

より線の一部が未挿入

※図1，図2，図3，図4は，276～277ページと同じです．

図1．配線図

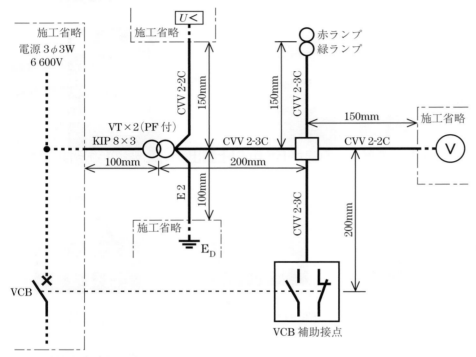

図2．VT，VCB 補助接点及び表示灯代用の端子台説明図

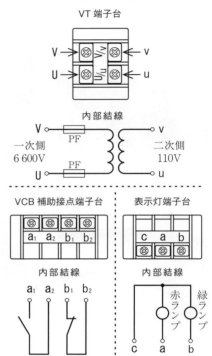

■別想定の施工条件

1．配線及び器具の配置は，図1に従って行うこと．
2．VT，VCB 補助接点及び表示灯代用の端子台は，図2に従って使用すること．
3．VT 代用の端子台の結線及び配置は，図3に従い，かつ，次のように行うこと．
　　①接地線は，VT（VT₁）のv端子に結線する．
　　②VT 代用の端子台の二次側端子の渡り線は，より線2mm²（白色）を使用する．
　　③不足電圧継電器に至る配線は，VT（VT₁）のu端子及びVT（VT₂）のv端子に結線する．
4．VCB 開閉表示灯回路の接続は，図4に従って行うこと．
5．電圧計は，T 相と R 相間に接続すること．
6．電線の色別（ケーブルの場合は絶縁被覆の色）は，次によること．
　　①接地線は，緑色を使用する．
　　②接地側電線は，すべて白色を使用する．
　　③VT の二次側からジョイントボックスに至る配線は，R 相に赤色，S 相に白色，T 相に黒色を使用する．
7．ジョイントボックスを経由する電線は，すべて接続箇所を設け，リングスリーブによる接続とすること．
8．ジョイントボックスは，打抜き済みの穴だけをすべて使用すること．

図3．VT 結線図

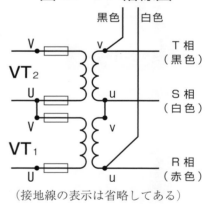

（接地線の表示は省略してある）

図4．VCB 開閉表示灯回路の展開接続図

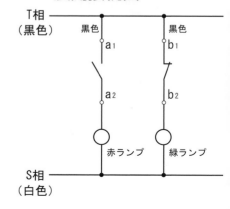

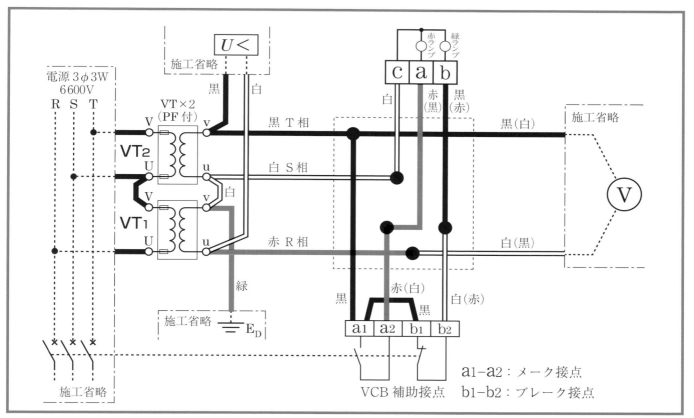

電源 3φ3W
6600V
R S T

VT×2
(PF付)

VT₂

VT₁

施工省略 U<

黒　白

黒 T相

白 S相

赤 R相

緑

施工省略 E_D

c a b

赤ランプ　緑ランプ

白　赤(黒)　黒(赤)

黒(白)　施工省略

白(黒)

V

黒　赤(白)　白(赤)

黒

a₁ a₂ b₁ b₂

VCB補助接点

a₁–a₂：メーク接点
b₁–b₂：ブレーク接点

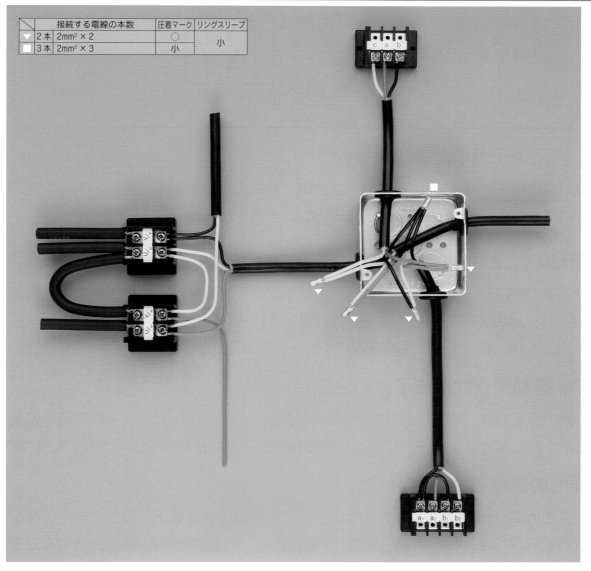

	接続する電線の本数	圧着マーク	リングスリーブ
▼	2本 2mm²×2	◯	小
☐	3本 2mm²×3	小	

本書の各候補問題の解説は，あくまでも想定に基づいたものです．実際の試験で出題される問題と本書の解説は同一のものではないため，受験時には，下記の部分について問題用紙をよく読んだ上で作業してください．

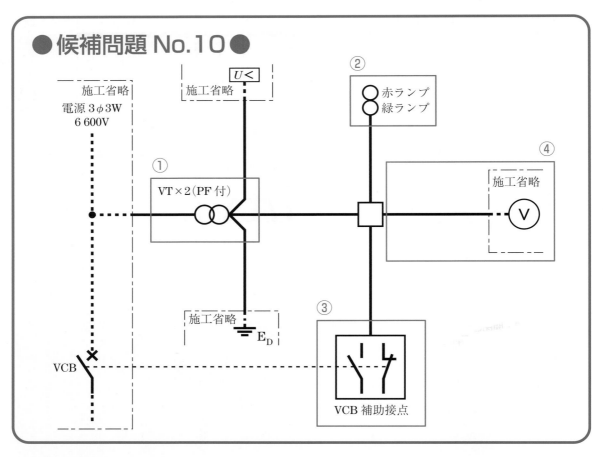

① VT 代用端子台の注意点

・VT 代用端子台への結線は一次側・二次側ともに，VT 結線図と施工条件により変わるので，VT 結線図と施工条件の指定を確認して作業する．

②表示灯の注意点

・本書の想定では，表示灯（赤ランプ・緑ランプ）を 3P 端子台で代用すると想定したが，表示灯に赤色と緑色のパイロットランプが支給されることも考えられるので，材料表や問題文をよく確認してから作業する．

③ VCB 補助接点代用端子台の注意点

・本書の想定では，VCB 補助接点代用端子台を 4P と想定したが，2P や 3P の端子台が支給された場合は，端子台説明図や内部結線図，展開接続図をよく確認して作業する．

④電圧計の接続の注意点

・電圧計が電圧計切換スイッチを経由して各相に接続する指定なのか，または電圧を測定する相間が指定されているのかについて，材料，配線図の注記，施工条件などで確認する．

本書の想定で候補問題を練習するために必要な材料一覧

材　料	総　数	No.1	No.2	No.3	No.4	No.5	No.6	No.7	No.8	No.9	No.10
高圧絶縁電線 8mm² (KIP8)	約3.95m	200mm	200mm	500mm	200mm	500mm	600mm	750mm	300mm	200mm	500mm
制御用ビニル絶縁ビニルシースケーブル 2mm²，2心 (CVV2-2C)	約1.35m	−	−	−	−	−	−	850mm	−	−	500mm
制御用ビニル絶縁ビニルシースケーブル 2mm²，3心 (CVV2-3C)	約2.05m	−	−	−	−	−	−	500mm	350mm	−	1200mm
600V ビニル絶縁ビニルシースケーブル丸形 2.0mm，3心 (VVR2.0-3C)	約75cm	−	−	−	−	−	400mm	−	350mm	−	−
600V ビニル絶縁ビニルシースケーブル平形 1.6mm，2心 (VVF1.6-2C)	約10.25m	2200mm	550mm	1650mm	1100mm	1000mm	850mm	−	1100mm	1800mm	−
600V ビニル絶縁ビニルシースケーブル平形 1.6mm，3心 (VVF1.6-3C，黒，白，赤)	約4.6m	750mm	1100mm	450mm	−	1000mm	500mm	−	500mm	300mm	−
600V ビニル絶縁ビニルシースケーブル平形 1.6mm，4心 (VVF1.6-4C，黒，白，赤，緑)	約45cm	−	−	−	450mm	−	−	−	−	−	−
600V ビニル絶縁ビニルシースケーブル平形 2.0mm，2心 (VVF2.0-2C，シース青色)	約2.95m	800mm	500mm	450mm	500mm	−	−	−	−	700mm	−
600V ビニル絶縁ビニルシースケーブル平形 2.0mm，3心 (VVF2.0-3C，シース青色)	約1.3m	−	−	400mm	−	600mm	−	300mm	−	−	−
600V ビニル絶縁ビニルシースケーブル平形 2.0mm，3心 (VVF2.0-3C，黒・白・緑)	約30cm	−	−	−	300mm	−	−	−	−	−	−
600V ビニル絶縁電線 5.5mm² (IV5.5，黒)	約80cm	−	200mm	−	−	−	600mm	−	−	−	−
600V ビニル絶縁電線 5.5mm² (IV5.5，白)	約20cm	−	200mm	−	−	−	−	−	−	−	−
600V ビニル絶縁電線 5.5mm² (IV5.5，緑)	約1.9m	200mm	200mm	200mm	200mm	200mm	200mm	300mm	200mm	200mm	−
600V ビニル絶縁電線 2mm² (IV2，緑)	約40cm	−	−	−	−	−	−	200mm	−	−	200mm
600V ビニル絶縁電線 2mm² (IV2，黄)	約50cm	−	−	−	−	−	−	−	500mm	−	−
600V ビニル絶縁電線 2.0mm (IV2.0，緑)	約20cm	−	−	−	200mm	−	−	−	−	−	−
600V ビニル絶縁電線 1.6mm (IV1.6，黒)	約30cm	−	−	−	−	−	300mm	−	−	−	−
600V ビニル絶縁電線 1.6mm (IV1.6，白)	約30cm	−	−	−	−	−	300mm	−	−	−	−
600V ビニル絶縁電線 1.6mm (IV1.6，緑)	約50cm	200mm	−	150mm	−	150mm	−	−	−	−	−
2P 端子台【大】(変圧器・VT・CT 代用)	3個	−	−	1個	−	2個	3個	2個	−	−	2個
3P 端子台【大】(変圧器・開閉器代用)	1個	1個	1個	1個	1個	1個	−	1個	1個	1個	−
3P 端子台【小】(自動点滅器・配線用遮断器及び接地端子・表示灯代用)	1個	−	1個	−	1個	−	−	−	−	1個	1個
4P 端子台 (過電流継電器・タイムスイッチ・VCB 補助接点代用)	1個	−	−	−	−	−	−	1個	−	1個	1個
6P 端子台 (開閉器・電磁開閉器代用)	1個	−	−	−	−	1個	−	−	1個	−	−
配線用遮断器 (2P1E 20A)	1個	−	1個	−	−	−	−	−	−	−	−
押しボタンスイッチ (接点 1a，1b，既設配線付)	1個	−	−	−	−	−	−	−	1個	−	−
埋込連用タンブラスイッチ (片切)	2個	−	1個	2個	1個	−	−	−	−	−	−
埋込連用タンブラスイッチ (両切)	1個	1個	−	−	−	−	−	−	−	−	−
埋込連用タンブラスイッチ (3路)	2個	2個	1個	−	−	−	−	−	−	−	−
埋込連用パイロットランプ (赤)	1個	−	−	−	−	1個	−	−	−	−	−
埋込連用パイロットランプ (白)	1個	−	−	−	1個	1個	−	−	−	−	−
埋込連用コンセント	1個	1個	−	−	−	−	−	−	−	−	−
埋込連用接地極付コンセント	1個	−	−	1個	1個	−	−	−	−	−	−
埋込コンセント (15A250V 接地極付)	1個	1個	−	−	−	−	−	−	−	−	−
埋込コンセント 3P 接地極付 250V15A (動力用コンセント)	1個	−	−	−	−	1個	−	−	−	−	−
埋込連用取付枠	1枚	1枚	1枚	1枚	1枚	1枚	−	−	−	−	−
ランプレセプタクル	1個	1個	1個	1個	1個	−	1個	−	1個	−	−
露出形コンセント	1個	−	−	−	−	−	−	−	−	1個	−
引掛シーリングローゼット (引掛シーリング角形)	1個	−	−	1個	1個	−	−	−	−	−	−
アウトレットボックス	1個	1個	1個	1個	1個	1個	1個	1個	1個	1個	1個
ねじなし電線管 (E19) 約 90mm	1本	−	−	−	−	−	1本	−	−	−	−
ねじなしボックスコネクタ (E19)	1個	−	−	−	−	−	1個	−	−	−	−
絶縁ブッシング (19)	1個	−	−	−	−	−	1個	−	−	−	−
ゴムブッシング (19)	4個	2個	4個	4個	2個	3個	2個	2個	2個	4個	4個
ゴムブッシング (25)	4個	4個	−	−	3個	3個	2個	2個	3個	−	−
リングスリーブ (小)	45個	8個	4個	3個	3個	4個	6個	4個	6個	2個	5個
リングスリーブ (中)	6個	−	−	1個	1個	2個	−	−	−	2個	−
差込形コネクタ (2本用)	4個	4個	1個	4個	−	−	−	−	−	3個	−
差込形コネクタ (3本用)	2個	−	2個	−	−	−	−	−	−	1個	−

※ケーブル・絶縁電線，リングスリーブは 10 問題で使用する総合計の長さ，個数です．端子台，配線器具，差込形コネクタ等は使い回しを前提とした最低数です．練習用の材料をご準備される際にお役立て下さい．

本書で使用している端子台等の品番

本書で使用している端子台や押しボタンスイッチなどは，下記の製造メーカや品番のものになります．

端子台 2P（大）

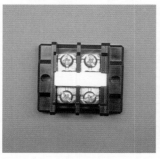

IDEC 製：BTBH50C2 または
パトライト製：TXUM30 02

端子台 3P（小）

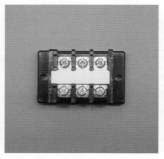

IDEC 製：BTBH30C3 または
パトライト製：TXUM20 03

端子台 3P（大）

IDEC 製：BTBH50C3 または
パトライト製：TXUM30 03

端子台 4P（小）

IDEC 製：BTBH30C4 または
パトライト製：TXUM20 04

端子台 6P（小）

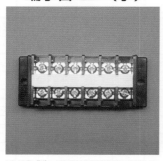

IDEC 製：BTBH30C6 または
パトライト製：TXUM20 06

押しボタンスイッチ

パナソニック製：BL82111 または
パトライト製：BSH222（箱なし）

動力用コンセント

パナソニック製：WF1415BK
または明光社製：MU2818

　練習に必要な材料は，ホームセンター等では入手が難しいものもあり，個々の材料を入手するには手間がかかります．

　弊社では，本書で想定した候補問題10問題の問題例をひと通り練習できる**「第一種電気工事士技能試験ケーブルセット＋器具消耗品セット」**（ケーブルと器具のセット）を販売しています．

　セット内容や販売価格などにつきましては，弊社ホームページ（https://www.denkishoin.co.jp）をご確認ください．

| 電気書院 | **検索** |

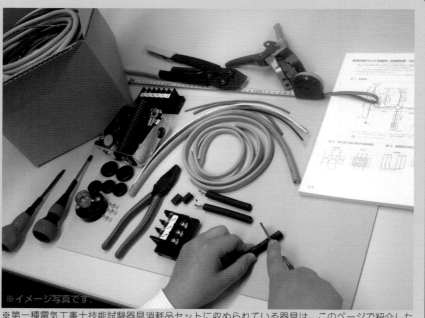

※イメージ写真です．

※第一種電気工事士技能試験器具消耗品セットに収められている器具は，このページで紹介したメーカ・品番と異なります．

©電気書院 2024

2024年版
第一種電気工事士技能試験候補問題の攻略手順

2024年 5月 28日　第1版第1刷発行

著　者　電　気　書　院
発 行 者　田　中　聡

発 行 所
株式会社 電 気 書 院
ホームページ　www.denkishoin.co.jp
（振替口座　00190-5-18837）
〒101-0051　東京都千代田区神田神保町1-3 ミヤタビル2F
電話 (03) 5259-9160／FAX (03) 5259-9162

印刷　株式会社シナノパブリッシングプレス
Printed in Japan／ISBN978-4-485-20798-7

- 落丁・乱丁の際は，送料弊社負担にてお取り替えいたします．
- 正誤のお問合せにつきましては，書名・版刷を明記の上，編集部宛に郵送・FAX（03-5259-9162）いただくか，当社ホームページの「お問い合わせ」をご利用ください．電話での質問はお受けできません．また，正誤以外の詳細な解説・受験指導は行っておりません．

[本書の正誤に関するお問い合せ方法は，最終ページをご覧ください]

書籍の正誤について

万一，内容に誤りと思われる箇所がございましたら，以下の方法でご確認いただきますようお願いいたします．

なお，正誤のお問合せ以外の書籍の内容に関する解説や受験指導などは**行っておりません**．このようなお問合せにつきましては，お答えいたしかねますので，予めご了承ください．

正誤表の確認方法

最新の正誤表は，弊社Webページに掲載しております．書籍検索で「正誤表あり」や「キーワード検索」などを用いて，書籍詳細ページをご覧ください．

正誤表があるものに関しましては，書影の下の方に正誤表をダウンロードできるリンクが表示されます．表示されないものに関しましては，正誤表がございません．

弊社Webページアドレス
https://www.denkishoin.co.jp/

正誤のお問合せ方法

正誤表がない場合，あるいは当該箇所が掲載されていない場合は，書名，版刷，発行年月日，お客様のお名前，ご連絡先を明記の上，具体的な記載場所とお問合せの内容を添えて，下記のいずれかの方法でお問合せください．

回答まで，時間がかかる場合もございますので，予めご了承ください．

郵送先
〒101-0051
東京都千代田区神田神保町1-3
ミヤタビル2F
㈱電気書院　編集部　正誤問合せ係

ファクス番号　**03-5259-9162**

ネットで問い合わせる
弊社Webページ右上の「**お問い合わせ**」から
https://www.denkishoin.co.jp/

お電話でのお問合せは，承れません

（2024年4月現在）